도시에서 도시를 찾다

도시에서 도시를 찾다

좋은 도시를 바라보는 아홉 개의 렌즈

초판 1쇄 펴낸날 2017년 3월 31일
초판 2쇄 펴낸날 2018년 1월 31일

지은이 | 김세훈
펴낸이 | 박명권
펴낸곳 | 도서출판 한숲
출판신고 | 2013년 11월 5일 제2014-000232호
주소 | 서울시 서초구 서초대로 62 2층
전화 | 02-521-4626 **팩스** | 02-521-4627
전자우편 | klam@chol.com
편집 | 남기준, 조한결 **디자인** | 윤주열 **출력·인쇄** | 금석인쇄

ISBN 979-11-87511-08-3 93530

::책값은 뒤표지에 있습니다.
::파본은 바꾸어 드립니다.

::이 저서는 2015년 정부(교육부)의 재원으로 한국연구재단의 지원을 받아
　수행된 연구(NRF-2015S1A6A4A01013987)입니다.

::이 도서의 국립중앙도서관 출판예정도서목록(CIP)은 서지정보유통지원시스템 홈페이지(http://seoji.nl.go.kr)와
　국가자료공동목록시스템(http://www.nl.go.kr/kolisnet)에서 이용하실 수 있습니다. (CIP제어번호 : CIP2017007725)

도시에서 도시를 찾다

- 좋은 도시를 바라보는 아홉 개의 렌즈 -

김세훈 지음

19세기 말 근대적 도시 모델이 유럽에서 처음 만들어진 이후, 그것은 거침없는 속도로 전 지구적인 차원으로 확산되었다. 그 과정에서 전통적인 거주 방식과 도시공간은 대부분 파괴되었고, 사람들은 새로운 도시 패턴에 맞춰 삶의 방식을 바꿔야만 했다. 근대적 도시 모델은 지역적으로 수용되는 과정에서 다양한 변종들을 출현시켰다. 또한 급격한 도시 인구의 증가로 인해 도시의 경계가 무질서하게 확장되었고, 이에 따라 우리 시대의 도시들은 간단한 개념이나 도식으로 설명하기에는 너무나 복잡하고 거대해졌다. 오늘날 대부분의 도시 이론가들은 이런 어려움을 호소하고 있다. 사유상의 혼란에서 벗어나기 위해, 그들은 파편, 콜라주 시티, 헤테로토피아, 패치워크와 같은 개념들을 만들어 냈지만, 도시의 흐름은 늘 그런 개념들을 빠져나와 새롭게 질주하고 있다. 마치 살아 움직이는 유기체처럼 도시는 여전히 새로운 시각으로 이해되기를 기다리며, 다양한 시점을 열어 놓고 있다.

도시를 연구하는 학자들은 나름의 시각으로 도시들을 분류하고 그 성격을 규정하고 있지만, 여전히 도시는 파악하기 매우 힘든 대상임이

틀림없다. 특히 많은 사람들이 거주하고 있는 거대 도시들은 마치 미로처럼 얽혀 있다. 이 책은 이런 미로 속에서 도시를 탐침하는 몇 가지 기준들을 제공하고 있다. 도시의 규모, 경계, 시간성, 경관, 도로와 보행권, 주민참여와 다양성, 그리고 도시재생 등이다. 현대 도시를 이해하려는 사람들에게, 그것들은 마치 미궁에서 빠져나오게 했던 아리아드네의 실과 같다. 더욱이 이 책에서는 이 같은 기준들의 근거를 명확히 하기 위해 심리학과 신경과학을 포함하는 다양한 분야의 연구 성과들을 함께 제시하고 있다. 그래서 책을 읽다 보면 흥미로운 사실들에 한여름 미풍과 같은 청량감을 느낄 수 있다. 또 지금까지 뚜렷한 근거도 없이 주장들을 펴왔던 것이 아닌가 하는 일말의 자책감이 들게 하는 것도 사실이다. 그리고 이런 생각들을 오가는 사이 어느새 도시를 새롭게 바라보는 자신을 발견할 수 있다. 개인적으로는 환경과 관련된 주제를 별도로 다뤘으면 하는 바람이 있지만, 그것은 다분히 논쟁적이어서 아마 이 책에서는 간단하게 소개하는 정도에 그친 것으로 보인다.

이 책은 느슨하게나마 도시에 대해 규범적인 접근을 하고 있다. 그것은 이 책의 저자가 공부했던 미국 동부의 대학들에서 전통적으로 도시를 서술하는 방식이다. 주지하다시피 도시를 이해하는 방식에서 규범적 접근과 서술적 접근은 많이 다르다. 규범적인 것은 좋은 도시에 대한 기준을 만들고자 한다. 즉, 좋은 도시란 무엇인가라는 질문을 던지고서, 여러 실험이나 신뢰할만한 근거들을 바탕으로 모두가 동의할만한 기준들을 제시하는 것을 목표로 삼는다. 물론 그 기준이 절대적인 것은 아니어서 시대나 장소에 따라 달라질 수 있지만, 좋은 도시는 동서양과 상관없이 좋다는 보편적인 이상을 견지하고 있다. 이 경우 다양한 조사와 실험을 통해 공감할만한 근거들을 이끌어내는 것이 무엇보다 중요하다. 이 책에서 인용되는 예들도 그런 점들을 시사하고 있다. 이에 비해 서술적 접근은 특정 시점에서의 주관적인 이해를 바탕으로 도시를 묘사한다. 그것은 일관된 입장을 가지고, 보다 입체적으로 대상을 서술하는 한 매우 설득력이 있어 보인다. 사실 도시에는 다양한 주체들이 개입하고 있어서, 도시설계학뿐만 아니라 경제학, 사회학, 지리학, 그리고 인문학적 관점에서 도시를 바라볼 수 있다. 도시학은 그런 담론들의 복합체일는지도 모른다.

그렇다면 이 책의 저자는 다양한 주제들을 통해 어떤 도시 모델을 지향하고 있는가? 이 책을 읽으면서 가장 궁금한 대목이었다. 이 책의 결론 부분에서 저자는 "좋은 도시란 사회적으로 바람직한 변화가 촉진되고, 이로 인해 생겨난 혜택과 가치를 해당 지역의 다양한 구성원이 향유할 수 있도록 가치 순환이 일어나는 도시다"라고 적고 있다. 그러면서 독자적인 도시성을 가진 대상지들이 서로 패치워크처럼 연계되어 다양성이 높은 도시를 좋은 도시로 꼽고 있다. 미국의 도시학자인 케빈 린치는 『좋은 도시 형태Good City Form』라는 책을 통해 믿음의 도시, 기계 도시, 유기체의 도시라는 세 가지 규범적인 모델을 제안한 바 있다. 역사상 등장하는 고대와 중세 도시들, 근대 산업 도시, 그리고 근대 이후의 생태 도시를 이같이 분류한 것이라고 생각한다. 이 책에서 지적하는 좋은 도시는 린치의 유기체의 도시와 상당 부분 겹쳐 있다.

그럼에도 이 책은 린치의 모델들을 좀 더 확장시키고자 했다. 린치의 도시 이론에서 우리는 여전히 유럽 중심의 사고를 엿볼 수 있다. 거기에는 동아시아의 도시문명이 중심에 놓여 있지 않다. 그렇지만 이 책은 한국적이고 동아시아적 현상들을 폭넓게 반영하고 있다. 특히 중국 도시들에 대한 설명들은 매우 설득력 있다. 사실 도시를 변화의 관점에서 볼 경우, 동아시아의 도시들이 훨씬 좋은 예를 제공할 수 있다고 본다. 그런 점에서 이 책의 덕목은 동아시아와 서구, 개발도상국과 선진국 등 다양한 나라들의 도시 현상들을 넘나들며, 상이한 역사적 배경을 가진 도시들에서 나타나는 주요 현상들을 모아서, 그들 사이의 관계를 읽을 수 있도록 하는 보다 큰 틀을 만들려는 것이 아닌가 생각한다. 그런 점에서 이 책의 시도는 잠재력이 매우 크다고 본다.

정인하

한양대학교 건축학부 교수

언젠가부터 도시는 우리의 일상이 펼쳐지는 주요 무대이자 대부분
의 경제활동을 지배하는 공간이 되었다. 특히 우리나라는 도시 환경의
영향력이 막강한 곳이다. 지난 몇 년간 나는 수업시간을 이용해 도시에
서 태어났거나 적어도 초등학교 교육을 도시에서 받은 학생들이 얼마
나 되는지 질문을 던졌다. 이에 따르면 대략 10명 중 9명 정도가 도시
출신이다. 이들은 도시에서 태어났거나 어린 시절 교육을 받고 이후 대
부분 삶을 도시에서 보낼 가능성이 높은 도시 토박이들이다. 이 중
2~3명은 우리나라 최초의 신도시 키드—분당, 일산, 평촌 등 1기 신도
시에서 태어나 쭉 같은 곳에서 성장한 아이—들이다. 그리고 이는 2016
년 기준 도시화율이 92%에 육박하는 우리나라의 젊은 세대가 공유하
는 자화상이기도 하다. 좀 더 국제적인 관점에서 보면, 대략 2007년을
기점으로 전 인류의 절반 이상이 도시에 거주하게 되었다. 이렇게 현대
사회의 무게 중심이 도시로 성큼 이동했지만, 정작 도시 환경이 인간의
삶에 지배적인 영향력을 갖게 된 역사는 생각만큼 깊지 않다. 불과
1950~1960년대만 해도 전 세계에서 도시에 살지 않는 사람이 도시 인

구의 두 배 정도 많았다. 우리는 이후 반세기 만에 진행된 도시문명으로의 전환기에 서 있다. 그리고 한국 사회는 과거 기적처럼 경제성장과 근대화를 일구어낸 나라, 그리고 급격한 도시화 속에서도 합리적인 계획을 통해 다수의 신도시를 만들어낸 도시 강국으로서 이러한 전환의 최전선에 서 있다. 그래서일까? 우리 주변의 많은 사람은 막대한 비용을 들여서라도 더 좋은 도시 환경에서 거주하고, 일하고, 교육하고, 즐기고, 각종 복지 혜택을 누리고자 한다.

이렇게 우리나라는 명실상부한 도시 강국이요, 우리 사회는 도시문명의 첨병이다. 하지만 현실에 한발 다가서면 때로는 커다란 실망감을 느끼곤 한다. 여러 이유가 있겠지만, 그 뿌리에는 내일의 도시 환경이 오늘보다 더 좋아질 것이라는 확신과 전망이 불투명한 현실에서 오는 좌절감이 있다. 당장 도심부 주요 도로에 나가 관찰해보자. 곳곳에서 차량의 폭력적 질주와 보복 운전이 난무하고 있다. 횡단보도에서는 보행자 우선 표지판이 무색할 만큼 선 차량 주행, 후 보행의 후진 문화가 팽배해 있고, 자전거와 버스는 위태롭게 차선 경쟁을 벌이고 있다. 한국인의 주거 환경은 어떠한가? 최근 심각한 경기 침체 속에서도 프리미엄 아파트의 가격과 전셋값은 사상 최고치를 기록하며 집 없는 설움과 상대적 박탈감은 더욱 커졌고, 민간과 공공이 실험 중인 공동체 주택 등 새로운 유형의 주거는 아직 제도적으로 안착하지 못하고 있다. 도시공간을 공정하게 관리해야 할 정부도 큰 실망감을 안겨주었다. 2016년 가을, 국가 최고 정책결정자들이 배후 실력자와 결탁하여 국가 권력을 사유화함으로써 도덕적 타락의 끝을 보여준 최순실 사태가 우리를 경악케 했다. 가뜩이나 불신이 팽배해지고 있는 우리 사회에 더 심각한 분열의 그림자가 드리워지고 있으며, 이와 관련하여 중앙정부에서 추진 중인 각종 도시개발 사업과 국제 스포츠 이벤트 유치 사업, 그리고 크고 작은 지역경제 거점 개발 노력의 취지를 의심케 했다. 일부 지역 주민들은 영문도 모른 채 늘 이용하던 산책로나 공원이 폐쇄된다는 통보를 받았고 이에 대한 불만은 관료주의라는 벽에 부딪혀 잡음 섞인 아우성으로 희석되었다. 우리 사회가 어째서 이런 분노와 좌절로 가득 차게 되었을까. 나아가 이러한 무기력함이 좋은 도시공간을 요구하는 시민적 바람을 뒤덮을 때까지 우리 기성세대는 무엇을 했을까. 상아탑 속에서 미약하게나마 좋은 도시에 대한 담론 형성에 기여하자는 다짐이 이 책을 마무리하는 데 큰 도움이 되었다.

좀 더 개인적인 이야기도 덧붙이자면, 이 책의 원고를 완성한 2016년은 내가 서울대학교에 건축학도로 입학한 지 꼭 20년이 되는 해다. 처음 10년간 나는 하얀 제도판과 오토캐드 프로그램의 검은 화면에 함몰된 채 건축물의 형태를 만들고 구현하는 데 대부분 시간을 보냈다. 졸업 후 설계사무소 입사한 지 4년째, 잦은 야근과 고된 설계 업무가 익숙해질 무렵, 특별한 계기도 없이 하나의 생각이 머릿속을 떠나지 않았다. 과연 건축 관련 일 중 내가 평생 '하고 싶은 일, 잘'할' 수 있는 일, 그리고 우리 사회를 위해 해야 '할' 일은 무엇일까? 줄여서 '3-ㅎ'이라고 이름 붙인 이 일이 만약 내 직업이 될 수 있다면, 이는 꽤 근사한 인생 아닐까. 물론 소수의 건축주를 위해 좋은 건축 계획안을 제시하는 일도 큰 의미가 있지만, 더욱 폭넓은 사회와 공공을 위해 좋은 도시 공간을 만들자. 그리고 이를 위해 도시설계urban design라는 분야를 배우자. 나는 이런 강박에 가까운 생각을 품기 시작했다. 그리고 별 계기도 없이 떠올린 이 생각은 이후 나의 10년을 이끈 원동력이 되었다. 미국 하버드대학에서 도시설계와 계획 관련 학위를 마치고 2013년 봄 서울대학교 환경대학원에 부임하게 되었다. 이후 건축, 조경, 환경, 도시계획 분야의 전문가들과 교류하며 여러 프로젝트와 연구를 경험했고, 8개 학기에 걸쳐 강의 준비를 하면서 이 책의 기본 뼈대 구상과 집필을 할 수 있었다.

비록 확신으로 충만하여 시작한 도시설계 공부였지만, 서울대학교 환경대학원에 부임 후 교육자로서 망설임이 없었던 것은 아니다. 혹시 내가 현시대에 맞지 않는 과거의 교육을 하고 있지는 않은지, 그리고 관련 일자리가 이미 부족해진 사회로 학생들을 내몰고 있지는 않은지 고민의 시간이 필요했다. 그럼에도 도시설계는 우리의 일상과 늘 밀착된 도시공간에 대한 이야기이고, 학생들이 졸업 후 설계를 하든, 부동산 분야로 진출하든, 공무원으로서 도시재생 사업을 관리하든, 공간을 다루는 기본 소양과 좋은 도시를 기획하는 역량을 키우는 데 유용한 학문이라는 확신이 들게 되었다. 이러한 생각에 도달할 때까지 나와 학생들이 같이 운영하는 도시설계연구실 USDLUrban Studies and Design Lab(http://city.snu.ac.kr/)에서의 활동이 큰 도움을 주었다. 도시설계와 공간

연구 주제를 다루는 우리 연구실의 특성은 모든 사람이 하나의 공간에 모여 있지 않다는 점이다. 이렇게 느슨한 경계를 공유한 채 서로 다른 공간을 이용하는 일차적인 이유는 대학원에 연구실별로 분배할 큰 방의 수가 제한적이기 때문이지만, 시간이 좀 지나니 한 방에 모여 있지 않은 편이 더 낫다고 생각된다. 신입생은 다른 신입생과 주로 시간을 보내고, 2~3학기생은 같은 주제의 디자인 스튜디오를 하는 다른 사람들과 더 자주 교류하고, 논문학기생은 또 서로 의지할 수 있으면서도 조금 다른 주제를 다루고 있는 논문생에게 노출될 기회가 많기 때문이다. 물론 나는 학생들과 있는 시간을 참 좋아해서 같이 있는 시간이 짧은 것이 아쉽다. 그럼에도 현재 우리의 도시에서 결핍된 배움의 기회, 즉 나와 다른 사람을 자주 접촉함으로써 얻을 수 있는 사회적 성숙함과 이해 역량 키우기를 늦었지만 대학원에서 배우지 않으면 안 된다. 2016년 11월 현재 연구실 졸업생 10명 모두 각자 꿈꾸어 왔던 도시설계와 계획 관련 분야에서 일하고 있다. 그리고 석박사과정에 재학 중인 26명도 가까운 미래, 한국의 도시공간과 관련 학계를 이끌어갈 첨병으로 무럭무럭 성장하고 있다. 이 책을 통해 가장 작게는 수업에서 학생들에게 미처 다 이야기하지 못한 생각을 정리하고 더 크게는 폭넓은 독자들과 이를 공유하고 싶었다.

물론 앞에서 제기한 도시 문제가 몇몇 도시이론이나 공간에 대한 단상으로 해결될 일은 아니다. 더욱이 지금 시대는 범람하는 도시론urbanisms으로 가득 찬 시대가 아닌가. 이른바 뉴 어바니즘New Urbanism이나 랜드스케이프 어바니즘Landscape Urbanism, 나아가 지속가능한 도시론과 스마트 도시론도 여기에 포함된다. 그럼에도 정작 우리 도시는 어느 때보다도 빈곤한 도시론에 아찔하게 기대어 서 있다. 과연 좋은 도시란 무엇인가? 좋은 도시에 대한 우리의 기대가 어디까지 신화이고 도시의 효과를 어떻게 믿을 만한 근거로 설명할 수 있을까? 이에 대해 완벽하게 답하기는 어렵지만 나름대로 정리가 필요한 시기라고 판단했다.

이 책은 총 9장으로 나뉘어 있다. 각 장은 동일한 테마지만 상반되는 개념어로 짝을 지어놓았다. 이를테면 제1장은 '큰 도시, 작은 도시', 제2장은 '도시 밖의 도시, 도시 안의 도시', 제3장은 '과거의 도시, 미래의 도시' 등이다. 이 책의 의도는 결코 좋은 도시의 조건을 협소하게 정리하고 일반화하는 데 있지 않다. 오히려 그 반대의 의도가 있다. 불완전한 현실 속에서도 도시의 문제를 찾아내고, 새로운 가능성을 발굴하고, 전문성을 바탕으로 좋은 도시공간을 만드는 데 기여할 만한 전문가나 잠재적 독자들의 생각을 넓히자는 자못 큰 포부를 담고 있다. 좋은 도시를 판단하는 기준에는 소수의 사람이 공유하는 미학도 있고 때로는 대중의 공감대와 사회적 감수성도 포함된다. 좀 더 크게 보면 도시개발의 크고 작은 시행착오와 다양한 사회과학적 연구 결과도 유용한 기준을 제공한다. 문제는 이러한 기준에 어설픈 슬로건이나 개인적 취향이 뒤범벅되어 있다는 점이다. 이렇게 뒤범벅된 내용을 한 사람이 하나의 목소리로 담담하게 서술하고 정리하자는 결심을 하게 되었다. 따라서 이 책에서는 건축, 도시, 조경, 예술, 지리, 환경, 사회학 혹은 그 인접 분야에 관심 있는 독자가 비교적 평이하고 폭넓게 각 테마를 이해할 수 있도록 했다. 관련 전문 지식이 없는 독자에게도 크게 어려울 만한 내용은 없다. 도시에 대한 이야기는 늘 일상에 대한 관찰과 공간 체험, 그리고 이에 대한 상식적 판단에서 출발하기 때문이다.

한 권의 책에서 워낙 여러 테마를 다루다 보니 글의 일관성이 부족하다는 비판과 책려도 달게 받아야 할 것이다. 변명하자면 우리의 도시 자체가 하나의 일관된 논리로는 잘 설명되지 않는 '천의 얼굴'을 갖고 있기 때문이다. 이 책의 여러 장에 흩어진 도시설계 관련 연구는 주로 한국연구재단의 지원으로 이루어졌다. 무엇보다 이 책을 위한 저술 작업 자체가 한국연구재단 저술출판지원사업(2015~2016)의 지원 아래서 이루어졌다. 이와 함께 40세 이하 신진 연구자를 위한 연구비 지원(2014~2017)과 해외 대학과 교류할 수 있게 한 연구교류지원(2015~2016)도 소중한 밑거름이 되었다. 도시설계는 공학과 인문학의 중간 어딘가에 애매하게 위치한 전문 분야다. 연구재단에서 이러한 분야의 특수성과 가치를 충분히 이해해주고 아낌없이 후원한 것에 대해 감사할 따름이다. 그리고 지금 학교에서 혹은 실무에서 도시설계, 건축, 조경학을 공부하는 학생과 연구자들도 이러한 혜택을 지속해서 받고 또 성장할 수 있기를 바란다. 하지만 저술에 대한 의지를 불태우는 것과 연구비를 지원받는 것은 또 다른 이야기다. 2014년 가을, 월간 『환경과조경』의 배정한 편집주간과 남기준 편집장이 감사하게도 의견을 모아 나에게 연재를 청탁하지 않았다면 집필에 대한 결심은 아마 수년 뒤로 미루었을 것이다. 책 원고의 많은 부분은 2015년 1월부터 12월까지 『환경과조경』에 '그들이 꿈꾼 도시, 우리가 사는 도시'라는 제목으로 실렸다. 연재를 마친 후, 원고를 다시 읽으며 상당 부분을 추가하고 수정해야 했다. 이는 나의 미숙함 때문이었다. 부족했던 원고를 수정하다 보니 다시 한번 느끼게 되었다. 부임한 지 얼마 안 된, 당시만 해도 관련 글을 단 한 편도 잡지에 실어본 적 없었던 젊은 교수에게 중요한 연재를 청탁한 두 분의 무모한 결정, 그리고 그 이면에 내재한 신뢰와 믿음에 대해 다시 한번 머리 숙여 감사드린다. 끝으로 많은 영감을 준 연구실 학생들, 그리고 서울대학교 환경대학원, 협동과정조경학 및 협동과정도시설계학 소속 교수님들과 연구생들, 그리고 사랑하는 내 가족 준영, 은정, 부모님께 고마움을 전한다.

2017년 3월
지은이 김세훈

chapter 1

큰 도시,

작은 도시

도시의 적정 크기가 있을까?
큰 도시와 작은 도시는 어떻게 다를까?
도시 크기는 합리적으로 계획될 수 있을까?

"큰 도시의 성장을 억제하고, 중간 도시의 확장을 적절히 추구하며, 작은 도시의 개발을 적극 권장하라."
– 1980년 중국 도시계획 컨퍼런스

"…우리나라 자족적 신도시의 적정 인구 규모는 20〜30만 명을 기준으로 한다."
– 안건혁, "자족적 신도시의 적정 규모에 관한 연구", 「국토계획」 32(4), 1997

뉴욕은 지나치게 크다

"전 세계에서 가장 살기 좋은 상위 도시들은 시간에 따라 크게 바뀌지 않았다. …이들은 대체로 부유한 나라에 있는 중간 크기의 도시다."[1] 영국 『이코노미스트』지와 그 자회사인 인텔리전스 유닛Economist Intelligence Unit은 2000년대 중반부터 매년 전 세계 여러 도시의 살기 좋은 정도를 측정하여 그 순위를 발표해 왔다. 이에 따르면 너무 크지도 작지도 않은 중간 크기의 부유한 도시들—이를테면 멜버른, 비엔나, 밴쿠버, 헬싱키, 토론토 등—에서 공통적으로 살기 좋은 환경이라는 특질을 발견할 수 있었다. 이것이 정말일까? 만약 『이코노미스트』지의 결론처럼 한 도시의 크기size와 부wealth가 살기 좋은 도시 환경을 설명하는 주요한 요소라면, 이는 무척 흥미로운 발견이 아닐 수 없다. 두 가지 요소 중에서도 크기의 관점에서 생각해보면 자연스레 몇 가지 질문이 떠오른다. 오늘날의 도시에서 삶의 질을 높이기 위해 목표로 해야 할 도시크기, 이를테면 한 도시의 적정 인구 규모나 최적의 도시 용지 면적은 얼마일까? 반대로 일정 규모를 넘어서 과도하게 팽창해버린 별로 부유하지 못한 도시는 그 크기로 말미암아 각종 도시문제에 취약한 운명일까? 혹은 어느 정도의 부를 창출하고는 있지만 아직 그 크기가 너무 작은 소도시는 신속하게 중간 크기의 도시로 도약해야 할까? 조금씩 차이는 있지만 이러한 질문은 공통적으로 적정 도시 크기라는 판도라의 상자와 관련되어 있다. 너무 크지도 작지도 않은 적정 규모의 도시가 좋은

큰 도시, 작은 도시

도시라는 생각은 여러 곳에서 꽤 널리 받아들여진 것으로 보인다. 미국 시카고의 리처드 데일리 전 시장(1989~2011)도 예외는 아니었다.

"뉴욕은 지나치게 크다." 데일리 시장은 …두 팔을 양옆으로 쭉 펴며 덧붙였다. "마찬가지로 LA도 너무 크다. 그 외의 다른 도시들은 너무 작다. (우리) 시카고가 딱 적절한 크기다."**2**

2007년 여름, 나는 설레는 마음으로 미국 보스턴행 비행기에 올랐다. 보스턴은 인구 약 67만 명이 사는 비교적 자그마한—하지만 아주 작다고 보기는 어려운— 도시다. 이 도시의 중심부에는 근·현대 도시 공원의 전형을 창조한 조경가 프레데릭 옴스테드Frederick Law Olmsted가 설계한 에메랄드 네크리스Emerald Necklace가 있다. 이 녹지띠의 도심부 구간에 해당하는 공원이 보스턴 커먼Boston Common이다. 미국에 발을 디딘 첫해 여름, 나는 관광객들로 빽빽한 보스턴 커먼에서 출발해 다소 경사가 있는 트레몬트 거리를 따라 걸었다. 고전적인 입면의 오피스 건축물이 우측에 늘어서 있었고, 왼편으로는 커다란 공원과 아담한 묘지가 펼쳐졌다. 경사가 점차 완만해지며 가로가 U자형으로 꺾이는 지점에 붉은색 벽돌로 뒤덮인 널찍한 광장이 나타난다. 이곳이 바로 도시이론가 케빈 린치Kevin Lynch가 시의 디자인 컨설턴트로서 마스터플랜을 제안했던 정부종합청사와 그 주변 지구다. 광장 안으로 들어서면 묵직한 프리캐스트 콘크리트로 만들어진 보스턴 시청사가 투박하게

도시에서 도시를 찾다

서 있고, 그 기단부를 따라 더 걸어 내려가면 고층 업무시설이 가득
차 있는 금융지구와 차이나타운이 있다. 내친김에 조금 더 걸어가면
워터프런트와 바다를 만나게 된다. 보스턴 도심부에서 가장 매력적인
측면 중 하나는 '지하철역-공원-묘지-시청-금융지구-차이나타운-워
터프런트' 모두를 불과 30분 이내 보행거리에서 경험할 수 있다는 점
이다. 여기서 로건 공항이나 사우스스테이션 기차역까지도 차로 10분
거리 안에 있다. 그리고 이는 보스턴의 너무 크지도, 아주 작지도 않은
도시 규모 및 생활권 크기와 관련되어 있다.

작은 도시의 약진

물론 '크지도 작지도 않은 규모'라는 단일 지표가 한 도시에서의 삶
을 전적으로 결정한다고 보기는 어렵다. 삶의 질에 영향을 주는 요소
가 헤아릴 수 없이 많기도 하거니와, 도시의 적정 규모라는 기준은 해
당 도시의 사회적 맥락과 도시 성장의 과정에 따라 다르기 때문이다.
조금 더 시간을 거슬러 올라가 중국의 도시를 한번 살펴보자. 중국에
서는 20세기 중반부터 그 이후까지 적정 도시 규모에 대한 계획가들
의 고민이 폭넓게 전개되었다. 미국 하버드대학의 피터 로우Peter G. Rowe
교수에 따르면 이 시기 중국의 도시화는 크게 네 단계로 나뉜다. 첫째
는 1949년 중화인민공화국의 수립부터 1960년을 전후로 한 시기다.

큰 도시, 작은 도시

청나라 말의 전국적 혼란과 군벌 난립, 항일 항쟁과 국·공 분열, 그리고 공산당 주도의 사회주의 국가 건설이라는 대장정을 치른 후 나라 경제는 만신창이가 되었다. 하지만 이와 함께 상하이나 베이징과 같은 대도시를 중심으로 각종 제조업이 자리 잡기 시작했고 인구가 도시로 몰려듦에 따라 비교적 빠른 속도로 도시화가 진행됐다. 그럼에도 이러한 도시화의 불씨는 대약진운동(1958~1961)과 문화대혁명(1966~1976)을 겪으며 갑작스럽게 잦아들게 된다. 특히 중화학공업 중심의 산업화 정책과 농업 집단화collectivization의 실패로 대기근이 발생했고 엄청난 숫자의 젊은 인구를 잃어버린 중국의 많은 도시는 경제 파탄을 겪었다. 이후 덩샤오핑 국가 주석이 주도한 1978년 개혁개방 전후부터 1990년대 중반까지는 사회주의 시장경제 아래에서 도시 재건과 도시화가 함께 진행되었다. 이 시기에는 무엇보다 토지제도의 개편, 특히 토지에 대한 '소유권'과 '사용권'의 분리가 제도적으로 정착하면서 도시개발의 새로운 지평이 열리게 된다. 1986년 헌법에 의해 원칙적으로 중국의 모든 도시 용지는 국가 소유state-owned로, 농촌을 포함한 비도시 용지는 집단화 소유collective-owned로 이분화되었고, 1988년 헌법 개정을 통해 도시 용지에 한하여 해당 토지의 사용권을 제3자에게 매매할 수 있게 되었다. 이러한 토지제도 변화에 따라 다수의 도시 용지가 개발되었고 1990년대 중반부터 현재까지 다시 빠른 속도로 도시화가 진행 중이다. 농민공의 대규모 도시 유입과 함께 과거 농촌 지역이었던 곳을 도시로 전환하면서 현재 660개 이상의 크고 작은 도시가 성장하고 있다.

이렇게 20세기 중후반에 걸쳐 인류 역사상 유례없는 규모의 농-도 전환rural-urban transition을 이룬 중국의 도시화 단계 중 여기서 주목하고자 하는 시기는 개혁개방 직후, 즉 1970년대 말부터 1980년대까지다. 이 당시 중국에서는 합리적인 도시화의 방식과 함께 적정 수준의 도시 크기에 대한 논의가 정점에 다다른다. 미국 밀워키대학 데이비드 벅 교수나 하와이대학 곽인왕 교수에 따르면 과도한 도시화, 특히 이미 거대하게 변해버린 대도시의 확산과 과밀화에 대한 우려가 팽배했다. 일정 규모를 넘어선 중국의 여러 도시는 주거난, 교통 혼잡, 일자리 증발, 복지 재정 악화로 인해 결국 붕괴할 것이라는 무시무시한 주장도 제기되었다. 이에 따라 1980년 개최된 국가 도시계획 컨퍼런스에서는 "큰 도

그림1 지프의 법칙(Zipf's law)에 따르면 한 나라에 있는 도시의 크기는 각 도시의 크기 순서(rank)에 반비례한다. 거칠게 표현하면 두 번째로 큰 도시(2위)는 가장 큰 도시(1위)의 절반 크기, 세 번째 큰 도시(3위)는 가장 큰 도시의 1/3, 네 번째 도시(4위)는 가장 큰 도시의 1/4 크기다. 하지만 중국 도시의 크기는 이 법칙으로 잘 설명되지 않는다. 중간 크기 이하의 도시 비율이 매우 높아서 순위가 낮아져도 크기가 완만하게 작아진다.

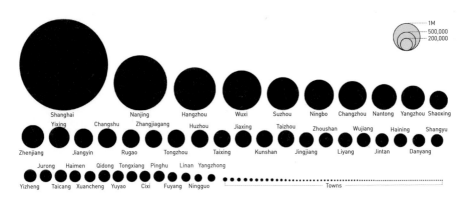

큰 도시, 작은 도시

시의 성장을 억제하고, 중간 도시의 확장을 적절히 추구하며, 작은 도시의 개발을 적극적으로 권장하라"는 원칙이 발표되었고, 같은 해 12월 중국 도시개발에 막강한 권한을 행사하는 국무원에서 이를 승인하게 된다.[3] 이렇게 큰 도시의 성장을 적절히 억제하면서 보다 '작은 도시' 小城鎭(xiǎ chéngzhèn) 개발을 적극적으로 유도한 정책으로 인해 중국에서는 지금도 큰 도시의 수에 비해 작은 도시의 비율이 압도적으로 높게 나타나고 있다(그림1).[4]

수위도시론과 반-수위도시론

이렇게 한 지역이나 국가에서 몇몇 도시의 과도한 성장을 규제하고 보다 작은 도시나 개발에서 소외된 지역의 성장을 정책적으로 도모해야 한다는 주장은 중국뿐만 아니라 세계 여러 나라에서 제기되었다. 이를 '균형발전론'이라 부를 수 있다. 특히 한 도시의 주변으로 도시개발 수요와 인구가 과도하게 집중되어서는 안 된다는 관점에 초점을 맞추면 이를 '반-수위도시론'이라 할 수 있다. 여기서 '수위도시primate city'란 한 국가나 지역에서 인구, 경제, 산업, 일자리, 서비스의 측면에서 그 비중이 지배적인 도시를 말한다. 이를테면 한국에서는 서울(혹은 수도권), 중국에서는 상하이, 러시아에서는 모스크바, 영국에서는 런던, 덴마크에서는—국제적인 기준에서 큰 도시라 보긴 어렵지만— 코펜하겐, 멕시코에서는 멕시코시티가 그 예다. 수위도시라는 용어는 미국 동미시간대학의 지리학자 마크 제퍼슨Mark Jefferson 교수가 1939년 발표한 논문 "수위도시의 법칙"에서 처음 쓴 것으로 알려져 있다. 그는 단순히 도시 규모나 경제적 영향력 측면에서만 수위도시에 주목한 것은 아니었다. 이와 관련하여 "…수위도시는 인구가 압도적으로 많은 도시이자 …한 국가를 통합하는 역할을 한다. …여기에 한 국가의 마음mind과 정신soul이 모두 담겨 있다"며 사회적 통합이나 민족정신의 관점으로 수위도시를 바라보았다.⁵ 이런 시각은 우리에게 조금 낯설긴 하지만, 1930~1940년대 국제 정세가 지금과는 사뭇 달랐던 점을 고려하면 이해가 된다. 국내에서는 주로 서울의 과밀 해소나 소외된 지방도시 활성화를 통한 전 국토의 균형 잡힌 발전 측면에서 반-수위도시론이 논의되었다. 1980년대 이후 신도시 건설이나 2000년대 초 지방분권 특별법, 그리고 신행정수도 특별법 제정을 계기로 다시 한 번 도시의 적정 크기와 분포에 대해 폭넓게 논의되었다.

흥미로운 점은 중국에서 1980년대에 작은 도시에 대한 정책적 선호가 팽배했던 것처럼, 한국에서도 분당, 일산 등 1기 신도시 개발이 거의 완료된 시점인 1990년대 말 소위 '미니 신도시' 건설 열풍이 불었다는 점이다. 용인 동백지구, 화성 향남지구, 평택 청북지구, 파주 교하지구, 화성 태안지구 등 서울 근교에 위치한 인구 5~10만 사이의 중소규모 택지개발지구가 이 당시에 기획되어 오늘날 실현된 미니 신도시다. 이러한 미니 신도시 개발이 당시 탄력을 받을 수 있었던 이유는 그 이전 시기에 개발된 분당(계획 인구 39만 명)이나 일산(계획 인구 27만 명)에서 큰 폭의 집값 상승과 이에 따른 부작용이 나타났고 과도한 청약 열풍과 서울로의 출퇴근 전쟁이 심각한 폐해로 지적되었기 때문이다. 이미 막강한 수위도시인 서울과 그 주변부에 대한 개발이 더 큰 문제를 초래할 수 있다는 것이다. 그럼에도 서울대 안건혁 교수는 "수도권 신도시 건설을 찬성한다"는 제목의 논문에서 미니 신도시 건설론을 반박했다. 여기서 한국의 자족적 신도시의 적정 인구 규모에 대해 20~30만 명을 기준으로 삼아도 별문제가 없으며, 서울과 수도권의 신도시로 인구가 집중하는 현상은 해당 지역에 여러 도시적 매력이 있음을 방증한다고 주장했다. 나아가 여전히 과밀 현상을 겪고 있는 수위도시 서울 주변에 다수의 미니 신도시 대신 제한된 수의 신도시를 조성하고 인구 집중에 따른 문제는 계획을 통해 합리적으로 해결하면 된다고 주장했다.[6] 안 교수의 주장이 옳다. 서울 주변에 분당이나 일산보다 훨씬 작은 미니 신도시를 다수 건설함으로써 큰 도시의 문제를 해소할 수 있다는 주장은 다시 1980~1990년대로 시간을 되돌린다 해도 무척 억지스럽다. 다수의 미니 신도시는 도시기반시설에 대한 중복 투자 없이는 유지할 수 없고, 교육, 산업, 서비스 측면에서 규모의 경제를 이루기도 어렵다. 더욱이 현재의 분당이나 일산의 인구는 초기 계획 인구를 훌쩍 넘어섰지만 그렇다고 해당 도시가 통제 불가능한 정도로 커졌다고 볼 수는 없다.

적정 도시 규모 이론

　일정 규모 이상의 신도시 건설을 찬성하는 입장이든 아니든, 양측은 공통점을 갖고 있다. 둘 다 도시의 '적정 규모'에 대한 개념을 갖고 있다는 점이 그것이다. 우리나라에서도 지자체 도시기본계획부터 각종 복지 정책 수립에 이르기까지 앞으로 예상되는 인구에 대한 예측과 함께 적정 규모에 대한 산정이 이루어진다. 이렇게 관습적으로 적정 규모를 도시 정책의 근간으로 삼기는 하지만, 도시의 합리적 규모에 대한 판단은 생각보다 어려운 문제다. 주변 사람들에게 간단한 실험을 하나 해보자. 질문이다. '지금 사는 도시는 큰 도시입니까?' 아마도 대부분의 사람이 잠시 기억을 더듬은 후 이에 답하는 데 큰 어려움이 없을 것이다. 서울에 사는 사람은 그렇다고 답할 것이고, 속초에 사는 사람은 아마 아니라고 할 것이다. 그렇다면 다음 질문으로 넘어가 보자. '지금의 도시 규모가 적절합니까?' '글쎄-' 고개를 갸우뚱한다. 나아가 '지금 사는 도시보다 2배 큰 도시와 절반 크기의 도시 중 삶의 다양성, 주거 만족도, 출퇴근의 편리성을 고려하면 어느 쪽이 더 좋습니까?' 이쯤 되면 난처하다. 그리고 이러한 난처함과 머뭇거림의 반응은 도시계획 전문가라 하더라도 피하기 어렵다(그림2).

　인류 역사에서 도시의 적절한 크기에 대한 고민은 기원전으로 거슬러 올라간다. 아리스토텔레스는 그의 저서 『정치학』에서 도시 규모는 일정한 하한선과 상한선 사이에서 결정된다고 했다. 앞에서 우리는 인

큰 도시, 작은 도시

그림2 도시가 앞으로 어떻게 확산될지 예측할 수 있을까? 정확한 예측은 어렵지만, 과거의 도시개발 패턴을 확률 함수로 계산하여 미래 도시 모습을 예상해 볼 수 있다. 그림은 중국 상하이에서 서측으로 약 2시간 거리에 있는 우시(Wuxi)의 도시 확산 시나리오다.

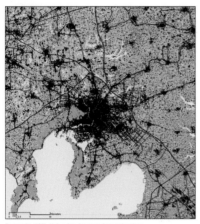

Scenario ~90%: Urban land conversions take place
only within p>90% districts

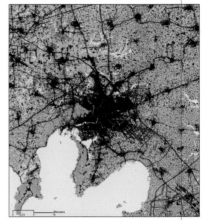

Scenario ~75%: Urban land conversions take place
only within p>75% districts

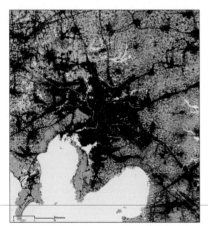

Scenario ~60%: Urban land conversions take place
only within p>60% districts

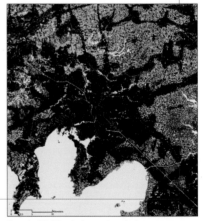

Scenario ~45%: Urban land conversions take place
only within p>45% districts

도시에서 도시를 찾다

구를 기준으로 도시 규모를 주로 이야기했지만, 아리스토텔레스는 도심지 면적을 예로 들었다. 그에 따르면 도심지 면적의 하한선, 즉 최소 규모는 도시 영토 내에서 시민들이 요구하는 음식이나 땔감을 자급자족할 수 있는 최소 면적으로 결정되며, 상한선은 적의 침입으로부터 도시를 효과적으로 방어할 수 있는 최대 면적이라고 보았다.[7] 꽤 그럴듯한 논리다. 너무 작은 도시는 사람들이 생활을 영위하는 데 필요한 재화를 안정적으로 공급하기 어렵다. 반대로 도시가 너무 크면 전쟁 시 방어의 효율성이 급격히 저하된다. 따라서 재화 공급과 방어의 효율이 급격히 낮아지는 두 임계점 사이의 어딘가에 한 도시의 적정 크기가 존재한다는 논리다. 그럼에도 이 논리에는 허점이 있다. 물론 도시가 최초로 형성될 시점에는 자원의 수급이나 방어의 효율성에 따라 특정 도시 규모가 결정될 수 있다. 하지만 이러한 기준은 시간에 따라 크게 변한다. 이를테면 땔감을 구하는 방법이나 효과적인 방어를 위한 영토라는 기준은 관련 인구나 각종 기술 발전에 따라 크게 달라진다. 예를 들어 조선 초 한성부의 방어를 위한 적정 성곽 규모가 조선 중기 임진왜란 시기 방어를 위한 적정 규모와 얼마나 다를지 떠올려보자. 이렇게 보면 한 시대의 상·하한선이라는 기준은 다른 시대에는 큰 의미가 없는 경우가 많다. 물론 그럼 처음부터 도시 규모를 정할 때 시간을 초월하여 적용 가능한 이상적인 크기를 알아내야 하냐고 되물을 수도 있다. 이에 대한 판단은 독자에게 맡기기로 한다. 적정 규모에 대한 논의는 적어도 이와 같은 시·공간적 맥락성과 함께 도시 규모를 결정하는 데 영향을 주는 잠재적 요소—이를테면 지형적 특성, 주요 이동수단, 주변 도시의 현황, 또는 한 사회가 익숙하게 받아들이는 도시 크기나 도기개발의 관습—까지 함께 고려해야 한다.

현대적인 의미에서의 적정 도시 규모 이론Optimal city size theory은 1970년대 이후 도시경제학자들에 의해 정교하게 발달한다. 그 기본적인 생각은 이렇다. 하나의 도시가 작은 규모에서 큰 규모로 성장함에 따라 기업 생산이나 서비스 제공, 재화 소비 등의 측면에서 총체적인 집적이익이 발생한다. 하지만 도시 규모가 일정 수준을 넘어서게 되면 이러한 이익은 각종 비용 증가로 인해 상쇄되기 시작한다. 과거 수렵과 사냥이 주요 식량 확보 수단일 때에는 도시 규모 증가에 따라 사냥꾼의 하루 보행거리가 늘어나는 것이 주요 비용 유발 요소였겠지만 근·현대 도시에서는 이보다는 교통 혼잡과 출퇴근 소요 시간, 지가 상승, 환경오염 등이 더 중요한 요소로 작용한다. 이렇게 도시 규모의 두 가지 효과, 즉 늘어나는 직접이익과 비용 상승의 차이를 따져보았을 때 총 순이익이 극대화되는 지점이 곧 해당 도시의 최적 규모다.[8] 물론 여기에는 도시 크기 이외의 다른 요소는 비용편익에 결정적인 영향을 주지 않는다는 비현실적인 전제가 필요하고, 아리스토텔레스의 설명과 마찬가지로 적정 크기라는 기준 자체가 시대적 산물이라는 문제가 있다. 나아가 개인의 입장에서 보면 도시 전체 차원에서 순이익이 발생하는가, 발생하지 않는가의 문제는 크게 중요하지 않을 수 있다. 따라서 적정 도시 규모를 하나의 고정된 기준으로 보지 않는 학자들도 있다. 이들에 따르면 한 도시의 적정 규모는 하나가 아닌 여러 주체가 관여하는 복수의 변곡점을 갖고 있으며, 하나의 이상적인 도시 규모를 가정하려는 시도 자체가 위험하다.[9] 앞서 언급한 미국 MIT대학의 케빈 린치도 그중 한 명이다. 린치는 이를 "…하나의 고정된 최적 도시 규모가 있다기보다 도시가 일정 크기를 넘어서면서 주요한 이익과 비용상승 효과를 겪게 되는 일련의 경계가 있다"고 표현한다.[10] 이러한 논의가 오늘날까지 이어지는 가운데, 적정 규모라는 개념 자체를 회의적으로 바라본 사람도 있다. 한 도시에서 설령 순이익이 극대화되는 규모가 있다고 해도 이 규모를 목표로 지금의 도시 크기를 조정하는 것은 불가능에 가깝기 때문이다. 예를 들어 미국 USC대학의 해리 리차드슨 교수는 "…가장 단순하게 봐도 적정 규모라는 개념은 추구할 만한 가치가 없다. …(이를테면 여러 문제로 얼룩진 대도시라 하더라도) 인구와 사회적 활동을 감축하는 정책은 그 효과를 보기 어렵다"고 주장한다.[11]

400m 법칙

이와 같은 회의론에도 불구하고 도시의 적정 규모에 대한 생각은 오늘날 다양한 형태로 진화하고 있다. 여기에서 적정 규모는 도시 전체의 크기만을 다루는 것이 아니다. 도시를 구성하는 세부 요소—즉 생활권, 근린주구, 도시 블록, 심지어는 가로나 필지 등—에 대해서도 적절한 크기에 대한 고민이 필요하다. 이 중 가장 미시적인 도시 구성 요소

중 하나인 개별 필지와 가로에 대해 한번 생각해보자. 이를테면 광화문 주변에 갈 일이 있을 때 한 번 세종대로와 서촌(경복궁 서측 지역)의 자하문로 1~7길을 비교해보자. 만약 다른 조건이 일정하다면 두 가로 중 더 활동친화적이고 일상적인 보행—이를테면 식료품 구매나 동네 친구와의 산책—이 편안하게 이루어질 수 있는 환경은 어디일까? 참고로 광화문 삼거리에서 세종대로 사거리까지의 거리는 약 620m이고, 자하문로 1~7길의 주요 교차로 사이의 거리는 대략 200m 정도다. 물론 걷기 좋은 가로 환경에 대해서는 거리 말고도 여러 개인적 선호가 관련되어 있으므로 사람마다 대답이 다를 것이다.

걷기 좋은 환경에 대한 개인적인 선호 차이에도 불구하고 영국 스트라스클라이드대학의 세르지오 포르타와 마이클 메하피 교수 연구진은 보행친화적으로 여겨지는 도시의 보편적인 특징으로 '400m 법칙 400-metre rule'을 제안했다.[12] 무척 용감한 제안이면서도 섣부른 일반화의 측면도 있어서 소개하기 조심스럽지만, 그 의미를 되새김질 해볼 만한 충분한 가치가 있다. 우선 여기서 이야기하는 '주요 가로의 거리'를 도시 블록을 따라 중·대로가 교차하는 사거리와 다음 사거리 사이의 거리라고 정의해보자. 이 정의에 따르면 앞에서 말했듯 세종대로는 620m, 자하문로는 200m 정도다. 포르타 교수 연구진은 전 세계에 있는 100여 개의 가로를 대상으로 주요 가로의 평균 길이와 해당 가로의 조성 시기를 조사했다. 이를 모아본 결과, 대체로 20세기 이전에 만들어진 주요 가로의 평균 길이는 300~400m 이하였지만, 20세기 이후에 만들어진 가로는 이보다 두 배 이상 긴 것으로 나타났다.[13] 이는 도심 교통수단으로 자동차가 대중화되고 특히 제2차 세계대전 이후 페리의 근린주구론이나 위계에 따른 도로 계획 원칙에 따라 형성된 전 세계 여러 도시가 그 이전에 조성된 도시와 적어도 주요 가로의 길이 측면에서는 뚜렷한 차이가 있음을 의미한다. 포르타 교수 연구진은 이러한 결과에 대해 성급한 일반화를 시도하지는 않는다. 그럼에도 이 연구의 결론은 단순명쾌하다. 20세기 이후에 만들어진 도시의 주요 가로는 그 이전 시기보다 대체로 훨씬 더 길게, 그리고 주요 도시 블록은 훨씬 더 크게 만들어졌음을 보여준다. 이러한 도시 구조는 보행의 쾌적성이나 자전거 타기의 즐거움, 혹은 교차로에서의 교통사고 빈도나 피해 범위에 잠재적으로 영향을 준다.

물론 거대한 도심 가로나 대형 블록이 토지 이용의 효율성 측면에서 좋은 점도 있다. 더구나 400m라는 단일 길이에 신비로운 휴먼 스케일의 비밀이 숨어 있는 것도 아니므로 우리 집 앞의 가로가 이 기준과 다르다고 너무 낙심할 필요는 없다. 그럼에도 위의 400m 법칙은 한국의 도시 문제를 다시 생각하는 데 의미 있는 시사점을 준다. 한 예로, 너무도 오랫동안 우리는 도시를 만들 때 빠른 속도로 주행하는 차량을 전제로 도시 블록과 가로를 조성했다. 그뿐인가. 시민들이 거주하거나 소비하는 최종 목적지 바로 앞까지 차량을 몰고 가 주차할 수 있는 도시를 더 편리한 도시라고 믿어 왔다. 하지만 이로 인해 매우 비상식적인 일들이 벌어지고 있다. 이를테면 순환도로를 따라 이미 충분한 주차공간을 확보한 대학에서조차 캠퍼스 한가운데 건물이 신축될 때 대형 지하 주차장 건설을 허가해 달라는 민원이 제기된다. 이에 따라 캠퍼스 중심에 대형 주차장이 조성되고 여기에 접근하기 위한 주차 램프와 차량 진입용 접근 도로가 만들어진다. 이러한 도로 및 주차장이 점점 누적되면 될수록 대학 구석구석까지 자동차 접근은 더욱 편리해진다. 개별 건물로의 접근 차량과 함께 통과 차량의 수도 늘어나고, 이러한 교통 수요 증가는 다시 주요 가로의 길이를 더 길게 만드는 원인이 된다. 이는 앞으로 신축되는 건물에서 보행 위주의 접근을 더 어렵게 만든다. 이를 정리하면 '차량 접근의 편리성 추구 → 관련 교통 인프라 확충 → 인근 신축 건물의 무임승차 → 보행 환경 악화 → 차량 수요 증가'로 이어지는 악순환이다. 과연 이에 대한 대안은 무엇일까? 적어도 서울대학교 관악캠퍼스에서 지난 몇 년 동안 논의되고 있는 대안은 대규모 주차공간을 캠퍼스 내부에 추가로 도입하지 말고 이를 순환도로 외곽에 설치하되, 비교적 소규모 주차공간과 이륜차 및 자전거 주차장을 캠퍼스 안팎에 흩뿌려 놓자는 것이다. 캠퍼스 순환도로를 따라 대중교통을 긴밀하게 연계하고, 여기서 캠퍼스 구석구석으로의 보행이 더 재미있고 편안하게 이루어질 수 있게 한다. 물론 캠퍼스 내 주요 상징 가로는 그 길이를 줄이기 어렵지만(혹은 줄일 필요가 없지만), 각종 통과 동선과 지름길, 산책로와 자전거 이동이 편리한 경사로 등을 체계적으로 구축하여 가로망을 조밀하게 연결하고 주요 가로 길이를 줄여나간다. 꽤 규모가 큰 캠퍼스나 주거단지라도 이렇게 하면 교통 인프라에 대규모로 투자하지 않아도 보행 접근성을 눈에 띄게 향상할 수 있다.

물론 편리한 자동차 접근을 요구하는 우리 사회의 문화적 관성을 어느 정도 인정하지 않을 수 없다. 하지만 도시의 모든 가로가 빠른 속도로 달리는 통과 차량이나 편리한 주차에 최적화될 필요는 없다. 여기서는 캠퍼스에서 했던 상상을 조금 더 확장하여 다소 실험적인 제안을 하나 해 보자. 기본 생각은 보행을 비롯하여 비교적 느린 속도의 이동수단과 자전거만으로 일상생활의 대부분을 누릴 수 있는 소생활권을 하나 혹은 그 이상 도심부에 도입하자는 것이다. 이러한 소생활권은 비교적 조밀하게 짜인 블록 위에 상당한 밀도의 주거, 업무, 상업공간을 포함하여 각종 생활 편의시설이 혼재되어 있음을 전제로 한다. 버스를 포함한 통과 차량이나 장거리 자전거 이동을 위한 도로는 소생활권 외곽을 따라 지나가게끔 재배치하고 조밀한 블록 내부의 가로와 사거리에서는 보행과 야외 활동이 더 즐겁고 편안할 수 있도록 도시 환경을 다시 디자인한다. 건축물의 저층부에는 보행자들이 이용할 수 있는 공간을 적극적으로 유치하고, 나아가 일방적인 규제를 통해 차량 이용을 제한하기보다는 보행과 자전거가 다른 교통수단보다 더 경쟁력이 있도록 변화를 유도한다. 공급이 수요를 창출하는 교통 인프라의 속성상 적어도 소생활권 내부에서의 이동에 대해 자동차 이용이 보행보다 더 편리하게 하면 안 된다. 그럼에도 생계용 차량이나 응급차의 접근까지 막을 수는 없다. 더욱이 앞으로 많은 사람이 이 지역을 이용하게 되면 특정 시간대에 주차 수요가 분명 늘어날 것이다. 이에 대해 시간대별로 차량 진입과 제한된 주차공간 활용에 관한 커뮤니티 협약을 만들고, 도심 자투리땅을 활용해 소규모 주차와 자전거 이용 관련 공간도 늘려나간다. 그리고 주요 도로에서는 적정 수준의 차량 속도 규제를 유연하게 활용한다. 이후 필요에 따라 공유형 차량이나 공공 자전거의 도입도 점진적으로 고려한다.

이러한 정책 실험은 이벤트성으로 하면 안 된다. 사람은 관성의 동물이라 한 차례 보행 위주의 환경을 경험하더라도 금방 과거에 더 익숙했거나 더 편했던 행태로 회귀하기 때문이다. 서울 도심부에서 이러한 실험을 가장 먼저 시도해볼 만한 대상지가 있다. 바로 청계천 상류의 서린동·무교동·다동 일대다. 이 지구는 종로, 세종대로, 남대문로 등에 둘러싸여 있으며 청계천이 통과하는 가로 약 500m, 세로 500m 크기의 도시 블록을 포함하고 있다. 현재 무교로 걷고 싶은 거리 조성사업이나 다동 내부에 시속 30km 이하의 생활도로 지정 등 보행 활성화 정책이 산발적으로 이루어진 상태다. 현재 주차 출입의 대부분은 블록 외곽을 따라 이루어지고 있고 통과 차량이 아주 많지는 않다. 1960~1970년대 재개발 계획과 최근의 금융뉴타운 지정에도 불구하고 블록 내부에는 과거의 유기적인 도시 조직이 산발적으로 남아 있고, 대로변 주요 필지는 재개발이 이루어져 금융, 보험, 언론 관련 기업의 대규모 사옥이 들어섰다. 내부에 차량 진입을 억제하고 통과 차량은 아예 배제한 채 보행전용의 새로운 도시공간으로 만들면 대단히 매력적인 장소가 될 것이다. 나는 이러한 소규모 생활권이 여럿 있는 도시가 그렇지 않은 도시보다 훨씬 더 매력적이고 지속가능하다고 믿는다.

큰 도시는 더 빠른가?

　도시 크기에 대한 좋고 나쁨을 떠나서, 이번에는 크기에 따른 사람의 행태에 대해 한번 생각해보자. 특히 도시 크기와 사람들의 보행 행태에 주목한 연구자를 눈여겨볼 만하다. 프린스턴대학의 심리학자 마크 본스타인 교수가 그 예다. 본스타인 교수 연구진은 여러 크기의 도시에서 보행자의 행태가 다르게 나타나며, 특히 보행 속도 측면에서 큰 차이가 있음을 발견했다. 그런데 이러한 차이는 무작위로 나타나기보다는 도시 크기와 밀접한 관계를 나타냈다. 이와 관련하여 1976년 『네이처』지에 흥미로운 연구 결과를 발표했다.[14] 이들은 전 세계 15개의 크고 작은 도시에서 무작위로 많은 사람들의 보행 속도를 측정했다. 이 데이터를 모아 그래프의 X축에는 해당 도시의 로그 스케일 인구 규모 log of city size를, Y축에는 도시별로 측정한 평균 보행 속도를 기록했다. 그 결과는 놀라웠다. 도시 크기와 평균 보행 속도 사이에서 확실한 비례 관계가 나타난 것이다. 예를 들어 당시 인구가 260만 명이었던 뉴욕 브루클린에 거주하는 사람의 평균 보행 속도(1.54m/s)는 인구 110만 명의 프라하(1.01m/s)보다 약 50% 빨랐고, 인구 1,000명 내외의 작은 마을(약 0.75m/s)보다는 약 두 배 빠른 것으로 나타났다. 이후 1979년 출판된 논문에서 본스타인 교수는 앞서 발표한 데이터를 다시 정리하여 도시의 평균 보행 속도를 다음과 같은 인구 함수로 요약했다.

V = 0.86logP + 0.05 (V = 보행 속도(feet/sec), P = 도시의 인구 규모)

　　물론 꽤 오래전에 이루어진 연구지만, 이 함수는 한 도시의 인구 규모를 X값에 넣으면 그 도시에 사는 사람들의 평균 보행 속도 Y값을 예측할 수 있다는 재미있는 연구 결과를 담고 있다. 이 공식에 따르면 1,000만 명이 넘는 대도시에서는 인구 1만 명인 작은 도시에 비해 거의 두 배 빠른 평균 보행 속도를 예상할 수 있다. 비록 이 연구에서는 보행 속도에 주목했지만, 일상적인 생활 속에서 도시 크기에 따른 삶의 차이를 이야기한 사례는 종종 찾아볼 수 있다. 나는 2016년 여름 베트남 출장을 위해 탑승한 비행기에서 기내 잡지를 읽다가 미국 켄터키주에 있는 인구 약 25만 명의 작은 도시 루이빌Louisville에 대한 기사를 접하게 되었다. 여기에는 루이빌에 정착한 요리사에 대한 이야기가 담겨 있었다.

　　한국계 미국인 요리사인 리는 뉴욕을 거쳐 켄터키에 정착했는데, 켄터키 더비를 구경하러 왔다가 루이빌의 매력에 빠진 후로 뉴욕으로 돌아가지 않았다고 한다. "루이빌은 일단 크기가 적당합니다. 너무 작지도 크지도 않죠. 사람들은 또 얼마나 다정한지. …뉴욕 같은 곳에서 살다가 루이빌로 오면 저절로 삶의 속도를 늦추고 자신이 가진 것에 감사하며 계절의 리듬을 이해하게 됩니다." 리의 루이빌 예찬이다.[15]

　　루이빌에 살면서 "삶의 속도를 늦추고 자신이 가진 것에 감사"하게 되었다니, 정말 매력적인 도시가 아닌가! 비록 이주에 대한 개인적 소회를 털어놓은 글이지만, 작은 도시 크기가 삶의 질과 속도와 밀접한 관련이 있다는 이 이야기는 아주 흥미롭다. 다시 본스타인 교수의 보행 속도 연구로 돌아가서, 만약 도시 크기와 속도의 비례 관계가 참이라면, 대체 큰 도시에 사는 사람들은 작은 도시의 사람들보다 어째서 더 빨리 걸을까? 본스타인 교수는 이에 대해 몇 가지 가설을 제안했다. 하나는 경제성 가설이다. 큰 도시는 작은 도시에 비해 전반적인 삶이 빡빡하다. 이를테면 진학과 취업을 위한 경쟁도 그렇고, 지하철이나 버스를 기다릴 때, 심지어는 시간 맞춰 나오는 맛있는 빵을 살 때도 경쟁적으로 줄을 서야 한다. 어쩌면 한국계 요리사인 리가 뉴욕이 아닌 루이빌에 정착한 이유 중 하나가 과도한 맛집 간 경쟁을 피하고 싶었던 것일지도 모른다. 이러한 상황에서 삶의 효율성을 높이기 위해서는 조금이라도 빨리 걸어야 한다. 시간은 돈이다—하지만 큰 도시에서의 시간은 돈과도 바꿀 수 없는 큰 가치가 있다. 따라서 큰 도시에서 빨리 걷는 행태는 개인의 경쟁력을 높이는 데 필수적이며 이는 도시 환경이 걷기라는 행태에 직접 영향을 준다고 보는 가설이다. 또 다른 가설은 인지와 관련이 있다. 대도시는 많은 종류의 자극으로 가득 차 있다. 각종 광고, 소음, 빛 공해와 심지어는 수많은 인간관계까지 각종 자극에 포함된다. 본스타인 교수가 제시하는 인지회피 가설은 이렇게 자극에 과도하게 노출된 큰 도시의 사람들은 지나친 자극을 본능적으로 회피하려는 행태를 보인다는 설명이다. 빨리 걸음으로써 특정 목적을 위한 이동은 수행하지만 불필요한 자극을 최소화한다. 가능성이 없진 않지만, 한국 도시의 상황에서 그리 현실성 있게 다가오는 설명은 아니다. 이후 다른 연구자는 본스타인 교수의 연구와 같은 결과를 얻었지만 이에 대한 해석을 달리했다. 이들에 따르면 도시 크기가 클수록 전체 보행자 중 더 빨리 걷는 사람, 특히 성인 남성의 비율이 높으므로 평균 속도가 높게 나타나는 것이라며 본스타인 교수의 해석을 반박했다.[16] 즉, 큰 도시에서 보행 속도가 대체로 빠른 이유는 자극을 줄이려는 것이 아니라 걸음걸이가 빠른 연령대와 성별의 보행자 비율이 높기 때문이라고 주장한다. 이와 함께 나는 빠른 템포와 역동적인 삶의 방식을 좋아하는(혹은 적어도 이를 덜 피곤하게 느끼는) 사람들이 능동적으로 작은 도시보다는 큰 도시에서의 삶을 선택한다는 가설을 추가하고자 한다. 앞의 경제성 가설이나 인지회피 가설은 둘 다 도시 크기에 따른 환경 조건이 사람들의 행태에 영향을 주었다고 보지만, 특정 환경을 선호하는 사람들의 능동적 선택이 그 도시를 구성하고 있는 측면을 간과해서는 안 된다.

본스타인 교수의 연구가 도시 크기와 사회적 행태 사이의 규칙성(특히 비례성)에 대한 연구라면, 규칙성의 또 다른 측면인 '부'의 상관관계에 대해서도 주목할 필요가 있다. 나는 미국 하버드대학에서 2009~2012년에 걸쳐 서로 다른 크기의 중국 도시의 성장이 주변 토지 이용 변화에 미치는 영향을 탐구했다.[17] 특히 토지 이용의 여러 유형 중 도심지 주변에 위치한 각종 환경 자원—녹지, 습지, 농경지, 호수 등—이 도시 개발로 인해 어떻게 사라지는가를 탐구하기로 했다. 본스타인 교수의 연구 단위가 사람이라면, 이 연구의 공간적 단위는 개별 도시와 마을이다. 연구 방법은 이렇다. 중국 양쯔강 델타지역에 있는 46개의 도시와 1,730여 개의 마을 중 94개를 선택했다. 그리고 각 도시에서 지난 60여 년간 시간에 따른 도심지 확장 패턴과 이로 인해 손실된 환경 자원의 분포를 1km² 그리드 단위로 분석했다. 처음에는 상하이나 난징 같은 큰 도시의 확장이 지역 내 환경 자원 멸실에 결정적 역할을 했을 것이라는 생각으로 연구를 시작했다. 즉 도시 크기와 환경 자원 손실 사이에 양의 비례 관계가 있을 것이라는 가설이었다. 하지만 연구 결과는 전혀 다르게 나타났다. 적어도 양쯔강 델타지역에서 큰 도시와 작은 도시의 확산은 지역 내 환경 자원 손실에 유사한 비율로 기여했다. 나는 이 결과를 좀 더 미시적으로 확인해 보고 싶었다. 그래서 도시별 단위 인구 증가당 손실된 환경 자원의 정도를 Y축에, 그리고 해당 도시의 규모를 X축에 놓고 점으로 표시한 결과, 흥미롭게도 반비례 곡선이 나타났다. 이는 결국 도시 크기가 클수록 실은 단위 인구가 증가함에 따라 주변 토지 이용에 미치는 영향은 오히려 적게 나타나며, 도시 크기와 인구 증가에 따른 환경 자원의 손실 정도 사이에 반비례 관계가 있음을 의미한다(그림3). 물론 도시 맥락은 다르지만, 이러한 결과를 앞서 논의한 국내 미니 신도시 논쟁에 적용해 볼 수 있다. 만약 지금과 같은 수도권 신도시 개발 방식이 아니라, 다수의 미니 신도시 건설로 정책 방향이 완전히 선회했다면 어떤 결과가 나타났을까? 적어도 환경 자원의 보존이나 합리적인 토지 이용의 측면에서 보

그림3

중국에서 지난 약 30년간 단위 인구 증가에 따른 도시에서의 네 가지 환경자원 손실량을 나타낸 그래프. 산림, 습지, 수역, 농경지 모두 비교적 큰 도시에서 인구 증가에 따른 자원 손실이 적게 나타난다.

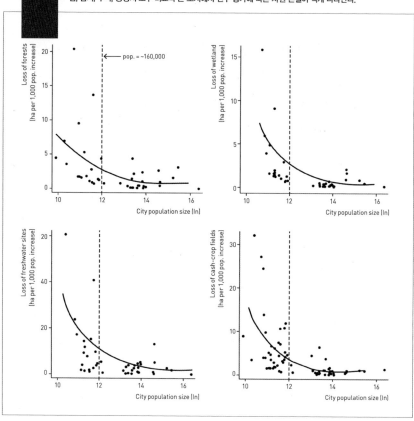

면 매우 부정적인 결과로 이어졌을 것이다.

위의 연구 결과를 좀 더 일반화해 보자. 서로 다른 크기의 도시들은 서로 다른 크기 효과를 갖는다. 그리고 이는 거시적인 사회·경제적 효과뿐만 아니라 도시 거주자의 일상 경험과 삶의 질에 직간접적인 영향

도시에서 도시를 찾다

을 준다. 이러한 특징은 지역과 시대를 초월해 놀라울 만큼의 규칙성을 보일 때도 있고, 때로는 불규칙성도 드러낸다. 처음 소개한 영국『이코노미스트』지의 주장처럼 너무 크지도 작지도 않은 도시에서 삶의 질이 높다는 주장은 아직 그 근거가 약해 보이지만, 적어도 도시 크기가 삶의 여러 차원에 영향을 주고 있는 것만은 분명해 보인다. 이러한 아이디어를 최근 집대성한 사람이 있다. 미국 산타페연구소의 루이스 베텐코트 교수다. 관심 있는 독자는 그가 발표한 '도시 스케일링 이론Urban scaling theory'을 참고하길 바란다.[18] 한동안 잠잠했던 도시 크기 관련 연구가 베텐코트 교수진의 노력과 함께 다시 활발하게 진행되고 있다. 이제는 눈을 돌려 국제 현상설계 공모를 통해 진행된 모스크바 도시설계 사례를 살펴보자.

거대한 모스크바

18세기 말 러시아에서는 서유럽의 런던이나 파리와 같은 큰 도시를 찾아보기 어려웠다. 당시 상트페테르부르크(약 22만 명)와 모스크바(약 19만 명)를 제외하면 인구 5만 명 이상의 도시가 하나도 없었다. 19세기 말에 이르러서도 러시아 전체의 인구 중 도시 인구는 10% 수준에 불과했다. 이는 비슷한 시기 40%에 육박하는 도시화율을 보인 미국에 비하면 매우 낮은 수치다. 그럼에도 20세기에 들어와 러시아는 엄청난 규모의 도시화를 경험했다. 이 중 수도이자 수위도시인 모스크바의 위상은 가히 독보적이다. 모스크바는 1897년 인구 100만을 조금 넘는 수준의 도시 였지만, 인구는 1926년에 203만, 1959년에 604만으로 급성장했다.[19] 최근까지 모스크바의 도시화는 계속되었다. 가장 최근에 이루어진 인구 예측은 약 1,240만이다.[20] 이는 세계적인 메트로폴리스 런던의 1.5배, 러시아 제2의 도시 상트페테르부르크의 2.4배, 제3의 도시 노보시비르스크의 8배에 이르는 인구다.[21] 지금 이 순간에도 많은 수의 이민자들과 농촌 인구가 지속해서 모스크바로 유입되고 있으며, 실제 모스크바 거주 인구는 위의 공식 집계 인구를 넘어서 훨씬 더 클 것이라는 관측이 유력하다. 모스크바는 인구 측면에서만 수위도시가 아니다. 러시아의 지역 총생산 중 약 22.3%, 총수입의 42.3%, 총수출의 37.7%, 세수입의 21.8%를 차지하고 있다. 공산주의의 몰락과 함께 러시아라는 국가 브랜드는 위축됐지만 모스크바라는 수위도시는 더욱 당당하게 세계 무대에 부상하는 흥미로운 현상도 나타났다.[22] 이러한 위상에도 불구하고 모스크바는 큰 도시로서의 여러 불명예를 안고 있다. 최근 가장 심각한 이슈는 자동차 수 증가에 따른 극심한 출퇴근 교통난이다. 모스크바의 자동차 수는 매년 약 40~50만 대의 비율로 증가하고 있으며, 2010년 한 해 동안만 60만 대 이상이 증가했다.[23] 이에 따른 심각한 교통 혼잡으로 인해 전 세계 도시 중 도로 위에서 낭비해야 하는 시간 측면에서 모스크바는 세계 최악의 도시다. 이를테면 도로에 차가 별로 없다고 가정할 때 1시간이 요구되는 거리라면, 현재의 모스크바에서는 평

도시에서 도시를 찾다

균 1시간 40분이 필요하며 특히 퇴근 시간에는 2시간 20분 이상을 도로에서 낭비해야 한다.[24] 교통 체증과 함께 도심부 업무 및 주거 공간의 가격 상승도 심각한 수준이다.[25]

2010년 6월 심각한 경제난과 체첸 반군 세력의 위협 속에서도 당시 러시아 대통령 드미트리 메드베데프는 수도 모스크바의 영토를 파격적으로 확장하기로 한다. 이에 따라 2012년 7월 이후 신모스크바 계획이라 불리는 수도 확장을 단행했다. 이 정책에 따라 모스크바는 적어도 행정 면적을 기준으로 약 2.4배 커지게 되었다.[26] 모스크바 정부는 수도 확장에 요구되는 전략을 체계적으로 수립하기 위해 '거대한 모스크바 Big Moscow' 도시설계 공모전을 주관한다. 이는 통상적인 설계 공모가 아니다. 러시아와 유럽 경제 전반에 막대한 영향력을 행사하는 수위도시 모스크바와 그 주변 지역을 향후 어떻게 통합적으로 계획할 것인가에

그림4 모스크바 외곽의 현재 상황과 OMA에서 제안한 모스크바 신도시 다이어그램. 도심부 외곽의 혼란스러운 토지 이용과 흩어져 있는 용도를 정비하고 복수의 적정 도시 규모 신도시 건설을 제안하고 있다.
(출처: OMA, http://oma.eu)

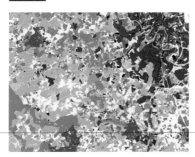

큰 도시, 작은 도시

대한 종합적인 진단과 처방을 요구하고 있기 때문이다. 여기에는 동시에 과연 지금의 모스크바가 처해 있는 문제에 대해 적정 규모 도시로의 변화를 통해 어떻게 대응할 수 있을 것이냐는 문제도 포함된다. 이에 대해 네덜란드 건축사무소 OMA에서는 (언제나처럼) 참신한—하지만 지극히 전형적이기도 한— 적정 도시 계획안을 제안하게 된다(그림4). 여기서는 구모스크바의 도시 구조를 인구 약 250만 명 내외의 중규모 위성도시 네 개로 재편하는 안을 제시했다. 그리고 그 이유에 대해 OMA 파트너인 레이니에르 드 흐라프Reinier de Graaf는 2012년 한 강연에서 "살기 좋은 도시는 종종 인구 200~400만 명 사이의 도시"라며, 과도하게 확장한 모스크바를 복수의 적정 규모 도시로 재구성해야 하는 이유를 설명했다.[27]

모스크바를 적정 크기의 도시로 재편하는 OMA의 접근과는 달리, 스페인 건축가 리카르도 보필Ricardo Bofill은 모스크바 중심에서 남서쪽을 향해 신규 도심지가 뻗어 나가는 유선형 도시안을 제안했다. 보필의 안에서는 도시를 서로 다른 영역으로 구분 짓기보다는 하나의 녹지축을 따라 신모스크바에 들어설 다양한 도심 용지—예를 들어 정부종합청사, 금융센터, 과학·교육단지, 주거지역, 산업단지—가 선형으로 배열된 것이 특징이다. 녹지와 울창한 산림 사이에 기하학적 형태의 신모스크바 도심지가 낭만적으로 위치해 있으며, 이미 중심에서 주변으로 거대하게 팽창하고 있는 모스크바의 단일 중심성은 더욱 강조되고 있다. 이 안과는 또 다른, 더욱 탁월한 안도 있다. 이탈리아의 베르나르도 세

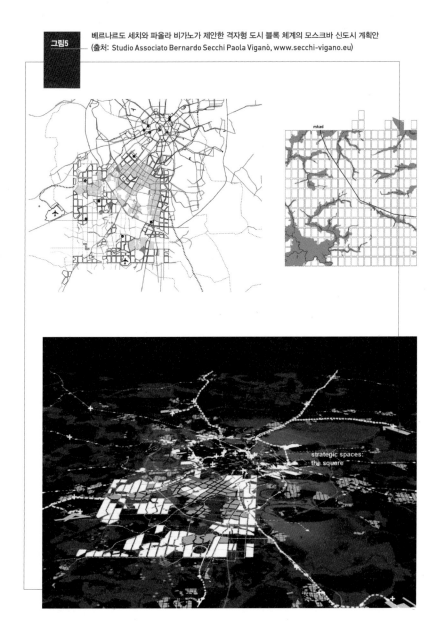

그림5 베르나르도 세치와 파올라 비가노가 제안한 격자형 도시 블록 체계의 모스크바 신도시 계획안
(출처: Studio Associato Bernardo Secchi Paola Viganò, www.secchi-vigano.eu)

큰 도시, 작은 도시

53

치Bernardo Secchi와 파올라 비가노Paola Viganò가 제시한 계획안이 그 예다(그림5). 이들은 신모스크바 대상지에 구모스크바와는 매우 다른 정형적인 격자형 그리드를 얹었다. 모스크바의 중심에서 외곽으로 팽창하는 중심성을 강조한 보필의 안과는 달리 세치의 안에서는 격자형 그리드 내에서 향후 밀도 있게 도심지 개발이 일어나야 함을 강조하고 있다. 격자형 그리드를 배치하는 과정도 보필이 신도시를 제안한 방식과는 크게 다르다. 세치와 비가노는 개발해서는 안 되는 땅에 얹힌 그리드는 과감하게 삭제함으로써 개발 가능한 땅과 보존할 땅—이를테면 해발 255m 높이의 테플로스탄스카야 언덕Teplostanskaya highland이나 요철이 많은 지형의 계곡—에 대한 입장을 분명히 했다. 이렇게 지우고 남겨진 격자형 그리드 위에는 주요 도심부 기능과 함께 공항, 고속도로, 철도 등의 도시기반시설을 밀도 있게 배치했다. 여기서는 광범위하게 팽창한 구모스크바와 정형적으로 계획된 신모스크바가 대조적이지만 기존 지형을 매우 섬세하게 고려하는 데 성공했다. 이를 통해 신모스크바가 구모스크바의 부분이나 확장판이 아닌, 새로운 시대의 새로운 도시로 만들어져야 함을 표현하고 있다. 이렇게 큰 도시를 앞으로 더 크게 만드는 방법도 여러 가지다. 크고 작음의 의미와 함께 어떻게, 어떤 방식으로 해당 크기의 도시가 성장해야 하는가에 대한 설계자의 규범적 판단이 요구된다.

❶ 도시 크기는 혁신의 속도나 사회적 다양성, 범죄율, 나아가 커뮤니티 행태, 삶의 주관적인 속도, 개인의 보행 속도와 날씨에 대한 감수성에 이르기까지 삶의 질에 여러 가지 방식으로 영향을 준다.

❷ 너무 크지도 작지도 않은 적정 도시 규모나 생활권 크기를 판단하는 일은 중요하다. 하지만 보편적으로 적용 가능한 하나의 이상적인 크기가 있다고 보기는 어렵다.

❸ 전 세계 여러 수위도시는 막강한 사회·경제적 영향력과 함께 과도한 집중에 따른 문제를 안고 있다. 이를 해결하기 위해 크고 작은 신도시 개발과 균형 발전 정책이 이루어졌지만, 그 방식과 효과에서는 큰 차이를 보인다.

❹ 같은 토지 이용을 가진 도시조직에서도 가로나 블록의 크기를 어떻게 설계하는가 (예, 400m 법칙)에 따라 보행친화성과 사회적 교류 측면에서 큰 차이를 보인다.

1 _ "The best places to live: A data-driven ranking of the most liveable cities", *The Economist*, 2014. 8. 19.

2 _ Jeff Bailey and Calmetta Y. Coleman, "Chicago's strong economy has led to a renaissance", *The Wall Street Journal*, 1996. 8. 21.

3 _ 중국어 표현은 다음과 같다. "控制大城市规模, 合理发展中等城市, 积极发展小城市."

4 _ 이에 대해서는 다음의 책과 논문을 참고. David D. Buck, "Policies favoring the growth of smaller urban places in the People's Republic of China, 1949~1979", in: Laurence J. C. Ma and Edward W. Hanten(Ed.), *Urban development in modern China*, Westview Press, 1981, pp.114~146. ; R. Yin-Wang Kwok, "The role of small cities in Chinese urban development", *International Journal of Urban and Regional Research* 6(4),1982, pp.549~565. ; R. Yin-Wang Kwok, "Recent urban policy and development in China: A reversal of anti-urbanism", *The Town Planning Review* 58(4), 1987, pp.383~399.

5 _ Mark Jefferson, "The law of the primate city", *Geographical Review* 29(2), 1939, p.227.

6 _ 안건혁, "수도권 신도시 건설을 찬성한다", 『국토계획』 32(2), 1997, pp.213~217. ; 안건혁, "자족적 신도시의 적정규모에 관한 연구", 『국토계획』 32(4), 1997, pp.41~55.

7 _ Aristotle(Author), Carnes Lord(Trans.), *Aristotle's politics*, The University of Chicago Press, 2013, pp. 194~197.

8 _ 적정 도시 규모 이론을 잘 요약한 논문으로 다음을 참고. Roberta Capello and Roberto Camagni, "Beyond optimal city size: an evaluation of alternative urban growth patterns", *Urban Studies* 37(9), 2000, pp.1479~1496.

9 _ Masahisa Fujita, *Urban economic theory: land use and city size*, Cambridge University Press, 1989.

10 _ Kevin Lynch, *Good city form*. MIT press, 1984, p.243.

11 _ 리차드슨 교수는 비록 '적정 규모' 혹은 '최적 규모'라는 개념에 대해서는 회의적으로 보았지만 이를 대체할만한 개념으로 '효과적인 도시 크기'라는 개념을 제시했다. 다음의 연구를 참고. Harry W. Richardson, "Optimality in city size, systems of cities and urban policy: a sceptic's view." *Urban Studies* 9(1), 1972, pp.29~48.

도시에서 도시를 찾다

12 _ Sergio Porta et al., "Alterations in scale: Patterns of change in main street networks across time and space" *Urban Studies* 51(16), 2014, pp.3383~3400 ; Michael Mehaffy et al., "Urban nuclei and the geometry of streets: The 'emergent neighborhoods' model", *Urban Design International* 15(1), 2010, pp.22~46.

13 _ 서울의 강북 도심부 을지로1·2·3·4가의 주요 가로 길이도 거의 일정하게 400m에 해당한다. 경복궁역에서 자하문로를 따라 서촌으로 올라가다가 처음 만나게 되는 사거리, 즉 자하문로9·10길까지의 거리도 400m다.

14 _ Marc H. Bornstein and Helen G. Bornstein, "The pace of life", *Nature* 259, 1976, pp.557~559. ; Marc H. Bornstein, "The pace of life: Revisited", *International Journal of Psychology* 14, 1979, pp.83~90.

15 _ Beth Rooney, "American spirit", *MorningCalm*, 2016. 8.

16 _ Peter Wirtz and Gregor Ries, "The pace of life-reanalysed: why does walking speed of pedestrians correlate with city size?", *Behaviour* 123(1/2), 1992, pp.77~83.

17 _ Saehoon Kim and Peter G. Rowe, "Does large-sized cities' urbanisation predominantly degrade environmental resources in China? Relationships between urbanisation and resources in the Changjiang Delta Region", *International Journal of Sustainable Development & World Ecology* 19(4), 2012, pp.321~329. ; Saehoon Kim, *China spreading-out: Urban development and environmental resources in the Changjiang Delta Region*, Doctoral dissertation, Harvard University Graduate School of Design, 2012.

18 _ Luis M. A. Bettencourt et al., "Growth, innovation, scaling, and the pace of life in cities", *Proceedings of the National Academy of Sciences* 104(17), 2007, pp.7301~7306. ; Luis M. A. Bettencourt et al., "Urban scaling and its deviations: Revealing the structure of wealth, innovation and crime across cities", *PLOS one*, 5(11): e13541, 2010. ; Luis M. A. Bettencourt, "The origins of scaling in cities", Science 340(6139), 2013, pp.1438~1441.

19 _ Robert A. Lewis and Richard H. Rowland, "Urbanization in Russia and the USSR: 1897-1966", *Annals of the Association of American Geographers* 59(4), 1969, pp.776~796.

20 _ http://rbth.com/news/

21 _ Russian Federation Federal State Statistics Service, 2014. http://www.gks.ru/

큰 도시, 작은 도시

22 _ 관련 통계는 2009년 혹은 2010년 기준임. A. G. Makhrova, T. G. Nefedova and A. I. Treivish, "Moscow agglomeration and "New Moscow": The capital city-region case of Russia's urbanization" *Regional Research of Russia* 3(2), 2013, pp.131~141 ; Robert Argenbright, "Moscow on the rise: from primate city to megaregion", *Geographical Review* 103(1), 2013, pp.20~36.

23 _ Yekaterina Kravtsova, "Moscow Traffic Ranked World's Worst", *The Moscow Times*, 2013. 4. 3. ; http://sputniknews.com/

24 _ http://eng.kremlin.ru/news/3645

25 _ Argenbright, 2013.

26 _ Yulia Ponomareva, "Moscow expansion leaves developers in limbo", *The Moscow News*, 2012. 5. 7.

27 _ http://oma.eu/lectures/moscow-expansion

chapter 2

도시 밖의 도시,

도시 안의 도시

구도심, 구시가지, 신시가지는 어떤 차이가 있을까?
도시 밖에 만들어지는 도시와 도시 안에 위치하게 될 도시는 무엇이 다를까?

"LA 스타일의 도시 확산이 바람직한가? …아니다!"

— Reid Ewing, 1997

제기동, 구로4동, 황학동

제기동 약령시장, 남구로역 인접 빌라지구, 황학동 중앙시장 주변 지역을 거닐다 보면 일견 유사해 보이는 서울의 저층 고밀 지역이 얼마나 다채로운가에 대해 놀라지 않을 수 없다. 제기동 청량리역 주변 약령·청과물시장 일대는 원래부터 시장의 기능으로 조성된 곳이 아니었다. 실은 이곳은 1934년 6월 당시 조선총독부에서 제정한 '조선시가지계획령'에 따라 서울 밖 '교외 주거지'로 낙점된 곳이었다.[1] 이후 1980년대까지 지속된 토지구획정리사업을 통해 양호한 주거지 조성을 위한 필지 분할과 도로 건설이 이루어졌지만, 이후 온전하게 주거지로 자리를 잡기보다는 1960년대 전후부터 몰려든 전국의 약재상과 청과물 도소매 상인의 주요 활동 무대로 널리 이용된다. 한국전쟁 이후 황학동에는 벼룩시장이 개설되었고, 이 지역은 점차 주방기구부터 각종 식자재와 양곱창을 판매하는 초대형 재래시장으로 성장했다. 오늘날의 황학동 시장에서는 물품 판매만 이루어지는 것이 아니다. 식당을 운영하려는 자영업자들에게 간판과 메뉴, 식자재, 주방기구 일체를 포함한 원스톱 창업 컨설팅 서비스도 제공되고 있다. 하지만 최근 왕십리 뉴타운과 청계천변 주상복합 개발, 그리고 동대문 패션상가의 약진과 함께 황학동은 도심 속 변두리 공간으로 남아있다. 구로동은 아직 개발이 본격화되지 않은 1960년대 초 영등포 부도심권의 커뮤니티 센터—이를테면 불광동이나 수유동과 유사한 기능—로 지정되었다.[2] 비교적 영세한 주택지가 우선 개발되었고, 1990년대 다세대주택과 아파트가 이를 대체하면서 오늘날 서울에서도 가장 인구 밀도가 높은 지역 중 하나로 남아 있다.[3] 그럼에도 모든 지역에서 토지구획정리사업이 일괄적으로 시행되지는 않았기 때문에 새로 만들어진 격자형 도시 조직 사이에 자연 발생형 가로가 혼재된 상태로 다수의 과소 필지와 부정형 필지가 남게 된다. 여기까지는 세 지역이 어떻게 지금의 서로 다른 모습과 기능을 갖게 되었는가에 대한 이야기다.

신시가지로 조성된 서울의 구시가지

앞의 세 지역은 이러한 차이점에도 불구하고 무척 흥미로운 공통점을 갖는다. 이는 20세기 중반을 전후하여 서울 사대문 밖의 '신시가지'로 개발된 21세기 서울의 '구시가지'라는 점이다. 이들 대상지는 20세기 초중반까지 일부 가옥이 점유하던 논밭 혹은 미개발지였다. 도심부에서 비교적 가까이 위치해 접근성이 좋았고 넓고 평평한 배후지를 갖고 있었기 때문에 해방을 전후로 하여 도시화를 위한 적지로 여겨졌다. 이에 따라 1940~1960년대에 걸쳐 주요 시가지 개발이 착수되었고, 같은 시기에 다양한 사회적 계층의 사람들이 유입되었다. 몇 차례에 걸쳐 크고 작은 재개발이 일어났지만, 결코 시가지 전체가 한꺼번에 계획적으로 개발되지는 않았으며, 현재 밀도 높은 상업 및 주거지역 안에 다수의 노후 주택과 비교적 최근에 지어진 다세대·다가구주택이 퇴색한 상업시설과 함께 뒤섞여 있다. 이들 서울의 구시가지는 사람으로 비유하자면 기성세대와 신세대 사이에 있는 '낀 세대'다. 수백 년에 걸친 역사·문화 자원을 축적한 구도심과 현대적인 감각으로 단장한 신시가지 사이에 있는 어정쩡한 주변인이며, 개발에 대한 기대감은 늘 있지만 실제로는 구도심이 누리는 각종 혜택으로부터 배제되는 경우가 많다. 사회적으로는 오래 거주한 사람과 함께 새벽 인력시장을 기웃거리거나 철새처럼 잠시 머물다 떠나는 사람들이 뒤섞여 있다. 상거래 규모에 비하여 상인들의 결속력이 딱히 강한 것도 아니고, 거주지의 사회적 자본이 든든한 편도 아니다. 생활 환경에 대한 만족도가 아주 낮지는 않지만, 대체로 지역 주민들은 이제 주거 환경 개선이 필요한 시점이라고 느끼고 있다. 오랫동안 자리를 지켜온 판매 시설 임차인들은 상권 쇠락에 따른 무력감을 호소한다. 그럼에도 전면 철거 후 재개발의 대상이 될 만큼 심각하게 낙후되어 있거나 범죄에 취약한 지역은 아니다. 이와 함께 서울 저층 고밀지의 가치를 재발견하는 노력도 한편에서 이루어지고 있다. 왕십리 뉴타운과 같은 대규모 재개발로부터 20세기에 만들어진 저층 주거지를 보호하거나 적어도 주민과 상인이 원할 때 점진적으로 개발해야 한다는 사회적 인식이 꽤 널리 공유되고 있다.

이렇게 오늘날 서울의 구시가지는 쇠퇴에 따른 우려와 함께 가까운 과거에 대한 향수, 그리고 다가올 변화에 대한 낙관적 희망이 공존하는 장소다. 나아가 이 지역은 전면 개발이냐, 현 상태 보존이냐는 이분법적 처방전이 요구되는 곳이 아니다. 이들 지역에 대한 더욱 희망 섞인 기대를 하고 있는 사람도 있기 때문이다. 이를테면 이 지역은 도심부 한복판보다 상대적으로 지가와 임대료가 저렴하고 비교적 소규모의 상업·업무 및 주거 공간이 섞여 있어 다양한 활동이 유입될 수 있는 잠재력이 크다. 이로 인해 도시공간의 낡음과 닳음에도 불구하고 개별 건축에 대한 고쳐 쓰기, 그리고 자생적인 용도 변화를 통해 소박하지만 자연스러운 멋과 일상의 격이 자리 잡을 여지가 있는 드문 장소이다. 제기동, 구로4동, 황학동과 같이 과거에 만들어진 신시가지이자 오늘날의 구시가지에 해당하는 지역은 점진적으로 여러 사회적 요구를 수용하며 변화할 수 있도록 인내심을 갖고 가꾸어야 한다. 그럴 때 비로소 고유한 지역성을 형성할 수 있다. 과거의 신시가지가 오랜 시간에 걸쳐 오늘날의 구시가지로 자리 잡으며 지역 특유의 멋과 격을 보여준 사례는 국내외 다른 도시에서도 찾아볼 수 있다.

19세기 맨해튼의 신시가지, 브루클린

대표적으로 미국 맨해튼 동남쪽에 위치한 브루클린이 그러한 예다. 최근 『뉴욕타임스』지에 따르면 '브루클린 브랜드'나 '브루클린 라이프스타일'이 전 세계에서 주목을 받고 있다.[4] 초콜릿의 강렬한 맛과 감각적인 패키지 디자인으로 선풍적인 인기를 끌고 있는 '매스트 브라더즈 초콜릿Mast Brothers Chocolate', 런던에 위치한 복합 문화 클럽인 '브루클린 볼Brooklyn Bowl', 스톡홀름에서 맛볼 수 있는 '브루클린 맥주Brooklyn Brewery', 독일과 스위스 등에서 널리 판매되고 있는 '브루클린 스펙터클즈Brooklyn Spectacles 안경' 등은 브루클린에 뿌리를 둔 로컬 브랜드가 국경을 넘어 큰 성공을 거둔 사례다. 이는 하나의 지역성이 다수의 개별 상품과 제각기 연계되면서 보편적인 브랜드 효과를 획득하게 된 매우 흥미로운 현상이다. 이뿐만이 아니다. 브루클린은 최근 매력적인 사람과 창조적인 직업군이 거주하고 일하고 싶은 공간으로 확고하게 자리매김하고 있다. 재능 있는 예술가, 젊은 창업가, 패션 전문가와 푸드 스타일리스트에게 브루클린은 새로운 일에 도전하고 자유로운 분위기에서 인생을 만끽하는 장소로 여겨지고 있는 것이다. 이를 통해 바야흐로 브루클린은 값비싼 맨해튼의 저렴한 대체 도시가 아니라 그 자체로 독자적인 개성을 가진 곳으로 전성기를 맞이하고 있다.

하지만 브루클린이 처음부터 빼어난 지역성을 타고난 도시는 아니었다. 미국 컬럼비아대학의 케네스 잭슨Kenneth T. Jackson 교수에 의하면 브루클린은 근대 해상 교통의 발달로 인해 생겨난 미국 최초의 교외 주거지modern ferry suburbs 중 하나다.[5] 1810년대 맨해튼에서 증기선이 왕래하기 시작하면서 신시가지로 개발되었고, 19세기 초반에는 부유한 뉴요커들이, 그 이후에는 유럽의 이민자들이 대거 몰려들어 이곳에 정착하게 된다. 잭슨 교수에 따르면 19세기에 걸쳐 브루클린은 '뉴욕의 여러 교외 주거지 중 하나'에서 그 자체가 완결된 하나의 도시로서 성장하게 된다.⁶ 1920년대 자동차의 대중화와 함께 브루클린은 폭발적인 도시화를 겪었고, 20세기 중반에는 첫 정착 세대와 그 이후 세대가 어울려 새로운 문화를 꽃피우기 시작했다. 2016년 국내에서도 개봉한 영화 '브루클린(존 크로울리 감독, 2015)'을 보면 이 당시의 이야기가 잘 묘사되어 있다. 아일랜드 시골 마을 출신의 젊은 여성 에일리스는 새로운 기회를 찾아 미국으로의 이민을 결정한다. 두근두근 떨리는 가슴을 안고 입국 심사장을 거쳐 마침내 기회의 땅 미국에 도착했고 이후 그녀가 처음 정착하게 된 지역이 바로 뉴욕의 신시가지 브루클린이었다. 당시의 브루클린은 여러모로 고향인 아일랜드의 마을과는 달랐다. 자동차로 가득 찬 도로, 어른들의 눈을 피해 즐거운 시간을 가질 수 있는 교회 댄스파티, 그리고 이민자인 에일리스에게 꼭 필요한 일자리를 준 시내의 대형 백화점까지 브루클린은 흥겹고 치열한, 하지만 여전히 낯선 곳이었다. 시간이 흘러 딱딱한 하숙집의 침대와 고된 백화점 점원의 생활과 같은 새로운 도시에서의 시공간이 조금씩 익숙해질 무렵, 에일리스는 배관공 일을 하는 이탈리아계 미국인 토니와 사랑에 빠진다. 그리고 토니의 초대로 그의 가족이 사는 집을 방문하기로 한다. 이 만찬에 참석하기로 한 에일리스는 이탈리안 스파게티를 먹는 방법을 낯선 도시 브루클린에서 하숙집 친구들에게 배워야 했다. 언니의 죽음으로 다시 아일랜드를 잠시 방문한 에일리스는 고향에서 또 새로운 시선을 접하게 된다. 사람들은 그녀를 세련된 뉴욕 스타일의 성공한 커리어 우먼으로 여기게 된 것

도시에서 도시를 찾다

이다. 그리고 여기서 브루클린에 두고 온 키 작은 청년 토니보다 더 크고 부유한 집안 출신의 남자에게 프로포즈까지 받게 된다.

> 에일리스의 러브 스토리는 사실 …하나의 삶을 선택해야 하는 인생의 메타포입니다. …인생에도 여러 가지 '문'이 있죠. 하나의 문으로 들어가는 순간, 다른 문은 닫혀 버립니다.[7]

영화에서 토니로 등장하는 배우 에모리 코헨과 감독 존 크로울리가 말하듯, 에일리스에게 하나의 도시에 정착하는 것은 곧 하나의 사회적 관계와 커리어, 그리고 사랑과 가족을 포함한 총체적 삶을 선택하는 행위였다. 한 도시에 대한 선택은 결국 다른 삶에 대한 포기 혹은 잠정적 유보를 요구한다. 이렇게 보면 오늘날 브루클린이라는 도시에 내재한 지역성은 영화 속 에일리스를 포함한 여러 구성원이 오랜 시간에 걸쳐 선택하고 집단으로 만들어낸 무형의 자산이다. 그리고 이러한 무형의 자산은 미래의 브루클린에 거주하게 될 다음 세대에게 전달된다. 이들이 지역의 분위기를 좋아하고 이곳에서의 삶에 자부심을 느끼기 시작할 때, 비로소 다른 도시에서 모방하기 어려운 한 도시의 진짜 품격이 발현된다. 이렇게 다음 세대에게 전달된 무형의 자산이 새로운 사회화 과정을 거치고 도시 공간에 스며들면서 신시가지의 격조 있는 구시가지화가 비로소 시작된다.

도시 밖의 도시, 도시 안의 도시

도시개발의 관점에서 보면 신·구시가지가 만들어지는 방식은 두 가지로 요약된다. 하나는 기존 도심지의 외곽 지역, 즉 아직 개발이 이루어지지 않은 지역에 새로운 시가지가 형성되면서 상대적으로 기성 시가지와 차별화된 도시 환경이 조성되는 경우다(그림1). 이를 '도시 밖의 도시'가 형성되는 과정이라 부를 수 있다. 형성되는 시가지의 규모나 인

 그림1
1970년부터 2001년까지 중국 양쯔강 델타지역에서 일어난 크고 작은 도시 확산의 모습. Landsat Orthorectified Multispectral Scanner(1979. 8.), Thematic Mapper(1989. 8.), Enhanced Thematic Mapper Plus(2001. 7.) 등 위성 영상 자료를 활용하여 매핑했다.

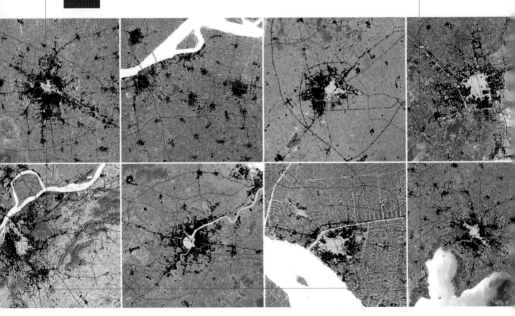

구, 성격에 따라 신도시, 위성도시, 신시가지, 신규 산업단지나 주거단지 등으로 구분하기도 한다. 이러한 도시 밖의 도시는 한 지역에서 특정 용도에 대한 직간접적인(혹은 잠재적인) 수요는 있지만 기성 시가지에서 이를 수용하기 어려울 때 만들어진다. 이러한 수요에는 쇼핑과 오락에서부터 새로운 형식의 주거 환경이나 산업시설도 포함된다. 기성 시가지에서 새로운 수요를 수용하기 어려운 이유는 여러 가지다. 해당 지역의 토지 소유주가 더 이상의 변화를 원하지 않는 경우도 있고, 개발을 원하긴 하지만 이미 토지 가격이 높아 재개발을 위한 사업성을 확보할 수 없는 경우도 있다. 때로는 개발 규제나 조닝으로 인해 현재 상황보다 밀도를 더 높이기 어렵거나 개발 허가가 나지 않기 때문일 수도 있다. 이에 따라 미개발지에 해당하는—지가가 기성 시가지보다 비교적 저렴한— 도심 외곽 지역에 대규모 개발이 일어나게 된다. 이렇게 형성된 도시 밖의 도시는 여러 측면에서 기성 시가지와 다르지만, 그럼에도 기성 시가지의 어메니티, 상권, 혹은 일자리에 의존하는 경우가 많다. 따라서 신시가지를 개발할 때 인근 기성 시가지와의 경계부나 이들을 연결하는 교통 인프라에 많은 투자가 함께 이루어진다. 역사적으로 보면 19세기 초 증기선이라는 새로운 교통수단과 함께 개발된 미국의 브루클린이나 국내에서는 청량리역이라는 교통 거점 주변에 발달하게 된 제기동도 여기에 해당한다. 보다 최근의 예로 분당신도시 북측으로 서울외곽순환고속도로를 따라 만들어진 판교신도시나 그 북측에 새로 조성되고 있는 판교창조경제밸리도 이러한 도시 밖의 도시에 해당한다.

도시 밖의 도시, 도시 안의 도시

신·구시가지가 형성되는 또 다른 방식은 기성 시가지 내 일정 지역에서 단시간에 집중적으로 혹은 오랜 시간에 걸쳐 점진적으로 용도 변화나 재개발이 일어나는 경우다. 이를 여기서는 '도시 안의 도시'가 형성된다고 부른다. 도시 안의 도시가 만들어지는 방식은 무척 다양하다. 도심속 대규모 유휴부지나 방치된 미개발지가 개발되기 시작하면서 주변에 있는 비교적 오래된 블록에 영향을 미치고 이에 따라 도시의 성격이 도미노처럼 변화하는 경우도 있고, 때로는 조용한 주거지역 내부 가로를 따라 비교적 짧은 시간에 음식점이나 카페거리가 형성되거나 혹은 개별 필지 소유주들이 건물 용도를 비슷한 시기에 바꾸면서 한 지역의 성격이 집합적으로 변하는 경우도 있다(그림2). 도시 안의 도시가 형성되는 과정은 때로는 침체된 기성 시가지나 노후화된 지역에 재개발과 함께 새로운 생명력이 유입되는 긍정적인 변화지만, 원 거주자나 상점 주인에게 부정적인 영향을 줄 때도 있다. 이를테면 개발 대상지 인근 주거지에 정착해 있던 세입자나 상점을 운영하는 영세한 자영업자들이 새로운 용도의 유입과 함께 발생한 부동산 가격 상승을 부담하기 어렵거나 건물주가 임대 기간 연장을 거부하여 다른 지역으로 밀려나고, 이 자리에 새로운 사람과 용도가 들어오는 젠트리피케이션gentrification 현상이 나타나기도 한다. 도시 안팎의 도시가 만들어지는 현장은 종종 서로 다른 사회적 가치가 정면충돌하는 전쟁터가 된다. 환경 보존과 녹지 훼손, 역사유적 보존과 도심부 재개발, 영세한 도시 조직 유지와 합필을 통한 단지 개발, 공공 서비스의 지역적 차이와 소외 문제가 첨예하게 드러나기 때문이다.

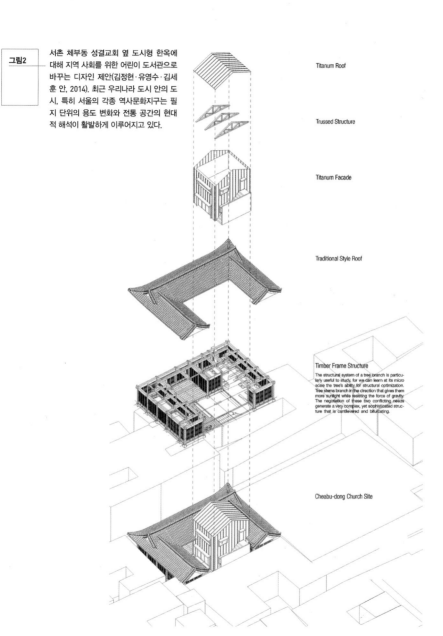

그림2 서촌 체부동 성결교회 옆 도시형 한옥에 대해 지역 사회를 위한 어린이 도서관으로 바꾸는 디자인 제안(김정현·유영수·김세훈 안, 2014). 최근 우리나라 도시 안의 도시, 특히 서울의 각종 역사문화지구는 필지 단위의 용도 변화와 전통 공간의 현대적 해석이 활발하게 이루어지고 있다.

Titanum Roof

Trussed Structure

Titanum Facade

Traditional Style Roof

Timber Frame Structure

The structural system of a tree branch is particularly useful to study, for we can learn at its micro scale the tree's ability for structural optimization. Tree stems branch in the direction that gives them more sunlight while resisting the force of gravity. The negotiation of these two conflicting needs generate a very complex, yet sophisticated structure that is cantilevered and bifurcating.

Cheabu-dong Church Site

도시 밖의 도시, 도시 안의 도시

(불)연속적 결합

지도에서 도시 안의 도시 혹은 도시 밖의 도시가 형성 중인 지역을 한번 관찰해보자. 도시 외곽의 산림지나 경작지를 신시가지가 잠식하고 있는 지역이나 혹은 자기완결적 형태의 대규모 단지가 기성 시가지 내부에 형성 중인 지역도 있다. 공통으로 이들 지역에서는 여러 종류의 불연속면을 찾을 수 있다. 어떤 지역에서는 구시가지와 신시가지를 연결해야 할 도로가 끊어져 있는 경우도 있고, 때로는 건축물의 크기와 용도가 두 지역의 경계를 따라 현저하게 달라 '이렇게 서로 다른 형태의 도시 블록이 어떻게 맞붙어 있을까'하는 의구심이 들 때도 있다. 이러한 불연속면을 수직 방향으로 들어 올려 보면, 마치 시간에 따라 서로 다른 지층이 쌓여있는 것처럼 보인다. 나아가 불연속면이 매우 심각하게 나타나는 부분은 외부의 힘이 가해져 층이 어긋나거나 끊어진, 이른바 단층을 연상시키기도 한다. 이렇게 도시의 여러 물리적 요소, 이를테면 도로와 가로, 오픈스페이스와 녹지, 건축물과 도시 블록 등이 만들어지면서 때로는 연속적으로 때로는 높은 수준의 불연속성을 나타내며 구성되는 모습이 '도시 조직urban fabric'이다. 서로 다른 시기에 만들어진 도시의 지층은 주변 다른 조직과 여러 방식으로 만나며 더 큰 패치워크patchwork를 구성하게 된다. 여기서는 서로 다른 도시 조직이 만나는 몇 가지 유형에 대해 이야기해보자(그림3).

가장 먼저 떠오르는 유형은 서로 다른 시기에 만들어진 두 도시 조

직이 마치 하나의 조직처럼 잘 연결된 경우다. 이를 '연속적 결합 continuous integration'의 도시 조직이라 부를 수 있다. 마치 외과의사가 깊게 팬 상처 부위를 치료할 때 양쪽의 끊어진 혈관과 신경을 빠짐없이 서로 연결하듯, 두 도시 조직의 물리적 요소와 용도, 가로 분위기를 차분하게 이어나가며 불연속면을 최소화하는 방법이다. 경계부에 있는 가로가 끊어지거나 막다른 길이 되지 않게 도로와 가로를 연결할 뿐만 아니라, 건축물의 매스나 용도, 도시 블록의 형태적 연결성이나 커뮤니티의 연속성을 이어나가는 경우도 있다. 최근 연속적 결합을 실험 중인

도시 밖의 도시, 도시 안의 도시

좋은 사례가 있다. 미국 보스턴 도심부의 남측에 있는 사우스 보스턴 South Boston 북측 지구가 여기에 해당한다. 대상지는 1950년대 말 건설된 I-93 고속도로와 미국을 동서로 횡단하는 I-90 고속도로로 둘러싸인 폐쇄적인 지구로, 한때 철강과 기계 산업의 메카였지만 산업 쇠퇴로 인해 오래 방치된 조적조 건축물로 가득 차있다.[8] 이 지역의 재생을 위해 2008년 토마스 메니노 전 보스턴 시장은 '해리슨 알바니 전략 계획 Strategic Plan for the Harrison-Albany Corridor, 2009-12' 수립을 제안했다. 이 계획에서는 다음의 도시설계 목표를 제시했다.

· 주변과 이어지는 남북 방향 연결로를 만들 것
· 이와 교차하는 네 개의 동서 방향 가로를 조성할 것
· 대형 도시 블록을 더 세분화하여 보행이 편리하게 할 것

전략 계획에서는 이러한 목표에 따라 대상지 주변의 주요 가로를 연결하는 가이드라인을 만들었다. 특히 민간 소유의 대지 중 면적 1에이커(약 4,050m²) 이상인 땅에 대해서는 대지 면적의 20% 이상을 블록을 관통하는 보행자 전용도로나 보차 혼용의 공공 오픈스페이스로 확보하게 했다. 이 가이드라인에 따라 과거 방치된 주차장과 산업시설이 들어서 있던 도시 블록이 조밀하게 연결된 조직으로 변모하고 있다(그림4).
이러한 연속적인 결합이 어떤 경우에나 가능한 것은 아니다. 때로는 연속적인 결합을 시도했지만 부분적으로 도시 조직이 불연속적인 상

태로 남는 경우도 있다. 이를 '불연속적 결합discontinuous integration'이라 부를 수 있다. 이를테면 서로 다른 지구의 도시 조직이 하나의 도로를 경계로 만나지만, 두 지구의 가로나 오픈스페이스가 거의 이어지지 않은 채 개발이 완료되는 경우가 여기에 해당한다. 인천시 동구 송현동에 위치한 중앙시장이 그 예다. 송현동은 경인선 개통 후 20세기 초반에는 하나의 연속된 도시 조직으로 만들어졌다. 하지만 이후 1960~1970년대 초에 걸쳐 송현자유시장(1965)과 중앙시장(1972)이 건설되었고, 이후 격자형 가로망이 그 위에 중첩되면서 조직 분화가 이루어졌다. 주거지 가운데 큰 주차장이 생기기도 했고 과거 이면도로가 전면도로로 전환되기도 했다. 이에 따라 중앙시장이 위치한 도시 조직은 주변 시가지와 불연속적인 상태로 남게 되었다.

그림4 보스턴 재개발 공사에서 해리슨 알바니지구에 대한 도시설계 가이드라인을 먼저 작성한 후, 이에 따라 개별 필지에 대한 민간의 개발 계획 수립과 인허가가 진행됐다. 그림의 대상지에서는 남북에 위치한 해리슨로와 알바니로를 연계하는 남북 방향 두 개의 가로를 보행친화적으로 만들었고, 해당 블록을 동서로 조밀하게 잇는 보행전용 거리와 서비스 도로가 제안되었다.
(출처: Boston Redevelopment Authority, www.bostonplans.org)

서로 다른 시기의 도시 조직이 높은 수준의 불연속성을 유지한 채 개발이 일어나면 마치 여러 조각의 모자이크가 중첩된 것처럼 보이기도 한다. 주요 통과도로도 이어지지 않고, 이질적인 도시 조직이 그대로 남게 된다. 이에 따라 막다른 길이 생기기도 하고 도시 조직을 관통하지 않고 단지 내 쿨데삭 형태의 도로가 여기저기에 있다. 이렇게 성격이 뚜렷하게 다른 복수의 도시 조직이 서로 겹쳐 있는 상태를 '중첩된 모자이크overlapped mosaic'라 부를 수 있다. 국내에서는 수원시 동남쪽 끝 아래에 위치한 용인시 기흥구가 그 예다. 좀처럼 보기 드문 순환형 도시 조직을 갖는 마을과 자연발생형 가로를 따라 선형으로 뻗어 있는 산업시설, 산발적으로 흩어진 루프와 쿨데삭으로 구성된 주거단지에 이르기까지 서로 다른 조직이 모자이크처럼 혼재해 있다.

도시 밖의 도시, 혹은 도시 안의 도시가 형성되는 과정에서 도시설계가의 역할은 매우 중요하다. 개발의 성격과 용도, 규모와 블록 형태, 주거와 업무시설 유형, 보존하거나 철거할 부분을 결정할 때 정책 결정자나 디벨로퍼와 긴밀하게 논의하며 조정자 역할을 수행하기 때문이다. 이러한 과정에서 전혀 새로운 형식의 도시를 디자인할 기회를 만나는 행운을 얻을 수도 있다. 이때 오래된 구시가지의 맥락을 그대로 유지할 것인지 아니면 파격을 구사할 것인지, 개발의 목적은 무엇이고 새로운 도시의 혜택은 누구에게 돌아가는지, 그리고 개발에 따른 예상치 못한 부작용은 무엇인지 고민하게 된다. 여기서는 파리 마세나Masséna지구와 상하이 푸장뉴타운 도시설계안을 통해 이를 살펴보도록 하자.

도시 안의 도시, 파리 마세나지구

'도시 안의 도시'가 만들어지는 다양한 방식에 대한 실험은 최근 유럽의 역사도시에서 잘 나타난다. 파리가 대표적인 예다. 센강을 따라 노트르담 대성당 남동쪽으로 내려가다 보면 마치 시간을 거슬러 미래 도시를 옮겨 놓은 듯한 지역이 눈에 띈다. 프랑수아 미테랑 전 프랑스 대통령의 강력한 의지로 진행된 '그랑 프로제The Grand Projects' 중 하나인 파리 국립도서관Bibliothèque Nationale de France이 멀리서 보이고, 그 옆에 위치한 파리 리브 고슈Paris Rive Gauche 지역은 최근까지도 공사 중이다. 이 지역에 있는 여러 개발지구 중 동남 측에 치우쳐 있는 곳이 1994년 프리츠커상 수상자인 크리스티앙 드 포잠팍Christian de Portzamparc이 설계한 마세나지구에 해당한다.9 포잠팍은 마세나지구 현상설계안을 통해 역사도시 파리라는 오래된 지역성을 재해석한다. 그는 과거 도시유형학을 제 1, 2, 3세대로 구분하여 설명한 바 있다. 중정을 가진 고전적 블록 형태의 도시를 '제1세대 도시'로, 독립된 오브제형 도시를 '제2세대 도시'라 일컬었고, 마세나지구에서 마침내 '제3세대 도시'를 만드는 '열린 블록open block' 체계, 즉 기존 파리 도시 블록의 물리적 연속성과 유형학적 통일성은 유지하되 개별 건축물은 개성 있게, 그리고 블록 내부를 향해 다양한 크기의 사이공간을 열어주고 생활가로를 투과성 높게 구성하는 도시유형학을 실험할 기회를 얻게 된다. 이는 블록을 따라 닫힌 벽면을 만들고 안쪽에 폐쇄적인 중정을 만드는 전통적인 계획이 아닌, 내부를 향

Hausmanns

OPEN BLOCK

CLOSED STREET
STUCKED BUILDINGS

No Street

OPEN STREET
SEMI-FREE BUILDINGS

ilot ouvert
immeubles

AGE I   **AGE II**   **OPEN BLOCK**

그림5

크리스티앙 드 포잠팍, '마세나지구', 프랑스 파리, 1995. 여기서 포잠팍은 '열린 블록' 체계라 부른 도시유형
학을 실험할 기회를 갖게 되었다. (출처: Christian de Portzamparc, www.christiandeportzamparc.com)

도시에서 도시를 찾다

해 깊이 있는 공간감과 건물 매스의 다양성, 그리고 블록 안팎에서의 경쾌한 이동을 유도하는 방식이다. 개별 건물의 입면에서도 파리의 전통적인 감성과는 차별화된 원색의 벽이나 현대적인 문양의 난간을 적용함으로써 포잠파은 구시가지의 균질성에 파격을 던지고자 했다(그림5).

물론 마세나지구가 과연 파리라는 역사도시의 정체성을 잘 드러내는가에 대해서는 많은 논란이 있다. 그리고 이러한 논란은 파리뿐만 아니라 전 세계 여러 역사도시 안의 도시에서 공통적으로 제기될 수 있다. 이에 대해 포잠파은 파리라는 도시 자체가 이미 단일화된 균질성을 뛰어넘어 다양성과 차이의 가치를 내재하고 있다고 보았다. 즉 하나의 고정된 지역성에 얽매여 있다기보다는 무수히 많은 특성이 혼재된 상태를 파리의 지역성으로 이해하자는 것이다. 그는 마세나지구를 일종의 '동물원zoo'에 비유한다. 파리에 동물원이 과연 필요한가라는 논란은 차치하고라도 "동물원도 잘 만들면 (파리라는 맥락 속에서) 아주 흥미로울 수 있다"고 대응했다.[10] 이렇게 도시 안의 도시를 설계한다고 해서 기존 도시 환경의 고착화된 지역성이나 형태적인 엄격성에 얽매일 필요는 없다. 도시 안의 도시가 만들어질 때 반드시 기존 맥락에 순응하는 전통적 형태 논리가 바람직하다는 주장은 그 반대의 주장—즉, 전통적인 도시 조직은 지루하며 과거의 흔적을 한꺼번에 지우는 재개발 방식이 더 좋다—만큼 위험하기 때문이다. 미래지향적인 파격이 현시대의 도시 환경과 기능적으로, 경제적으로, 정서적으로 조화롭게 만나는 도시가 좋은 도시다. 어떻게 하면 우리 도시가 여러 형태적 파격을 받아들일 만한 깊이와 다양성을 가꿔갈 수 있는지에 대한 고민이 필요하다. 물론 여기에서 파격이란 주변에서 보기 어려운 기묘한 형태나 눈을 현혹하는 현란한 공간을 만드는 행위와 혼동되어서는 안 된다.

파리의 도시 안의 도시 만들기 시도는 2014년 11월에 시작된 '파리 재창조Réinventer Paris'라는 도시 차원의 재생 프로젝트에서 이어지고 있다. 파리 최초의 여성 시장 안 이달고Anne Hidalgo 시장과 장 루이 미시카Jean-Louis Missika 부시장의 주도로 파리시는 시 소유의 크고 작은 유휴부지에 대한 개발 아이디어를 공개 모집했다. 언뜻 보면 여느 공공 주도의 개발 사업이나 현상공모와 비슷해 보이지만, 여기에는 독특한 게임의 법칙이 있다. 시 소유 토지를 민간에 매각하거나 공공이 직접 사업주체로 나서지 않을 것. 파리시에 가장 필요한 용도, 혁신적인 건축, 효과적인 운영 방식, 실현 가능한 파이낸싱 전략을 제안하는 팀을 선정할 것. 단, 운영과 개발 모두를 시 재원에 의존하지 않을 것. 시는 민간 주도로 사업 수행이 가능하도록 개발 여건을 조성하고 주변 커뮤니티를 적극 동참시킬 것. 이러한 규칙에 따라 23개의 대상지가 선정되었고, 2015년 말까지 각 대상지에 대해 개발안을 접수받았다.[11] 흥미롭지 않은가? 공공용지에 대해 가장 높은 입찰 가격을 써낸 디벨로퍼에게 땅을 매각하고 개발 결과물을 규제하는 소극적인 도시 관리 기법이 아니라, 가장 혁신적인 설계-운영-파이낸싱-커뮤니티 참여 패키지를 고안한 팀에게 개발권을 주고 시는 이들을 위한 러닝메이트가 되는 방식이 말이다. 공공 토지를 최저가로 입찰하고 이후 높은 가격에 부동산을 매각하는 차익 실현 방식에 길들여진 디벨로퍼는

'파리 재창조' 공모 방식에 맞추어 금방 체질을 개선하기는 어려울 것이다. 나아가 이러한 공모 방식은 앞으로 새로운 형태의 산업, 이를테면 개발 전 운영 전략 수립, 파이낸싱과 디자인 코디네이터, 소규모 임차인 사전 확보를 통한 개발 최적화와 같은 산업의 등장을 요구하고 있다. 이러한 산업을 육성함으로써 앞에서 이야기한 젠트리피케이션의 부작용을 줄이고 도시 안의 도시가 연속성을 갖고 변화하는 데 기여할 수 있다.

도시 밖의 도시, 상하이 푸장뉴타운

지난 10여 년간 동아시아에서 도시 밖의 도시 형성이 가장 활발하게 진행된 곳으로 중국 상하이를 꼽는 데 나는 주저함이 없다. 상하이는 매우 흥미로운 이중성을 내재하고 있는 도시다. 이 도시는 중국이 근대화된 서구 문명을 본격적으로 접하기 시작한 19세기 초 개항한(1842) 항구 도시이자 20세기 초 아시아 근대화의 모델 도시로 부상했다. 나아가 현재 세계 무대에서 엄청난 속도로 정치·경제적 영향력을 확장 중인 21세기 중국 메트로폴리스의 대표 주자이기도 하다. 이렇게 19세기 개항, 20세기 근대화, 21세기 세계화라는 시대적 요청마다 최전선에 서 있었음에도 상하이는 매우 비전형적인 중국 도시다. 이를테면 주변의 쑤저우, 난징, 항저우에 비교하면 상하이는 양쯔강 델타지역 내 주요 도시로 자리매김한 역사가 매우 짧다. 20세기 초 국민당 정부나 신중국 성립 후 중앙정부는 상하이 도시경제를 육성하고 투자하기보다는, 전반적인 국가 경제를 지탱하고 성장이 느리게 진행 중인 다른 지역을 위한 캐시카우_{cash cow}로 간주했다. 그 결과 20세기 상당 기간에 걸쳐 상하이에서 생산된 경제적 부는 해외 혹은 중국 내 다른 지역으로 유출되었다. 그럼에도 최근 상하이가 보여주고 있는 경제 성장은 놀랍다. 중국에서 가장 부유한 도시로 확고하게 자리매김했으며, 2010년 기준 상하이의 연간 GDP는 이미 핀란드와 같은 북유럽 국가나 홍콩과 같은 국제 금융 서비스 도시의 GDP를 넘어섰다.[12] 이렇게 국제적 상징성과 비전형적 도시성, 극도의 부유함과 왜곡된 성장통, 개방성과 폐쇄성의 불협화음이 지금의 상하이라는 도시에 잘 나타난다. 이미 경제 거인이 된 상하이의 인구는 빠른 속도로 증가했으며, 1950년도 도심지 면적과 비교하면 현재 도시화가 진행된 면적은 거의 10배에 육박한다.[13] 이에 대해 상하이 정부는 과거와 같은 무분별한 도시 팽창을 방관해서는 안 된다고 판단했다. 이러한 배경 아래에서 정부는 '중단기 상하이 마스터플랜 실행계획(1999~2020)'을 통해 '1-9-6-6'이라 불리는 정책을 수립한다. 1-9-6-6이란 1개의 도심부_{urban core}, 9개의 뉴타운_{satellite city}, 60개의 중규모 타운_{town}, 600개의 소규모 마을_{village}을 의미한다.[14] 과거 단일 중심 도시였던 상하이를 다핵 중심 도시로 개편하고 앞으로의 도시 확장을 계획적으로 유도하려는 정책 방향은 가장 최근에 만들어진 '상하이 마스터플랜(2015~2040)'에서도 확인된다. 푸장뉴타운은 이렇게 지정된 9개의 뉴타운 중 하나다.

황푸강을 따라 상하이 도심부 남측에 위치한 푸장뉴타운의 설계는

2001년 국제현상공모를 통해 이탈리아 밀라노 출신의 건축가 비토리오 그레고티Vittorio Gregotti가 맡게 되었다(그림6). 2004년 지구단위계획 완료 후 뉴타운 조성을 위한 공사가 시작되었고, 실현 과정에서 원래의 계획안이 대폭 수정된 상태로 현재 준공이 완료되었다. 그레고티가 제안한 푸장뉴타운은 신흥 중산층과 상하이 엑스포 부지 이주자를 포함하여 계획 인구 10만 명을 목표로 하는 미니 신도시급 뉴타운이다. 전반적으로 매우 정형적인 격자형 블록 체계가 적용되었다. 가로 300m, 세로 300m의 단위 블록이 남북 방향으로 길게 뻗은 총면적 15km²크기의 대상지를 비교적 균질하게 나누고 있다. 이러한 단위 블록당 계획 인구는 1,000명을 기준으로 한다. 단위 블록 네 개, 즉 가로 600m, 세로 600m 간격으로 간선도로를 배치하고 보행자와 자전거 동선은 단위블록의 절반 크기인 150m 이내로 계획했으며, 더 작게는 십자 형태로 교차하는 물길을 배치했다.[15] 이를 통해 그레고티는 500m 이상의 슈퍼 블록을 차용한 중국 뉴타운 모델을 위한 대안적 모델을 제시하고자 했다. 커다란 격자형 도로망이 갖는 장점, 이를테면 주거를 대량 공급하기 쉽다는 측면은 인정하면서도 블록 내부를 미세한 그물망 조직으로 재구성한 것이다. 나아가 상하이 여러 곳으로 무분별하게 수입된 유럽식 테마도시에서 벗어나고자 했다. 물론 도무스 폼페이아나Domus pompeiana에서 착안한 중정형 주택이나 각종 광장과 랜드마크를 보면 부분적으로 이탈리아 도시가 연상되기도 한다.[16] 하지만 크게 보면 이탈리아 도시를 피상적으로 모방하기보다는 중국 뉴타운의 현대성과 절제된 추상성을 성공적으로 접목한 시도로 평가

그림6 비토리오 그레고티, '푸장뉴타운', 중국 상하이, 2001. 폐쇄적인 슈퍼 블록으로 구성된 중국 뉴타운 모델에 대한 대안적 모델을 제시하고자 했다. (출처: Gregotti Associati International, www.gregottiassociati.it)

도시에서 도시를 찾다

받고 있다. 계획안이 실현되는 과정에서 대상지의 성격과 주거 유형에 대해 원래 설계자의 의도와는 무관하게 많이 조정된 점은 아쉬움으로 남는다.[17]

프로젝티브 디자인

위에서 본 파리 마세나지구나 상하이 푸장뉴타운 현상설계안은 모두 대상지의 지역성을 존중하면서도 고정된 정체성에 얽매이지 않고 새로운 도시유형학을 통해 사회적 의미를 전달하려 했다. 도시의 시각적인 아름다움을 넘어서 다양성과 파격을 도시 안의 도시, 혹은 도시 밖의 도시에 담고자 한 것이다. 그럼에도 이를 전달하기 위해 도시유형학과 건축 스타일, 가로 환경과 오픈스페이스와 같은 전통적인 도시설계의 핵심 소재를 다루고 있다. MIT대학의 브렌트 라이언 교수는 '프로젝티브 디자인projective design'—물론 라이언 교수가 직접 위의 사례를 언급한 바는 없지만—이라는 개념으로 이러한 태도를 언급한다. '프로젝티브 테스트projective test', 즉 우리말로 투사 검사란 개인의 잠재적 성격이나 심리를 파악하기 위한 테스트다. 특이한 점은 피실험자에게 직접 자신의 심리 상태가 어떤지 묻는 것이 아니라 모호하고 다양한 해석이 가능한 이미지를 피실험자에게 주고 이러한 시각적 자극에 대한 즉흥적 반응을 유도한다. 라이언 교수는 도시설계, 특히 여러 사회적 문제를 겪고 있는 지역에 대한 계획적 처방전이 요구될 때 이러한 접근

도시 밖의 도시, 도시 안의 도시

이 유효하다고 주장한다.[18] 현실의 무기력함과 암담함을 넘어서 밝고 활동친화적으로 이용 가능한 공간을 담고 있는 도시, 잠재된 사회적 가치가 표현될 수 있도록 유도하는 미래지향적인 디자인이 한 지역에서 일종의 긍정적인 자극이 될 수 있다는 것이다. 프로젝티브 디자인은 모더니즘 건축의 지나친 추상성이나 포스트모더니즘의 공허한 모방성 사이에서 좋은 도시의 규범을 모색하려는 의미 있는 시도다. 투사 검사가 그러하듯, 도시 문제에 대한 진단과 처방이 과도하게 정형적인 템플릿에 얽매일 필요도, 혹은 자극적인 명소화 사업의 형태로 나타날 필요도 없다. 앞으로 국내외 도시에서 도시 안의 도시, 그리고 도시 밖의 도시가 어떤 변화를 겪을 것인지 관심 있게 지켜볼 필요가 있다.

'도시 안·밖의 도시'로 본 좋은 도시

❶ 과거 신시가지로 조성된 오늘날의 구시가지 중 고유한 멋과 격을 갖춰나가고 있는 지역에 주목해야 한다. 해당 지역의 분위기를 좋아하고 여기에서 삶을 능동적으로 선택한 커뮤니티가 형성되어 있는 도시가 좋은 도시다.

❷ 도시 밖의 도시나 도시 안의 도시를 만들 때, (불)연속적 결합 혹은 모자이크 중첩 방식으로 도시 조직을 디자인할 수 있다. 주변 도시 조직이 조밀한 경우 새롭게 만드는 조직과 연속성을 갖도록 디자인하는 것이 바람직하지만, 늘 주변 맥락에 순응하거나 유형학적 동질성을 추구하는 도시가 좋은 도시는 아니다.

❸ 구시가지 주변이나 내부에 새로운 도시 블록을 디자인할 경우, 프로젝티브 디자인은 연속적인 가로 환경을 유지하면서도 다양성과 파격을 담고자 시도한다.

도시에서 도시를 찾다

1 _ 송인호 외, 『청량리: 일탈과 일상』, 서울역사박물관, 2012, pp.90~97.

2 _ 서울특별시, 『서울도시계획연혁』, 서울특별시, 2002, pp.78~80.

3 _ 2015년 기준 구로4동의 주민등록인구 기준 인구 밀도는 64,167명/km²다. 이는 서울시 동 중 가장 높은 수준의 밀도이며, 서울시 평균의 약 4배에 이른다. (출처: http://stat.seoul.go.kr/)

4 _ Abby Ellin, "The Brooklyn brand goes global", *The New York Times*, 2014. 12. 3.

5 _ Kenneth T. Jackson, *Crabgrass frontier: The suburbanization of the United States*, Oxford University Press, 1985, pp.25~32.

6 _ Kenneth T. Jackson, 앞의 책, p.30.

7 _ 에모리 코헨(극중 토니)과 존 크로울리 감독의 인터뷰 중. 2015. 11. 11.

8 _ Boston Landmarks Commission, *South Boston: Exploring Boston's Neighborhoods*, Boston Landmarks Commission, 1995.

9 _ 마세나 지구 및 포잠팍의 설계 이론에 대한 기술은 다음을 참고. Richard Scoffier, "La ville analogue Quartier Masséna à Paris", *D'ARCHITECTURES*, 2009. 3., pp.60~77 ; 한지형, "파리 마세나 구역의 도시개발 체계와 디자인 지침에 관한 연구", 『한국도시설계학회지』 9(3), 2008, pp.121~138 ; 한지형, "크리스티앙 드 포잠팍의 "제 3세대 도시" 이론과 "열린 블록"의 체계화", 『대한건축학회논문집』 20(8), 2004, pp.59~68.

10 _ Sam Lubell, "Paris gives itself a futuristic transplant", *The New York Times*, 2007. 5. 6.

11 _ '파리 재창조'에 대한 장 루이 미시카 부시장의 인터뷰는 다음 링크를 참조. http://www.newcitiesfoundation.org/reinventing-paris-building-city-bottom/

12 _ "China's richest city set to pass Hong Kong GDP: Chart of the day", *Bloomberg News*, 2014. 5. 16. ; "Comparing Chinese provinces with countries: All the parities in China", *The Economist*, 2011. 2. 24.

13 _ Saehoon Kim, Doctoral dissertation, p.79.

14 _ Shanghai Urban Planning Bureau, *Shanghai Urban Planning*, Shanghai Urban Planning

Bureau, 2006, pp.42~51.

15 _ Harry den Hartog(Ed), *Shanghai new towns: Searching for community and identity in a sprawling metropolis*, 010 Publishers, 2010, pp.148~158 ; Charlie Q.L. Xue and Minghao Zhou, "Importation and adaptation: Building 'one city and nine towns' in Shanghai: A case study of Vittorio Gregotti's plan of Pujiang Town", *Urban Design International* 12, 2007, pp.21~40.

16 _ Vittorio Gregotti, "Pujiang village, Shanghai, China", *Lotus* 117, 2003, pp.44~51.

17 _ 원래의 설계안과 푸장뉴타운이 실현된 최종안의 차이점에 대해서는 다음을 참고. Christian Thomae, "One city, two typologies: Shanghai Pujiang New Town", in: Bettina Bauerfeind and Josefine Fokdal(Ed.), *Bridging urbanities: Reflections on urban design in Shanghai and Berlin*, LIT Verlag, 2011, pp.55~69.

18 _ Brent D. Ryan, *Design after decline: how America rebuilds shrinking cities*, University of Pennsylvania Press, 2012, pp. 210~212.

도시에서 도시를 찾다

chapter 3

과거의 도시,

미래의 도시

이 장소의 시간은 언제일까?
과거부터 미래에 이르기까지 어떤 시간의 감각을 담고 있는 도시가 좋은 도시일까?
이렇게 담긴 시간은 누구의 시간일까?

"(최근) 대도시의 엄청난 성장으로 인해 전통적인 도시에 내재되어 있는 예술적인 가치들이
모두 무참히 깨져버렸다."
— Camillo Sitte, 1898

이 장소의 시간은 언제입니까?

"이 장소의 시간은 언제입니까?What time is this place?"이는 케빈 린치가
1972년에 쓴 책의 제목이다.[1] 장소의 시간에 대해 묻다니 곱씹을수록
재미있다. 하나의 장소, 더 일반적으로 하나의 공간은 물리적 환경이
특정 시간에 걸쳐 계획되고 만들어진 결과일 텐데 그 안에서 또 다른
시간의 특질을 어떻게 찾는다는 것일까? 만약 찾을 수 있다면 이러한
시간은 과거에서 미래로 흐르는 시간의 단편 중 특정 시간을 의도적으
로 선택한 결과일까, 아니면 계획가의 의지와는 무관하게 시시각각 변
화하는 사람들의 행태나 분위기로 인해 한 공간 주변에 생겼다가 사라
지는 가변적인 시간의 감각일까? 나아가 공간의 시간성이 아니라 시간
의 공간성을 묻거나, 도시 환경 속에서 빅뱅 이론(시간에 따라 우주가 팽창하고 있
으며 거꾸로 시간을 과거로 되돌렸을 때 우주라는 거대한 공간은 한 점으로 수축한다는 이론)처럼 시간
에 따른 공간의 변화에서도 특정한 패턴을 찾을 수 있을까? 꼬리를 물
고 이어지는 이러한 의문이 단지 스쳐가는 호기심 때문이라면 그리 심
각해질 필요는 없다. 하지만 도시에서의 시간성은 가벼운 호기심 이상
의 문제다.

린치의 생각을 조금만 더 따라가 보자. 위의 책에서 린치는 시간의
감각이 도시공간에 다양한 방식으로 새겨지는데, 이때 시간을 의도적
으로 선택, 편집, 심지어는 왜곡할 수 있음을 설명했다. 이를테면 만들
어진 지 얼마 안 되는 공간 속에 먼 과거로부터 이어져 내려온 해묵은

과거의 도시, 미래의 도시

시간의 감수성을 담을 수도 있고, 반대로 한 장소에 수십 년 넘게 뿌리내린 건축물을 마디마디 해체한 후 미래의 시간성을 담은 공간처럼 재구성할 수도 있다. 하지만 린치는 이렇게 작위적인 조작을 통해 시간의 감각을 변형할 수 있다는 이유만으로 장소의 시간성을 묻는 것은 아니었다. 그보다 린치는 사람들의 총체적인 삶의 질과 생각, 나아가 일상의 정서와 즐거움이라는 원초적인 감정까지도 한 공간에 내재한 시간성과 깊은 관련이 있다고 믿었다. 누구나 한 번쯤 경험한 적이 있을 것이다. 집이나 학교 주변을 걷다가 그 자리에 수십 년 혹은 그 이상의 세월을 겪으며 비와 바람에 풍화되고 있는 나무계단이나 돌난간을 보며 그곳이 특별하다고 느낀 기억을. 아니면 더는 사람이 살지 않는 오래된 목조 건축의 녹슨 대문을 힘껏 열고 들어갔을 때 중정에서 느껴지는 고즈넉한 쇠락의 감성을. 이렇게 우리는 오랜 시간의 감각을 담고 있는 공간을 접했을 때 특별함을 느낀다. 그럼에도 린치를 비롯한 여러 도시이론가들은 꼭 오래된 시간이 설익은 시간보다 더 가치 있다고 여기지는 않았다. 린치는 때로는 오래된 역사유적물 위주로 보존 논의가 이루어졌던 당시 상황에 대해 비판적인 시각을 갖고 있었다. "⋯우리는 한 사물이 역사적$_{historic}$이기 위해서는 오래$_{old}$되어야 한다고 생각한다. 따라서 수백 년의 시간을 거치며 무너지지 않고 살아남은 구조물이나 당대의 상류층을 위해 만들어진 비싼 기념물이 종종 보존의 대상이 된다"고 하며 오래된 사물과 역사적인 사물은 다르다고 생각했다.[2] 특별한 시기, 특별한 사람, 그리고 몇몇 특별한 장소에 국한된 좁은 의미의 역사유적은 아무리 잘 보존되더라도 폭넓은 사회구성원의 공감을 얻기 어렵다. 물론 구성원의 공감과 역사적 가치가 늘 일치하는 것은 아니지만, 적어도 많은 사람들이 일상 속에 간직하고 싶은 친밀한 시간의 감각은 기념비적 건축이나 희귀한 유적과는 거리가 멀다.

이러한 개인적 감상을 넘어서, 한 사회가 서로 다른 시간성의 단편 중에서 어떤 종류의 시간에 더 많은 가치를 두고 있는가도 흥미로운 주제다. 개인에 비해 한 사회가 선택하는 시간성에는 좀 더 복잡하고 정치적인 의사결정 과정이 요구되기 때문이다. 국내에서는 2000년대 후반 동대문디자인플라자DDP의 계획 과정에서 서로 다른 시간성의 가치가 정면충돌한 바 있다. 지금의 DDP가 자리 잡은 위치에는 조선 시대의 역사유적인 서울성곽과 함께 우리나라 최초의 종합경기장이자 근·현대 스포츠의 메카인 두 개의 운동장, 그리고 각종 스포츠용품 매장을 운영하는 상인과 풍물시장 노점상을 포함한 현대 생활사라는 세 가지 시간성이 한 장소 위에 포개져 있었다. 지금은 동대문의 명소로 자리 잡은 DDP는 적어도 이러한 복합적 시간성의 관점에서 보면 무척 안타깝다. 우리 사회가 공유하는 가장 가치 있는 시간성을 잘 취사선택해서 그 원형을 보존하지 못했고, 그렇다고 여러 시간성을 재해석하여 주요 흔적 위주로 복원한 후 이러한 공간을 현대적으로 활용하는 데에도 실패한 채, 서로 다른 시간성의 잔재와 발굴된 유물이 절충적으로 놓인 채 마무리되고 말았다. 더는 미룰 수 없다. 우리 도시에서 가치 있는 시간성의 흔적을 발굴하고 이러한 시간의 감각이 잘 묻어 있는 공간에 대한 충분한 논의가 이루어져야 할 시점이다. 이는 '자하 하디드가 설계한 DDP의 형태가 아름다운가', '지명식 현상설계가 과연 타당했는가'하는 논의와는 또 다른 차원의 이야기다.

축소된 공간과 주관적 시간성

물론 도시공간과 시간의 감각이 연결되어 있음은 린치를 비롯한 몇몇 사람들만의 생각은 아니었다. 이는 건물 실내외 공간을 다루는 건축가부터 인간의 두뇌 활동을 탐구하는 인지과학자의 관심을 동시에 사로잡은 주제이기도 했다. 이를테면 미국 테네시대학에서 환경-행태연구environment-behavior studies 분야를 탐구한 알톤 드롱Alton J. DeLong 교수는 1981년 『사이언스』지에 많은 논쟁을 불러일으킨 연구 결과를 발표했다.[3] 그의 기본적인 생각은 이렇다. 한 사람이 앉아서 밥을 먹는다. 그동안 시간이 흐른다. 만약 먹기 전과 후에 벽걸이 시계를 확인할 수 있다면 식사를 하는 동안 얼마의 시간이 흘렀는지 정확하게 측정할 수 있다. 이를 '객관적 시간'이라 부르자. 만약 그가 벽걸이 시계를 보지 않았다면 객관적 시간을 정확히 예측하기는 어렵다. 하지만 대부분의 사람은 나름대로 시간의 경과를 느끼고 예측할 수 있다. 비록 객관적 시간만큼 정확하지는 않지만 사람이 여러 방식을 통해 시간의 흐름을 인지하고 예상하는 것이 '주관적 시간'이다. 드롱 교수는 주관적 시간에 대해 재미있는 연구를 수행했다. 우리는 밥을 먹거나 산책할 때 여러 방식으로 주관적 시간의 흐름을 느낀다. 그런데 이러한 느낌이 임의로 나타나지 않고 공간의 특성과 밀접한 관계가 있다고 보았다. 이에 따라 드롱 교수는 한 개인이 어떤 특징을 가진 공간을 경험하고 있는가에 따라 이 주관적 시간이 다르게 나타난다고 가설을 세웠다. 이를 검증하기 위해, 드롱 교수는 실제 크기의 라운지 공간을 1/6, 1/12, 1/24 스케일로 축소한 3차원 물리적 모델을 만들었다. 1/6 스케일에서는 실제 6m 길이가 1m로 축소되고, 1/24 스케일에서는 같은 길이가 0.25m로 표현된다. 이렇게 세 가지 비율로 축소된 라운지 모델 안에 각각의 비율로 축소된 사람 모형을 넣었다. 각 모형에 대해 피실험자에게 사람 모형을 직접 움직이며 라운지 안에서 자신이 직접 다양한 활동을 하고 있다고 느끼게끔 유도했다. 피실험자들은 모형을 움직이며 입구부터 라운지 안쪽까지 걷기도 했고, 라운지 의자에 앉아 차를 마시기도(물론 상상으로) 했다. 그리고 피실험자가 모형 안에서의 시간이 30분 지났다고 느꼈을 때 실험을 중지했다. 그리고 실제로 얼마만큼의 시간이 흘렀는지 객관적 시간을 측정했다. 그 결과 드롱 교수의 가설이 뒷받침되었다. 서로 다른 비율로 축소된 공간에서 30분이라는 객관적 시간에 대한 주관적 시간 예상치는 큰 차이를 나타냈다. 그리고 그 차이에 일정한 패턴이 나타났다. 피실험자들은 가장 많이 축소된 모형(1/24)에서 가장 짧은 시간에 30분이 지났다고 느꼈다. 반대로 가장 큰 스케일로 만들어진 모형(1/6)에서 비교적 긴 시간이 지난 후 30분이 지났다고 응답했다.

즉, 크기가 작은 공간 속에서 더 시간이 빨리 흘렀다고 생각한 것이다.

물론 이는 시계를 보지 않고도 객관적 시간의 경과를 얼마나 잘 맞추는가를 측정한—이를테면 노래를 부르게 하고 30초의 시간 경과를 예측하게 하는 어느 예능 프로그램처럼— 실험은 아니다. 그럼에도 공간의 크기에 따라 주관적 시간이 일관된 패턴을 보이며 달라진다는 이 연구 결과는 매우 흥미롭다. 우리가 도시 안의 크고 작은 공간에서 느끼는 다채로운 감정이 그날의 기분에 따라 임의로 나타나는 것이 아니라, 두뇌 속 시간-공간 인지 기능이 서로 영향을 주고받음을 시사하기 때문이다. 드롱 교수는 최근 이러한 연구 가설을 더 확장하여 특정 공간에서의 놀이나 학습 효과에 대해 탐구하고 있다. 이를테면 미국 신경건축학회Academy of Neuroscience for Architecture 초대 회장을 역임한 건축가 존 에버하드John P. Eberhard는 드롱 교수의 연구를 인용하며 어렸을 때 식탁 아래나 작은 텐트에 들어간 경험을 이야기한다. 에버하드에 따르면 식탁이나 텐트처럼 작은 공간—즉 앞의 연구에 따르면 현실 공간보다 많이 축소된 공간—에 있을 때 아이의 주관적 시간은 더 빨리 흘러간다. 이는 축소된 공간에서 아이들의 '두뇌 시간brain time'이 실제보다 더 신속하게 작동하기 때문이다. 이로 인해 일상적인 공간에서 수행하기 어려웠던 복잡한 놀이를 작은 공간에서 더 빠르고 정교하게 수행하는 아이들의 사례가 발견되기도 했다.[4] 최근에는 공간의 크기뿐만 아니라 색채, 음향, 질감, 자연과의 친밀도 등 복합적인 감각에 따라 사람의 인지 기능과 학습 능력이 어떤 영향을 받는지에 대해 광범위한 연구가 진행 중이다. 나아가 실내 공간뿐만 아니라 보다 큰 도시공간에서 주관적 시간 인지, 나아가 수면 중이나 게임 중 두뇌 시간이 어떻게 흐르는가에 대해서도 한 편에서 연구가 진행 중이다(그림1).[5]

그림1 같은 거리를 걸어도 도시 환경이 다르면 주관적 시간 경험은 다르게 나타난다. 예를 들어 코펜하겐의 좁고 구불거리는 골목길에서는 샌프란시스코 상업지구에 비해 같은 거리를 걸어도 더 긴 시간이 소요된다고 느껴진다. 왼쪽 위에서 시계방향으로 캘리포니아대학교 버클리 캠퍼스, 샌프란시스코 상업지구, 코펜하겐 도심부, 로마 나보나 광장 주변의 지도 (출처: Peter Bosselmann, *Representations of places: reality and realism in city design*, University of California Press, 1998, pp.48~99.)

과거의 도시, 미래의 도시

이렇게 공간의 여러 특성이 주관적 시간에 영향을 준다면, 한 가지 의문이 든다. 과연 도시에서 어떤 종류의 시간성을 드러내는 것이 바람직한가? 다시 말해 설계라는 의도적 행위를 통해 특정 시간성을 선택하거나 시간의 흐름에 대한 감각을 조정—물론 신경건축학 연구 성과가 더 축적되어야 하겠지만—할 수 있다면, 어떤 근거를 통해 하나의 시간성이 다른 시간성에 비해 더 바람직하다고 할 수 있을까? 이 질문에 대답하기는 쉽지 않다. 불특정 다수의 사람에게 보편적으로 바람직한 시간성을 찾으려는 시도는 특히 오늘날처럼 집단적 기억이나 시간에 대한 사회적 규범이 느슨해진 상황에서 무의미해 보이기 때문이다. 더욱이 바람직함을 판단하는 기준도 모호하다. 앞서 말한 아이들의 두뇌 시간이 빨라지는 현상은 늘 좋은가? 이 현상이 지속되면 아직 충분하게 성숙하지 않은 아이의 인지 기능에 지나친 부담을 주지는 않을까? 이러한 우려에도 불구하고 린치는 규범론자답게 비교적 명쾌한 입장을 보여준다. 그에 따르면 좋은 도시란 현재의 요구에 충실하면서—즉 '현재성'의 감각을 강조하면서— 과거 혹은 미래와 적절히 연계되어야 한다. 그가 현재성에 방점을 찍는 이유는 과거에 갇혀 있거나 혹은 반대로 예측하기 어려운 미래를 연상하게 하는 공간에 지나친 의미를 부여하는 것을 경계하기 때문이다. "(왜) 우리의 도시는 내가 아끼는 사람과 함께 있는 지금 이 순간에 대해서는 침묵하면서 기억에서 희미해진 참전 영웅이나 정치인의 조각상에 집착하는가."[6] 고개를 끄덕이게 하는 대목이다. 그럼에도 현대 도시에 스며든 시간성의 스펙트럼은 무척 다양하다. 대중의 기억에서 희미해진 영웅을 끄집어내 현대 도시에 재현하자는 주장은 좀처럼 설득력을 얻기 어렵지만, 도시공간 자체가 수많은 과거가 축적된 유전자 풀이며 이 안에서 과거의 좋은 기억과 시간성을 끊임없이 재발견해야 한다고 믿는 사람도 있다. 이들에 따르면, 오래된 도시 안에는 여러 가지 기억뿐만 아니라 기나긴 역사의 시험을 거쳐 살아남게 된 좋은 도시와 공간의 DNA가 농축되어 있다. 따라서 유전자 게놈 지도를 만들어 인류의 난치병을 퇴치하듯, 오래된 도시공간의 우수한 특질을 재발견하고 이를 현대도시에 적용해야 한다고 믿는다. 이로 인해 현재성을 치열하게 고민하고 드러내자는 린치의 주장이 늘 쉽게 받아들여질 수만은 없다. 이 논쟁에 대해서는 후반부에 논의할 뉴 어바니즘 이론가와 이들을 반박하는 의견을 통해 다시 한 번 생각해보자.

매개된 기념비와 과거를 재현하기

린치가 도시이론가로서 도시에 내재한 시간성을 탐구했다면, 일부 사회과학자들은 도시공간에 나타나는 시간성에 담긴 숨은 의미를 파헤치고자 했다. 이들은 어떤 시간의 특질을 표현하는 것이 더 바람직하냐는 질문보다는, 특정 시간성이 누구에 의해 선택되었고 어떤 의도로 표현되는가에 더 관심을 둔다. 한 예가 미국 MIT대학의 로렌스 베일 교수다. 그는 1999년 한 논문에서 건축을 통해 특정 집단이 국가적 정체성을 표현하는 방식에 대해 묘사한다. 한 예로 1980년대에 이라크 독재자 사담 후세인은 바그다드 남쪽 고대 바빌론 왕국의 궁궐터에 천문학적 비용을 들여 새로운 왕궁을 건설한다(그림2). 이는 단지 크고 화려한 장소를 조성하여 독재자로서의 권력을 뽐내려는 것이 아니다. 중요한 것은 현재의 새로운 왕궁이 '과거 바빌론 왕궁'의 재현이라는 점이다. 기억을 한 번 더듬어 보자. 고대 바빌론은 인류 문명의 발원지 중 하나인 메소포타미아 지역에서 가장 크고 융성한 도시였다. 후세인은 이렇게 특정 시대와 연관된 영광을 현대적으로 재현함으로써 시간을 초월한 제왕으로서의 절대적 지위—과거 이집트, 시리아, 팔레스타인, 예루

그림2 고대 도시 바빌론으로 진입하는 이슈타르 게이트(Ishtar Gate) 위에 사담 후세인이 서 있는 모습을 재현한 그림(좌측)과 모형으로 재현한 바빌론(우측). (출처: Lawrence J. Vale, "Mediated monuments and national identity." *The Journal of Architecture* 4(4), 1999, pp.391~408 ; Wikimedia Commons)

살렘을 정복한 고대 제국의 왕과 동일시되는—를 선언할 뿐만 아니라, 당시 진행 중이었던 이란-이라크 전쟁(1980~1988)의 의미를 메소포타미아와 페르시아의 고대 문명국들 간의 전쟁으로 증폭시키려 했다고 베일 교수는 설명한다.[7] 후세인은 스스로를 바빌론의 제왕 네부차드네자르 2세의 아들이라 일컬으며 이라크의 영광을 위해 왕궁을 건설한다는 문구를 벽돌에 새겨 넣기도 했다. 마침내 1987년 후세인의 바빌론 왕궁은 준공되었고, 베일 교수는 이러한 건축을 '매개된 기념비mediated monument'라 일컫는다. 여기에서 기념비란 과거에 담긴 힘과 위대함, 고대 왕국의 서사적 내용을 매개하는 물리적 대상으로서의 바빌론 왕궁을 의미한다. 하지만 역시나 과거의 영광을 오늘날의 공간으로 매개하기란 어려웠나 보다. 2003년 미군이 주도한—그리고 같이 참전한 영국이 최근 전쟁의 정당성에 대한 심각한 의문을 제기한— 이라크 침공으로 인해 후세인 정권은 해체되었고, 이후 텅 빈 바

빌론 왕궁은 호기심 많은 관광객의 똑딱이 카메라에 담기는 관광지로 전락하고 만다. 영국 케임브리지대학의 아니타 박쉬 교수에 따르면 "젊은 세대에게 …(매개된 기념비는) 잃어버린 과거를 연상시키며, 일상적인 삶의 경험과는 단절된 장소'가 된다.[8] 이러한 관점에서 현대에 조성되는 기념비를 과거 특정 시대의 기억과 억지로 연결하지 않고, 자연스러운 시간의 흐름에 따라 과거 사건에 대해 여러 각도에서 재해석될 여지를 남기는 작품이 오히려 흥미롭다. 독일 함부르크에 1986년 건립된 12m 높이의 '파시즘 기념비Monument against Fascism'가 그 예다(그림3). 이 기념비는 1993년까지 시간에 따라 점차 지하로 함몰되어 결국 사라져버린다.[9] 오늘날 파시즘 기념비 자체는 시야에서 사라지고 결국 그 터만 남아 있다. 이 작품은 과거와 현재의 공간적 연결고리를 교조적으로 재구성하려는 바빌론 왕궁 건축이나 최근 우리나라에서도 시행 중인 과거 정치인에 대한 우상화, 스포츠 스타 기념사업과는 큰 차이를 보인다.

뉴 어바니즘과 노스탤지어

독재 체제보다 더 일반적인 현대 도시의 상황에서 특정 시기와 관련된 가치를 발굴하여 공간에 투영하는 경우가 있다. 최근 새로운 이론으로 중무장—사실은 하나도 새로울 것 없다는 신랄한 비판도 있다—하고 전통적인 도시에서 발견할 수 있는 여러 가지 미덕을 현대 도시에서 구현하고자 하는 운동이 뉴 어바니즘New Urbanism이다. 뉴 어바니즘은 고전주의 건축 스타일이나 과거의 장식을 현대에 어설프게 재현하려는 가벼운 움직임은 결코 아니다. 그럼에도 과거 도시에서 새로운 도시의 근거를 찾을 수 있다는 믿음을 갖고 있으며, 한때 뉴 어바니즘 건축가인 듀아니는 과거에 대한 '향수nostalgia'야말로 뉴 어바니즘의 가장 강력한 무기라고 표현하기도 했다.[10] 초기의 뉴 어바니즘은 '전통적인 지구 설계Traditional Neighborhood Design'라는 이름 하에 활동을 시작했다. 이후 1993년을 전후로 '뉴 어바니즘'이라는 공식 명칭 아래 엘리자베스 플라터-자이벅, 안드레아 듀아니, 피터 칼솝 등 북미 및 유럽 건축가들이 활동을 주도하고 있다. 『뉴 어바니즘 헌장Charter of the New Urbanism』에 따르면 이 운동은 장소성 부재의 도시 확산과 스프롤, 사회적 차별과 다양성 상실, 환경 파괴와 커뮤니티 붕괴와 같은 근·현대 도시 문제에 대해 대안적 도시 모델을 제시하고자 한다.[11]

적어도 '시간'의 관점에서 뉴 어바니즘 운동이 흥미로운 이유는 두 가지 때문이다. 하나는 이 운동이 비판의 날을 겨냥하고 있는 도시 환경은 특정 시기, 즉 20세기 초부터 중반까지 북미 지역과 일부 유럽 도시에서 대량으로 양산되었다는 점이다. 여기에는 20세기 초 국제적으로 확산된 모더니즘 도시와 20세기 중반 전후부터 서구 도시에서 스프롤과 함께 형성된 교외 주거지가 포함된다.[12] 이러한 생각은 듀아니와 플라터-자이벅 등이 2000년에 출판한 책의 제목 『교외화 국가: 스프롤의 등장과 아메리칸 드림의 침몰Suburban Nation: The Rise of Sprawl and the Decline of the American Dream』에서도 엿볼 수 있다. 이렇게 뉴 어바니즘은 20세기의 실패한—실은 시장에서 엄청난 성공을 거두어 더 문제가 된— 도시론에 대한 반작용으로 등장했다. 하지만 안타깝게도 뉴 어바니즘이 제시한 교외 주거지 모델은 실은 또 다른 의미에서 현대판 교외화라는 파도의 일부가 되고 말았다. 만약 20세기 도시문제의 핵심이 지나치게 자동차 의존적이고 문화적 다양성을 상실한 도시 외곽지역에 있다면, 이에 대한 대안은 또 다른 교외지역 주거 개발이 아니라 어떻게 경계 없이 확장하는 스프롤식 개발을 억제할 것이냐는 논의여야 했다. 혹은 알렉스 크리거 교수가 주장하듯이 도시 내 기성 시가지로 신규 개발의 노선을 수정하자는 적극적인 주장이어야 했다. 또 다른 문제는 뉴 어바니즘 스타일의 도시 개발이 중국을 포함한 다수의 아시아 도시로 여과 없이 수출되고 있는 측면이다. 뉴 어바니즘 운동이 서구 도시의 교외화에 대한 반성에서 시작되었다면, 서구식 교외화라는 문제를 겪지 않은 아시아 도시에서 뉴 어바니즘의 정신이 점화되어서는 곤란하다.

시간의 관점에서 본 뉴 어바니즘이 흥미로운 두 번째 이유는 처방의 내용 때문이다. 모든 뉴 어바니즘 프로젝트에서 일관되게 나타난다고 볼 수는 없지만—그리고 관련 이론가들은 '뉴 어바니즘은 과거의 향수에 거부 반응을 보인다'며 부정하고 있지만— 적어도 상당수의 초기 뉴 어바니즘 프로젝트는 전통적인 도시 형태와 과거의 건축 양식이 불러일으키는 대중적인 향수nostalgia에 의존하고 있다.[13] 이에 대해 뉴 어바니즘 디자인 원칙에는 '역사적 패턴에 대한 존중'과 같이 다소 모호하

게 표현되어 있으며, 미국 클렘슨대학의 클리프 엘리스 교수는 역사적
패턴과 고전적 도시의 미덕을 재발견하고 이를 현대적으로 해석하고자
하는 뉴 어바니즘을 과거를 직설적으로 재현하는 운동으로 치부하는
것은 부당하다는 입장이다.[14] 이러한 논란 속에서도 크리거 교수는 "누
구의 도시론인가?"라는 글에서 과거에 대한 향수를 교묘하게 조합하
여 상업적으로 활용하는 뉴 어바니즘의 전략을 강력하게 비판하고 있
다.[15] 이는 근본적인 문제 제기다. 한 시대의 문제를 그 이전 시대의 도

과거의 도시, 미래의 도시

시에서 찾은 형태, 혹은 그 형태가 연상시키는 착시적인 이미지나 낭만적 감성에 의존하여 해결하는 디자인이 과연 바람직한가 생각해 볼 필요가 있다(그림4).

오래된 한옥과 새로운 한옥

크리거 교수의 주장처럼 과거에 대한 향수를 억지로 꾸며내어 상업적으로 이용하는 행태는 비판받아 마땅하다. 그렇다고 오래된 도시공간과 건축에서 느껴지는 낭만과 편안함을 좋아하는 현대 도시민들을 비난할 수는 없고 또 비난해서도 안 된다. 앞에서 이야기했지만 지금의 도시공간에는 이미 과거라는 시간성이 여러 가지 방식으로 편집되고 선택된 채 남아 있다. 이 중에서도 여러 세대를 거치며 때로는 사람들의 요구를 수용하고 때로는 고집스럽게 전통적인 방식을 지켜나가며 오늘날까지도 그 생명력을 잃지 않고 있는 공간이 있다. 서울의 여러 역사문화지구와 여기에 남아 있는 다수의 도시형 한옥—비록 빠른 속도로 멸실되고 있지만—이 여기에 해당한다. 서울에 있는 한옥에 대한 연구는 이미 오래전에 시작되었다. 하지만 광범위한 전수조사는 비교적 최근에 이루어졌다. 대표적으로 서울시립대학교 정석 교수가 2006년 서울연구원에서 수행한 한옥 연구에 따르면, 1936년 경성부 경계를 기준으로 서울에서 한옥 건설이 전성기를 맞이했던 시기는 대략

| 그림5 | 동대문구 용두동의 한 블록에서 도시형 한옥과 다세대·다가구 주택이 공존하는 모습. 한옥에 대한 '자발적 고급화', '소극적 정비', 그리고 '타율적 잉여'가 동시에 진행되고 있다. |

1940~1950년대였다. 일제 강점기 말기 집 장수에 의한 목구조 상품주택 공급, 한국전쟁 이후 비교적 간편하게 지을 수 있는 간이 한옥의 건설, 그리고 1960년대 이루어진 토지구획정리사업과 다양한 종류의 한옥 건설을 계기로 서울시에 있는 한옥의 수는 1960년대 약 130,000채로 최고점에 이른 것으로 추정된다. 하지만 이후 조적조 주택과 아파트, 그리고 다세대 및 다가구주택에 자리를 내주게 되면서 한때 서울 시민의 주요 주거공간이었던 한옥은 지속해서 멸실되었다.[16] 2000년대 초 약 24,000채로 줄어들었고 보다 최근에는 약 12,000채 이하로 감소하며 결국 반세기의 시간에 걸쳐 서울의 한옥 중 약 90%가 사라지게 되

었다.

2013년 서울대학교 환경대학원에 부임한 직후 나는 저명한 건축역
사학자 전봉희 교수 및 권용찬 박사와 최근 진행 중인 한옥의 멸실과
재개발에 대해 탐구하기로 했다. 무엇보다 사회 전반에 걸친 한옥 건설
붐, 그리고 문화지구 지정 및 서울시 한옥선언과 함께 한옥에 대한 인
식이 크게 바뀐 지난 10여 년의 기간 동안 어디에 위치한 한옥이 왜 사
라졌는지 추적하는 것이 우리 연구의 목표였다. 과거 이루어진 서울시
한옥 전수조사를 기반으로 가장 최근에 전봉희 교수 연구팀에 의해 이
루어진 가가호호 현장조사 결과와 각종 지도 자료를 활용하여 한옥의
존치 여부를 필지 단위로 조사했고 이를 방대한 GIS 데이터로 구축했
다. 그리고 한옥 멸실에 영향을 주는 요소 중 개별 한옥의 특성(준공연도,
연면적, 용도 등)과 함께 필지 특성과 건물의 향, 인근 다른 한옥의 존재 여
부, 그리고 거시적으로 집계구별 사회경제적 특성 및 인근 도시개발 현
황을 포함하여 표를 만들었다. 이후 회귀분석을 이용해 2002년 기준
약 21,000채 전후였던 한옥이 10년 후 약 12,000채에 이르기까지 한옥
멸실 여부에 유의미한 영향을 주었던 도시적 요소가 무엇인지 확인했
다. 무척 흥미로운 결과가 나왔다. 만약 다른 조건이 같다면, 보다 최근
에 지어지고, 면적이 넓고, 과거 비주거 용도로 한 번 이상 전용되었던
한옥이 그렇지 않은 한옥보다 멸실 확률이 높은 것으로 나타났다. 왜
지난 10여 년 동안 더 오래되고 협소한 주거용 한옥에 비해 그렇지 않
은 한옥이 철거 혹은 재개발의 대상이 되었을까? 아마도 준공된 지 오

래되고 협소한 한옥은 종종 접도 조건이나 필지 크기 측면에서 재개발에 불리한 조건을 갖고 있었기 때문일 것이다. 이러한 환경이 열악한 조건의 한옥은 인접 필지와 함께 한꺼번에 재개발되지 않는 한 지속해서 노후화 과정을 거치며 타율적 잉여로 이어지는 경우가 많았다. 하지만 또 다른 사례도 찾아볼 수 있었다. 비교적 오래되고 협소한 한옥이라도 좋은 위치에 있거나 관리 상태가 양호한 경우, 건축주나 사용자가 섬세하게 관리하고 고쳐서 현대적인 용도로 쓰고 있는 사례가 있었다. 때로는 부유한 재벌 2세의 별장으로, 때로는 게스트하우스나 초대받은 손님을 위한 음식점으로 쓰임만 변했을 뿐, 부분적 증축이나 시설 현대화를 통해 새로운 공간으로 거듭난 한옥이 주변에 꽤 있다. 우리 연구진은 이를 '자발적 고급화'라 부르기로 했다(그림5).[17] 타율적 잉여와 자발적 고급화, 그리고 멸실을 포함한 한옥의 변화에 대해서는 앞으로도 주목해 볼 만하다. 과거부터 이어진 도시공간의 여러 형식 중 하나가 조금씩 진화하면서 새로운 요구를 수용하거나 혹은 일부 방치되어 사라져버리는 현상을 목격할 수 있기 때문이다. 나아가 물리적 환경으로서의 한옥 자체만 의미 있는 연구 대상이 아니다. 서울시립대학교 양승우 교수가 한 컨퍼런스에서 지적했듯, 한옥에 사는 '사람'과 이들의 행태를 연구할 때다. 한옥이라는 비교적 오랜 시간성을 담고 있는 공간 형식을 좋아하고 각종 불편에도 불구하고 여기에 살고자 하는 사람들 자체와 이들의 공간 활용 행태를 더 잘 이해해야 한다.

도시유형학과 디자인 패러다임의 변화

어느 드라마에서 한 번쯤 본 기억이 있다. 한 부부가 함께 걸어간다. 마을 한가운데에서 두리번거리던 남편은 아내에게 이야기한다. "바로 여기쯤이 내가 어렸을 때 살던 곳이야. 지금은 너무 많이 변해서 어디가 어딘지 잘 모르겠어. 신기하지?" 재개발을 비롯한 여러 도시 변화에는 한 시대의 사회·경제적 요구—이를테면 인프라 건설을 위한 적정 기술, 경제적인 재료와 구조 방식, 건물 외관에 대한 건축주의 선호나 사회적 취향, 부동산 수요와 특정 디벨로퍼의 활동, 외부공간에 대한 법적 기준과 규제 등—가 반영된다. 만약 한 시기에 여러 지역을 관통하는 사회·경제적 요구가 존재하고, 이러한 요구에 충실하게 디벨로퍼나 건축가에 의해 도시 형태가 만들어졌다고 가정해 보자. 이는 비슷한 시기에 만들어진 도시가 지역적 차이를 넘어서 비슷한 형태를 가질 수 있음을 시사한다. 다시 드라마로 돌아와 보자. "어, 여보? 내가 살던 집도 지금은 변해서 알아보기 어려운데, 당신이 살던 마을에 와보니 내가 살던 마을과 느낌이 비슷한걸? 많이 바뀌긴 했지만 말이야. 그러고 보니 우리 비슷한 환경에서 자란 후 지금은 같은 집에 살고 있네? 아마 우리 세대 많은 사람들이 그렇지 않을까?"라고 이야기하는 상황이다. 이는 드라마 속 이야기만은 아니다. 우리나라에서 동시대를 산 사람들은 주거 환경에 대한 개인적인 선호 차이에도 불구하고 꽤 유사한 유형의 주거 공간에 대한 기억을 공유하는 경우가 많다. 이를테면 1930~1940년대 서울의 한옥에 살았던 사람들은 일제 강점기의 도시설계 지침에 해당하는 '시가할표준도市街割標準圖'에 따라 만들어진 도시 블록과 여기에 대량 공급된 도시형 한옥이라는 기억을 공유할 가능성이 높다. 그리고 만약 이들이 1980년대 이후까지 서울에 거주하고 있다면 또 한 번 아파트라는 공동주택 환경의 동질성을 경험하고 있을 것이다. 설사 한 사람은 노원구에, 다른 사람은 서초구에 살고 있을지라도 말이다.

미국 MIT대학의 브렌트 라이언 교수는 도시 경험의 이러한 측면에 주목했다. 라이언 교수는 2013년 『도시설계Journal of Urban Design』라는 국제 저널에 발표한 논문에서 서로 다른 시대의 디자인 패러다임이 어떻게 도시 형태적 차이로 나타나는가를 탐구했다.[18] 여기서는 개별 건축물이나 도시공간이 연상시키는 주관적 시간이 아닌, 서로 다른 시기에 만들어진 공동주택에 담긴 도시유형학적 특성에 주목했다. 연구 방법은 다음과 같다. 미국 보스턴, 시카고, 뉴올리언스 세 도시에 있는 주택단지를 각각 1개씩 선정한다. 이들 대상지는 공통으로 1910년, 1950년, 2010년 전후에 각각 '전근대적 도시', '모더니즘 도시', '뉴 어바니즘 도시'로 대표되는 디자인 패러다임 하에 재개발이 진행되었다.[19] 비슷한 시기에 유사한 패러다임에 따라 만들어진 주거단지는 당연하게도 높은 수준의 형태적 유사성을 보였다. 물론 2010년을 전후로 단지가 재개발되었으니 같은 대상지에 1910년이나 1950년대에 만들어진 단지는 철거되어 사라졌지만 당시의 도면 자료를 확보함으로써 세 시기를 비교할 수 있었다. 그리고 이들 주거단지의 도시유형학적 차이를 정량화하기 위해 '장소다양성 지수place diversity score'라는 지표를 개발한다. 라이언 교수는 이 지표에 용도 혼합 정도, 주거 유형의 복합성, 필지 다양성, 가로의 조밀함을 포함해 8개의 도시유형학적 특성 변수를 포함했다. 물론 이 지표 자체가 실험적인 성격이 강하고 선정된 샘플의 수가 적어 그 통계적 의미를 따지기는 어렵지만, 연구 결과 라이언 교수는 세 도시 모두에서 1910년 전후에 계획된 주거단지가 그 이후의 주거단지에 비해 두 배 혹은 그 이상의 장소다양성을 나타냄을 밝혔다. 즉, 적어도 미국 대도시에서 약 100년 전에 만들어진 주거단지의 도시 조직에서는 20세기 중반이나 혹은 최근에 만들어진 주거단지보다 훨씬 더 높은 수준의 다양성이 예상된다는 결론이다. 나아가 이 연구는 오래된 도시에서 느낄 수 있는 정돈되지 않은 유쾌함이나 예측 불가능한 경험이 왜 비교적 최근에 만들어진 주거단지에서는 찾아보기 어려운가를 추론할 만한 근거가 된다.

유연성과 적응성

라이언 교수가 서로 다른 세 시기에 개발된 주거단지의 유형학에 주목했다면, 한 지역에서 더 오랜 기간에 걸쳐 점진적으로 진행된 도시환경 변화에 주목한 사람도 있다. 대표적으로 현대 도시형태론 분야에서 학문적 권위를 널리 인정받는 미국 워싱턴대학의 앤 무돈Anne Moudon 교수가 그 예다. 무돈 교수는 1986년 출판된 『빌트 포 체인지Built for change』라는 책에서 19세기 중반부터 현재까지 샌프란시스코 중심부에 있는 60여 개 도시 블록에서 발견된 형태 변화를 섬세하게 추적한다.[20] 이야기를 따라가며 한 지역에 오랜 기간 누적된 변화를 알아가는 재미 도 쏠쏠하지만, 이 책은 무엇보다 점진적인 변화와 시간성에 대한 번뜩 이는 통찰력을 보여준다. 한 예로 도시에서 '물리적 공간'과 그 공간에 서 벌어지는 '사회적 활동' 사이에 변화의 주기가 다르다는 것이다. 무 돈 교수에 따르면 다양한 사회적 활동에 대한 요구는 비교적 짧은 주기 로 변한다. 이를테면 상업가로의 용도나 음식을 소비하는 장소에 대한 요구는 오늘날 현기증이 날 정도로 빨리 변한다. 미국 도시에 비해 우 리의 도시공간에 대한 수요 변화의 속도는 말할 나위 없이 빠르다. 최 근 몇 년간 중국 요우커들의 폭발적인 방문과 소비 행태에 발맞추어 변 화하고 있는 홍대입구 상권, 특히 갑작스러운 화장품 매장의 확산이나 중국 관광객을 겨냥한 숙박업의 증가를 떠올리면 된다. 그에 반해 이러 한 활동을 가능케 하는 물리적 공간은 한 번 만들어지면 비교적 오랜 기간 지속되는 경우가 많다. 물론 필요에 따라 공간의 성격을 바꿀 수 있는 경우도 있지만, 잦은 변화는 인테리어나 가구 등 부분적인 변경에 한정된다. 더욱이 한 시기에 조성된 건축물, 도로나 필지 형태, 토지 이 용이나 대규모 지하 시설물 등은 한 번 만들어지면 오랜 기간 같은 자 리에 지속되는 경우가 많다. 이렇게 사회적 수요와 물리적 공간의 '시차'는 샌프란시스코뿐만 아니라 전 세계 여러 도시에서 널리 확인할 수 있다. 이때 한 지역의 물리적 공간 변화가 사회적 수요 변화의 속도를 따라잡지 못하면, 그 지역은 실제 구조물의 수명에 비해 훨씬 더 빨리 사회·경제적 노후화가 진행되거나 부동산 방치가 일어나기도 한다.

도시설계를 통해 시차로 인해 야기되는 이러한 문제를 해결할 수는 없을까? 두 가지 방법이 있다. 하나는 다양한 수요 변화에 대해 큰 비용을 들이지 않고도 물리적 환경 자체를 가변적으로 바꿀 수 있도록 설계하는 것이다. 이러한 특질을 무돈 교수는 '유연성flexibility'이라 부른다. 높은 수준의 유연성은 컨테이너 사무실이나 모듈러 주택, 그리고 이동식 화장실과 간이 텐트, 혹은 전시장의 이동식 벽을 떠올리면 금방 이해가 된다. 하지만 일시적으로 사용하는 공간이 아닌, 이를테면 다수의 사람들이 장시간 일을 해야 하는 업무 공간이나 많은 시간을 실내에서 보내야 하는 주거 공간에 높은 수준의 유연성을 도입하기에는 어려움이 있다. 나아가 유연성이 높은 공간이 늘 바람직하다고 말하기도 어렵다. 가변성이나 이벤트성이 도시 활동의 일부가 될 수는 있어도 전부가 될 필요는 없기 때문이다. 도시공간의 시차 문제를 해결하는 또 다른 방법은 도시공간의 초기 기획 단계에서 여러 변화에 대한 여유를 두고 불특정 다수의 요구를 수용하게끔 설계하는 것이다. 그 범위는 집 앞마당부터 블록을 감싸고 있는 도로와 보행가로, 필지 구조와 인접 대지 경계선 사이의 공간, 나아가 도시 전체를 포함할 수 있다. 무돈 교수는 이를 '적응성adaptability' 높은 도시 환경이라 부른다. 다시 말해 시간에 따

그림6 2010년 자발적인 커뮤니티 운동으로 미국에서 시작된 '더 좋은 블록(The better block)' 프로젝트. 임시 구조물과 스트리트 퍼니처, 식재, 각종 가구를 활용하여 기존 도시 블록 안에 일시적으로 활용 가능한 도시공간을 만들었다. (출처: http://betterblock.org/)

른 사회적 요구와 개인 취향 변화를 모두 예측하기란 어려우므로, 물리적 환경을 설계할 때 점진적으로 새로운 수요를 수용하거나 도시 일부만을 고쳐서 다시 쓸 수 있도록 여지를 남기는 것이다(그림6, 7).

지금 이 순간에도 국내에서 건설 중인 수많은 건축물과 공원 프로젝트를 떠올려보자. 거대한 주상복합과 유행처럼 나타났다 사라지길 반복하는 아파텔, 그리고 최근의 도시형 생활주택에 이르는 주거 정책의 변화, 국제도시나 영어마을 같은 도시 테마의 부침, 그리고 도시공원에 대한 포퓰리즘식 기획과 운영을 고려하지 않은 무책임한 투자를 보면 우리 사회가 지나치게 협소한 시간성의 함정에 빠진 것으로 보인다. 어떤 장소에서는 운 좋게 특정 시점의 폭발적 수요에 발맞추어 흥행에 성공할지 모르지만, 다른 장소에서는 건축물이 준공과 동시에 방치되거

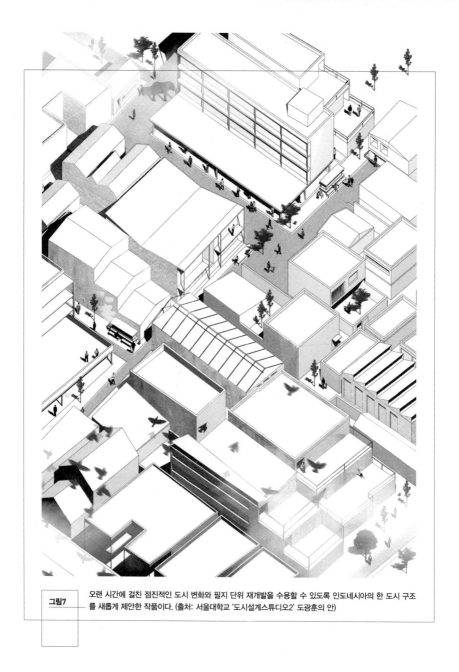

그림7 오랜 시간에 걸친 점진적인 도시 변화와 필지 단위 재개발을 수용할 수 있도록 인도네시아의 한 도시 구조를 새롭게 제안한 작품이다. (출처: 서울대학교 '도시설계스튜디오2' 도광훈의 안)

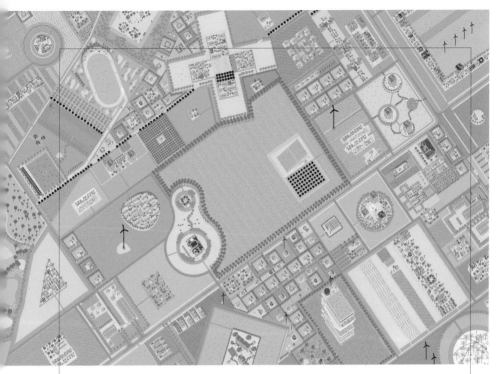

그림8

MVRDV, 'D.I.Y Urbanism: Almere Oosterworld', 네덜란드 알메르. 과거 마스터플랜에 의해 만들어진 도시를 소비자에게 일방적으로 공급하는 방식이 아닌, 개인과 커뮤니티가 원하는 여러 공간을 조합하여 수요자 맞춤형으로 도시를 계획하는 방법론 실험 (출처: MVRDV, www.mvrdv.nl)

나 수요자나 운영자를 찾지 못해 실제 수명보다 훨씬 더 빠른 속도로 낙후되기도 한다. 이러한 이유로 우리의 도시 환경은 꽤 오랜 기간에 걸친 낮은 적응성으로 인해 여러 피해가 누적되고 있다. 이런 관점에서 완성된 결과물로서의 도시 마스터플랜을 추구하기보다는, 실제 거주자와 운영자의 선택에 따라 점진적으로 도시가 완성되는 '수요자 맞춤형 도시' 모델을 제안한 MVRDV의 'D.I.Y Urbanism'과 같은 제안은 주목

과거의 도시, 미래의 도시

125

할 만하다(그림8). 미래 도시에 대한 고민은 미래 시점이 아닌 현재에서 출발한다. 사회적 수요의 변화, 더 나아가 각종 환경문제의 대두와 기후변화, 안전과 건강에 대한 자각, 부동산 투자 위축이나 시장 환경의 악화와 같은 여러 가지 불확실성에 적응성이 높은 도시는 어떠한 모습의 도시인가? 그리고 도시설계를 통해 과연 예측하기 어려운 취향과 기호를 갖는 다음 세대에게 널리 사랑받는 도시를 만들 수 있을까? 미래 도시의 모습은 상상하기 어려운 미래를 상상하는 무모한 도전에 따라 결정되어서는 안 된다.

'과거의 도시, 미래의 도시'로 본 좋은 도시

❶ 좋은 도시는 이 장소의 시간은 언제이며 누구를 위한 시간인가라는 질문에 응답하는 도시다. 특별한 시대나 특정 인물에 도시의 시간성이 맞추어져 있는 도시(예, 후세인의 매개된 기념비)는 좋은 도시가 아니다.

❷ 도시공간을 어떻게 디자인 하는가에 따라 시간 흐름에 대한 주관적 경험은 다르게 나타난다. 즉, 시간 경험은 공간에 의해 영향을 받는다.

❸ 도시설계 패러다임의 시대적 변화나 기술의 진보, 법규나 규제의 변천에 따라 주거단지는 시기별로 고유한 도시유형학적 특징을 나타낸다. 이 특징 가운데 변화하는 사회적 요구나 공간에 대한 수요를 받아들이지 못하는 낮은 적응성의 형태는 고쳐나가야 한다.

도시에서 도시를 찾다

1 _ Kevin Lynch, *What time is this place?*, The MIT Press, 1972.

2 _ Kevin Lynch, "The image of time and place in environmental design", 1975, in: Tridib Banerjee and Michael Southworth(Ed.), *City sense and city design: Writings and projects of Kevin Lynch*, The MIT Press, 1990, pp.628~633.

3 _ Alton J. DeLong, "Phenomenological space-time: toward an experiential relativity", *Science* 213(4508), 1981, pp.681~683.

4 _ http://info.aia.org/aiarchitect/

5 _ 외부 공간에서의 시간 인지에 대해서는 다음을 참조. Peter Bosselmann, *Representation of places: reality and realism in city design*, University of California Press, 1988. ; Raymond Isaacs, "The subjective duration of time in the experience of urban places", *Journal of Urban Design* 6(2), 2001, pp.109~127.

6 _ Kevin Lynch, *What time is this place?*, The MIT Press, 1972, p.63.

7 _ Lawrence J. Vale, "Mediated monuments and national identity", *The Journal of Architecture* 4(4), 1999, pp.391~408.

8 _ Anita Bakshi, "Urban form and memory discourses: spatial practices in contested cities", *Journal of Urban Design* 19(2), pp.189~210.

9 _ Malcolm Miles, "Remembering the unrememberable: the Harburg Monument against fascism", *Meno Istorija jr kritika* 6, 2010, pp.63~71.

10 _ 듀아니의 발언에 대해서는 하버드대학 알렉스 크리거 교수의 다음 글 참조. Alex Krieger, "Whose urbanism?", *Architecture*, 1998. 11., pp.73~79.

11 _ Congress for the New Urbanism, *Charter of the New Urbanism*, Congress for the New Urbanism, 2000.

12 _ 이와 관련된 연구로 다음을 참조. Jill Grant, *Planning the good community: New urbanism in theory and practice*, Routledge, 2006.

13 _ 듀아니는 전통적인 도시에서 볼 수 있는 바람직한 지구단위의 환경을 설계하는 것과 개별 건물 차

원에서의 과거 양식을 차용하는 행위를 별개의 문제로 보며 뉴 어바니즘은 전자를 추구한다고 설명한다. 하지만 피터 카소프는 뉴 어바니즘이 전통적인 미국 도시에서 볼 수 있는 가장 좋은 특질을 구현한다며 과거 양식의 차용에 대해 모호한 입장을 보여주었다. 관련 글은 다음을 참고. Andres Duany, Elizabeth Plater-Zyberk and Jeff Speck, *Suburban nation: the rise of sprawl and the decline of the American dream*, North Point Press, 2001. ; Peter Calthorpe, "HOPE VI and New urbanism", in: Henry G. Cisneros and Lora Engdahl(Ed.), *From despair to hope: HOPE VI and the new promise of public housing in America's cities*, Brookings Institution, 2009, pp.49~63.

14 _ Cliff Ellis, "The new urbanism: Critiques and rebuttals", *Journal of Urban Design* 7(3), 2002, pp.261~291.

15 _ Alex Krieger, "Whose urbanism?", *Architecture*, 1998. 11., pp.73~79. 그리고 이에 대한 논의를 다음의 논문에서도 확인할 수 있다. Emily Talen, "Connecting new urbanism and American planning: an historical interpretation", *Urban Design International* 11(2), 2006, pp.83~98.

16 _ 정석, 『서울시 한옥주거지 실태조사 및 보전방안 연구』, 서울연구원, 2006. 그리고 한국 주택의 역사적 맥락 속에서 도시형 한옥, 간이 한옥, 현대 한옥의 각종 유형을 논의한 책은 다음을 참고. 전봉희·권용찬, 『한옥과 한국 주택의 역사』, 동녘, 2006.

17 _ 이 연구는 2014년 『Habitat International』 저널에 출판되었다. Yongchan Kwon, Saehoon Kim and Bonghee Jeon, "Unraveling the factors determining the redevelopment of Seoul's historic hanoks", *Habitat International* 41, 2014, pp.280~289.

18 _ Brent D. Ryan, "Whatever happened to "urbanism"? A comparison of premodern, modernist, and HOPE VI morphology in three American cities", *Journal of Urban Design* 18(2), 2013, pp.201~219.

19 _ 세 가지 도시설계 패러다임에 대해 라이언 교수는 전근대(premodern), 모던(modern), HOPE VI 라는 용어를 썼다. 하지만 여기서는 HOPE VI 주거단지 설계 이념에 뉴 어바니즘 건축가들이 많은 영향을 준 측면을 고려해 HOPE VI 대신 뉴 어바니즘으로 대체했다.

20 _ Anne V. Moudon, *Built for change: neighborhood architecture in San Francisco*, MIT Press, 1986.

chapter 4

땅의 도시,

기념비적 도시

땅, 환경, 랜드스케이프는 무엇일까?
현대 도시에 땅의 특성은 어떤 의미를 갖는가?

"수평적 랜드스케이프로서의 메가폼Megaform은 …도시의 기능적 연속성을 확보하면서 다양한 사회적 활동을 촉진한다."

— Kenneth Frampton, 2010

땅의 도시, 스마랑

전 세계 여러 도시를 걷다 보면 땅의 고유한 형상이 유난히 도드라지는 곳이 있다. 인도네시아 중부 자바 섬의 북쪽 끝단에 있는 스마랑Semarang이라는 도시가 그 예다. 일부 원주민의 취락지구를 제외하면 이 도시는 17세기 네덜란드의 식민도시로 처음 조성되었다. 원 거주민인 자바인과 함께 말레이, 중국, 아랍과 유럽의 사람들이 이 도시로 유입하게 되면서 독특한 도시 경관을 갖게 된다. 이슬람 사원, 광장, 왕궁, 시장과 전통 주거가 오랜 역사를 거치며 남게 된 다문화 이슬람 정착지 '캄풍 카우만Kampung Kauman', 유럽-동남아시아 무역의 거점 항구로 자리 잡으면서 다수의 유럽 건축물이 지어지게 된 '코타 라마Kota Lama' 등이 여기에 포함된다. 하지만 이 도시에 새겨진 땅의 역사는 훨씬 더 과거로 거슬러 올라간다. 스마랑의 땅 대부분이 실은 지난 천 년 이상에 걸쳐 남측의 웅아란 화산Mt. Ungaran Volcano에서 바다를 향해 흐르는 물길을 따라 토사가 퇴적되면서 만들어진 충적평야alluvial plain에 해당한다. 물론 전 세계 많은 도시가 평야 지대에 있으므로 이 사실이 그리 특별할 것은 없다. 그럼에도 스마랑의 땅이 도드라지는 이유는, 퇴적과 함께 형성된 땅의 나이테가 곧 도시의 나이테와 일치하기 때문이다. 이를테면 약 10~15세기에 걸쳐 만들어진 스마랑의 과거 해안선은 현재 도시 중심부를 동서로 가르는 판다나란로Jl. Pandanaran 부근이다. 이 길의 서쪽에 식민지 시절 네덜란드 동인도 회사에서 설립한 철도회사 본부가 하

우Lawang Sewu다. 하지만 이보다 더 흥미로운 건축물은 강을 따라 조금
남쪽에 위치한 삼푸콩三保洞 사원이다. 중국 명나라 초기의 이슬람교 환
관이자 대항해가였던 정허鄭和가 자바 섬에 도착한 후 15세기 초에 이
사원의 터를 닦은 것으로 알려져 있다. 정허는 콜럼버스(1451~1506)의 신
대륙 발견이나 마젤란(c.1480~1521)의 세계 일주에 앞서 이미 아시아의 대

항해시대를 열었다. 그는 당시 스마랑의 해안가에 도착하여 이곳에 삼푸콩 사원의 터를 잡기로 결정한다(그림1).

하지만 삼푸콩 사원을 직접 방문해본 사람이라면 좀 어리둥절할 수도 있다. 왜 평생 바닷길을 개척해 온 대항해가 정허가 사원의 위치를 내륙지역으로 선택했을까? 2014년 5월 말 디포네고로대학과의 워크숍을 계기로 이곳을 직접 방문한 나에게도 이 질문이 머릿속을 떠나지 않았다. 만약 내가 정허였다면, 바다가 내려다보이는 해안가 구릉지, 특히 연안으로 접근하는 배와 바닷길이 잘 보이는 지점에 사원을 배치했을 것이다. 하지만 이러한 의문은 다음 날 쉽게 해결되고야 말았다. 스마랑 도시계획국에서 나온 한 담당자로부터 스마랑의 도시 역사에 대해 경청할 기회가 생겼기 때문이다. 담당자가 보여준 슬라이드 중 역사적으로 스마랑의 도심지가 어떻게 확장했는가 보여준 슬라이드가 있었다. 여기에 따르면, 삼푸콩 사원은 원래 북으로 흐르던 강의 지류가 해안선과 만나는 합수부에서도 비교적 지대가 높은 곳에 있었다. 하지만 사원을 만든 정허가 자바섬을 떠난 후 땅의 퇴적 활동은 계속 진행되었다. 이로 인해 사원이 접해 있던 해안선은 북쪽으로 점차 올라갔고, 오늘날의 삼푸콩 사원은 바다에서 6km나 떨어진 내륙에 위치하게 되었다. 이후에도 해안선은 1840~1940년대 사이에 500~600m, 이후 지금까지 다시 200~300m 정도 더 북진하게 된다.[1] 만약 지금은 내륙에 위치하게 된 삼푸콩 사원을 정허가 다시 바라볼 수 있다면 많은 아쉬움을 토로하겠지만, 스마랑 도시계획국 처지에서

땅의 도시, 기념비적 도시

보면 이렇게 생긴 땅은 자연이 준 귀중한 선물이다. 도시경제가 빠르게 발달 중인 스마랑은 대규모 간척사업 없이도 귀중한 개발 가용지를 확보할 수 있었기 때문이다. 스마랑은 워낙 산자락과 바다 사이의 협소한 띠를 따라 자리 잡고 있었기 때문에 가용지가 희소했다. 이렇게 자연이 선사한 해안가의 땅—반면 여기는 최근 지반 침하와 해수면 상승으로 인한 재해 위험이 심각하다—에 19세기 이후 항구, 기차역, 공항 등이 만들어졌다. 보다 도심부로 들어와 걷다 보면 땅의 상당 부분이 북에서 남측으로 바다를 향해 완만하게 경사진 판의 일부임을 알 수 있다. 따라서 스마랑을 처음 방문한 사람도 좀처럼 방향 감각을 잃지 않는다. 게다가 도심 곳곳에 있는 경사진 보행로와 이를 따라 펼쳐지는 계단식 주거지, 그 사이로 불뚝불뚝 솟아오른 언덕과 머리 위를 덮고 있는 열대 과실수는 스마랑의 고유한 경관을 형성하고 있다. 이렇게 땅의 형상은 기후, 식생, 건축, 문화와 함께 도시 환경의 분위기를 결정하는 가장 원초적인 요소 중 하나다.

환경과 랜드스케이프

땅의 형상이 도시 분위기와 영향을 주고받는 것은 알겠는데, 과연 도시에서 땅의 형상과 특성을 어떤 방식으로 묘사할 수 있을까? 우리는 땅에 대해 생각할 때 두 가지 측면을 함께 떠올린다. 하나는 객관적으로 측정 가능한 물리적 환경 요소로서의 땅이다. 여기에는 향, 조망, 경사도, 높이, 크기 등이 포함된다. 하나의 땅이 다른 땅보다 더 크다든가, 집을 지을 땅은 인접 도로면보다 높아야 한다는 개념이 이와 관련이 있다. 우리나라의 경우 건축법에 '대지'와 관련하여 여러 객관적 특징을 정의해 두었다. 예를 들어 건축법 제4장 제40, 42조에 따르면 "대지는 인접한 도로면보다 낮아서는 아니 된다. …면적이 200m² 이상인 대지에 건축을 하는 건축주는 …대지에 조경이나 그 밖에 필요한 조치를 해야 한다" 등이 그러한 예다. 다른 하나는 객관화하기 어려운 측면, 이를테면 주관적 지각과 심미적 판단 대상으로서의 땅이다. 도시 밖의 도시가 개발되는 과정에서 농경지를 잠식하고 있는 거대한 아파트 단지를 보며 혐오감을 느낀다든가, 훼손되지 않은 자연 언덕에 앉아 마치 에덴동산에 있는 듯한 편안함을 느끼는 감정이 여기에 포함된다. 이런 맥락에서 프랑스의 문화지리학자 오귀스텡 베르크Augustin Berque 교수는 "근대적 랜드스케이프를 넘어서"라는 글에서 '환경environment'과 '랜드스케이프landscape'를 구분한다.[2] 그에 따르면 '환경'이란 땅-자연-공간-사회의 관계에 대한 사실적이고 객관적인 개념이다. 그에 반해 '랜드스케이프'는 이러한 관계에 대한 주관적 지각이자 다양한 해석과 가치 부여의 결과다. 베르크 교수는 이러한 구분과 관련하여 "랜드스케이프는 환경이 아니다Landscape is not the environment"라는 유명한 말을 남긴다.

자연성과 인공성

환경과 랜드스케이프라는 구분보다 좀 더 도시에 적용하기 쉬운 개념은 아마도 '자연성'과 '인공성'일 것이다. 미국 하버드대학의 안톤 피콘 교수에 따르면 적어도 서구에서는 초기 산업혁명기를 전후로 도시가 자연 속에 자리를 잡던 시대가 저물었다. 물론 그 정확한 시점을 밝히기는 어렵지만, 피콘 교수에 의하면 산업혁명기 이전까지는 사람이 만든 각종 인공 환경은 비교적 자연적 특성이 우세한 땅에 자리 잡는 경우가 많았다. 이를 만약 스마랑의 역사 속에서 보면 정허가 처음 사원을 만든 15세기 초로 거슬러 올라가 볼 수 있다. 당시 사원의 터는 강과 바다가 만나는 합수부였다. 뒤로는 열대 우림이 우거져 있었을 것이고 큰비가 올 때마다 발목까지 물이 찰랑거리는 갯벌 위로 많은 토사가 퇴적되며 장관을 연출했으리라. 웅장한 웅아란 화산이 사원 주변을 병풍처럼 감싸고 있었고, 여기서 자바해를 내려다보며 정허는 앞으로 개척할 해상 실크로드를 구상했을지도 모른다. 하지만 20세기 이후 사원 주변은 인공적인 환경으로 가득 차게 되었다. 이미 북진해 버린 해안선 뒤로는 새로운 건축물이 빽빽하게 채워졌고, 정허가 원했건 원하지 않았건 과거 땅의 환경을 지배하던 자연성은 사람이 만든 환경의 인공성으로 대체되어 갔다. 피콘 교수는 한발 더 나아가 근현대 도시에서는 인공적인 환경 자체가 점차 다른 도시 환경의 배경이 된다고 표현한다. "도시는 더 이상 (자연적인) 랜드스케이프 안에 위치하지 않게 되고 ···점

차 도시 그 자체가 (인공적인) 랜드스케이프가 되고 있다." 이를테면 초고
층 타워와 아파트 단지, 굴뚝과 가로등, 네온사인과 간판이 다른 도시
환경을 위한 배경으로 작용하면서 주요 도시 맥락을 지배하게 된 것이
다.[3] 물론 여기서도 어려운 문제가 있다. 어디까지의 인공이 진짜 인공

그림2 OMA의 모로코 아가디르 호텔 및 컨벤션센터 현상설계안과 악셀 슈프링어 그룹의 신사옥 계획안. 전자는 경사진 플라자를 내부화된 땅으로 활용했고, 후자는 미디어 그룹 직원 간 의사소통을 촉진하는 테라스형 디지털 계곡(digital valley)을 도입했다. (출처: OMA, http://oma.eu)

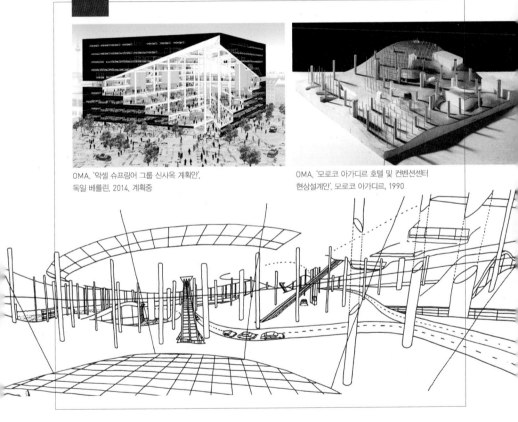

OMA, '악셀 슈프링어 그룹 신사옥 계획안',
독일 베를린, 2014, 계획중

OMA, '모로코 아가디르 호텔 및 컨벤션센터
현상설계안', 모로코 아가디르, 1990

땅의 도시, 기념비적 도시

적인 환경인가, 그리고 자연성의 일부를 인공적인 환경 안에 도입할 수 있는가와 같은 문제다. 네덜란드의 건축가 렘 쿨하스는 외부로서의 땅에 내재된 여러 특질, 이를테면 경사진 언덕에 비유되는 기울어진 바닥판, 숲을 연상시키는 기둥, 외부 산책로와 비슷한 내부 가로를 외부가 아닌 실내에 적층시키는 일련의 계획안을 발표했다(그림2). 최근 지어진 공항, 터미널, 금융센터, 지하 쇼핑몰, 대형 컨벤션의 거대한 실내 공간은 그 자체가 전경이자 다른 도시 환경과 사회적 활동을 위한 배경이자 도시 랜드스케이프로 자리 잡았다.

땅과 랜드스케이프, 전경과 배경의 관계가 다소 모호하거나 그 의미를 쉽게 파악하기 어려운 경우도 있다. 일본 도쿄대학에서 은퇴한 고야마 히사오香山壽夫 교수는 땅의 형상을 '분명한 지형'과 '숨은 지형'으로 구분한다.[4] 그에 따르면 분명한 지형이란 이를테면 높은 산봉우리나 움푹 들어간 분지처럼 땅의 독자적인 형상이 비교적 명료하게 지각되고 그 의미가 보편적으로 이해되는—물론 개인 차이는 있지만— 경우다. 그에 반해 숨은 지형은 땅이 여러 방식으로 재해석되거나 다양한 건축 행위를 통해 새로운 의미 부여가 가능한 경우를 말한다. 고야마 히사오 교수는 이에 대해 "지형에 대한 해석이 거듭되어 풍경이나 도시가 형성된다. …(이는) 많은 사람의 해석, 구축, 그리고 기억이 중첩되어 만들어진 …인간 집단의 공동 작업"이라고 표현한다.[5] 현대 도시에서는 분명한 지형보다는 숨은 지형, 특히 땅의 원래 특성이 도시화 과정에서 많이 손실된 지형을 다루는 경우가 빈번하다. 따라서 현대 건축가나 조경가는 주관적 해석을 통해 땅에 의미를 부여하는 작업을 수행하며, 특히 과거 이미 다른 사람이 부여한 땅의 의미나 같은 자리에 축적된 사회성을 받아들이거나 때로는 재해석해야 한다. 뒤에 다시 소개할 케네스 프램튼 교수는 이를 '땅을 구축하기building the site'나 '땅에 건축을 새겨넣기inlaying the building into the site'와 같은 말로 표현한다.[6] 베르크와 고야마 히사오 교수의 표현을 빌리자면, 도시에서 땅을 설계하는 일은 곧 '숨은 랜드스케이프'의 사회적 가치를 발굴하고 재구성하는 작업이기도 하다.

어떤 땅을 좋아하십니까?

그럼에도 불확실한 땅의 의미를 재구성하는 작업은 개인의 상상력에만 의존하기는 어렵다. 땅은 개인의 자산이기도 하지만 더 넓게 보면 사회구성원이 공동으로 향유하고 소비하는 공공재이자 (다음 장에서 다루겠지만) 공유 자원이기 때문이다. 따라서 좋은 땅의 모습을 그리는 일과 관련하여 개인적 관심을 넘어서 사회적 인식이나 잠재적 공공 이용자의 선호를 폭넓게 이해하는 것도 중요하다. 하지만 여기에 문제가 있다. 사람들이 널리 동의하는 '좋은 땅'의 모습이나 '명당'에 대해 합의된 기준이 없는 상황에서 불특정 다수의 취향과 선호를 모두 반영하여 땅을 잘 설계하기란 불가능에 가깝다. 더욱이 땅을 만드는 데 관여하는 사람의

그림3 ELEMENTAL, '산티아고 메트로폴리탄 공원 산책로', 칠레 산티아고, 2011. 산크리스토발 언덕의 중턱에 흔적으로 남아 있는 농경 수로를 활용하여 산티아고 시민이 자유롭게 접근 가능한 산책로를 제안했다. 건축가에 따르면 산티아고 최고의 자산은 지형과 온화한 날씨다. 새로운 산책로는 이 두 가지 자산 모두를 시민에게 공평하게 되돌려준다. (출처: ELEMENTAL, www.elementalchile.cl)

취향과 만들어진 땅을 운영하거나 이용하는 사람의 선호는 크게 다를 수 있다. 이렇게 보면, 한 사회의 구성원이 보편적으로 선호―물론 개인차는 있겠지만―하는 땅의 모습, 나아가 선호하는 경관의 특질을 더 잘 이해해야 한다(그림3).

이와 관련하여 비록 도시의 땅만을 대상으로 이루어진 실험은 아니지만, 땅의 경관에 대한 사람들의 보편적인 선호를 밝히고자 시도한 연구가 있다. 지금은 은퇴한 시드니대학의 알렌 푸셀 교수와 관련 연구진의 1994년 논문이 한 예다.7 여기서 푸셀 교수 연구진은 산업단지, 도시 가로, 아케이드, 주거단지, 언덕, 숲, 수변 가로를 포함한 12가지 땅의 사진을 96명의 사람에게 보여주었다. 그리고 각 사진에 대한 선호도를 측정했다. 이때 아무런 단서가 붙지 않은 일반적인 선호 여부도 물었지만, 이용과 방문의 특정 목적과 관련된 선호도도 확인했다. 여기서 확인하고자 한 목적성은 다음 두 가지다. 첫째, 이 장소에서 얼마만큼 거주하거나 일하고 싶은가, 그리고 둘째, 휴가를 위해 얼마만큼 이 장소에 오고 싶은가가 그것이다. 일반적인 선호도에 대한 응답 결과는 크게 놀랍지 않다. 땅에 대한 주관적 선호도―즉, 특별한 목적 없이 좋아하는 땅의 모습―에 대해 사람들은 대체로 자연성이 지배적인 환경―이를 테면 호수, 숲, 언덕, 녹지―을 도시 환경보다 더 좋아하는 것으로 나타났다. 인공성이 압도하는 땅의 모습보다는 자연성이 지배적이거나 적어도 적절히 자연적 요소가 섞인 땅을 더 좋아한다고 응답한 것이다. 그런데 예상 밖의 재미있는 결과도 있다. 선호도에 목적성을 부여하는 순간,

그 결과가 달라졌다. 예를 들어 거주나 근무 환경과 관련해서는 자연성이 지배적인 '언덕'이나 '녹지'보다는 인공성이 적절히 공존하는 '수변가로'를 더 선호했고, '언덕'이나 '수로'에 대한 일반적인 선호도는 무척 높았지만 같은 땅이 휴가 목적으로 선호되지는 않았다. 또 다른 결과도 주목할 만하다. 대체로 휴가와 관련된 선호도는 각 땅에 대한 일반적인 선호도보다 거의 모든 경우 낮았다. 즉 휴가라는 특수한 목적으로 한 곳을 방문할 때 사람들은 일반적인 선호 기준보다 더 엄격한 기준을 적용하는 것으로 보인다. 이와 함께 하나의 땅이 익숙하다고 느껴질 때 사람들은 휴가 목적으로 이곳을 오고 싶지는 않다고 응답했다. 결국, 랜드스케이프의 종류, 방문과 이용의 목적, 익숙함이나 친밀감의 정도에 따라 땅에 대한 주관적 선호는 크게 다름을 알 수 있다.

　최근 한국 사회에서도 숨은 랜드스케이프의 가치를 재발견하고 이에 대한 선호를 적극적으로 표현하려는 요구가 폭발적으로 나타나고 있다. 여기서는 땅의 객관적 형상만이 아니라 특정 대상지에서 느껴지는 분위기와 잠재적 이용 가치에 대한 인식도 중요한 것으로 보인다. 이를테면 최근 운영과 개발 관련 실행사업이 진행 중인 노들섬에서 몇 년 전부터 가면을 쓰고 출몰해 노니는 '노들유령,' 도시 속 생태자원과 생산적 땅의 가치를 재발견하고 있는 '도시양봉,' 빈집이나 방치된 공간을 연계해 유휴부지에 대한 사회적 관심을 고취하는 '빈집 투어,' 자연에 내재된 치유력을 활용하여 아픈 도시민의 건강을 회복시키는 '도심 속 숲 치유' 프로그램 등이 그러한 예다. 이렇게 다양한 방식으로 땅에서

도시에서 도시를 찾다

놀기와 땅의 가치를 재발견하려는 실험은 가까운 미래의 도시공간 변화를 읽는 실마리가 될 것이다.

메가폼과 메가스트럭처

다음 두 사진을 살펴보자(그림4, 그림5). 하나는 건축가 프랭크 로이드 라이트가 미국 아리조나에 자신의 별장으로 설계한 탈리에진 웨스트

그림4	프랭크 로이드 라이트, '탈리에진 웨스트', 미국 아리조나, 1937. (출처: Frank Lloyd Wright Foundation, http://franklloydwright.org)

땅의 도시, 기념비적 도시

도미니크 페로, '벨로드롬과 올림픽 수영장', 독일 베를린, 1999. (출처: Dominique Perrault Architecture, www.perraultarchitecture.com)

Taliesin West고, 다른 하나는 흡사 동전을 여러 차례 방망이로 내려쳐 납작하게 만든 후 흙 속에 묻은 듯한 도미니크 페로의 벨로드롬과 올림픽 수영장이다. 지어진 시기와 규모는 다르지만, 이들 프로젝트는 흥미로운 공통점을 갖고 있다. 모두 건물을 최대한 바닥과 밀착시킴으로써 땅과 건축이 일체화된 것처럼 보인다는 점이다. 두 건축가는 이들 작품에서 새로운 기술이나 첨단 재료를 과시하거나 정형화된 건축 스타일을 차용하지 않았다. 그보다는 자연성과 인공성의 경계를 경쾌하게 넘나들며, 라이트의 표현을 빌리자면 '그곳이 아름다운 대지였다는 것은 그 집이 세워지기까지 아무도 깨닫지' 못할 만큼 근사한 땅의 건축을

구현했다.[8]

그런데 이와 같은 땅의 건축을 개별 건물 단위가 아닌 도시적 규모에서 실현할 수 있을까? 나아가 이러한 시도가 현재의 불완전한 도시개발 방식에 대한 대안이 될 수 있을까? 이와 관련하여 미국 컬럼비아대학의 이론가 케네스 프램튼 교수는 '메가폼megaform'이라는 다소 실험적인 개념을 제시하며 그 가능성을 타진했다. 그는 1980년 출판된 『근대 건축사Modern architecture: a critical history』를 포함한 다수의 명저를 집필하고 '비판적 지역주의critical regionalism'와 같은 개념을 회자시킨 영향력 있는 건축이론가이자 역사가다. 프램튼 교수는 특히 20세기에 만들어진 전 세계 여러 도시에서 한 장소가 다른 장소와 구별하기 어려워질 만큼 장소성 부재 현상이 보편화되고 있음을 비판적으로 바라본다. 그는 도시화라는 거대한 힘이 기성 시가지의 바깥을 끊임없이 잠식하며 장소성과 지역색을 지워나가고 있는 현실이 현대 도시의 종착점이라고 보지 않았다. 그리고 이에 대해 의미 있는 처방전을 제시하지 못하고 있는 도시설계나 계획을 '무기력한 실용 학문'이라며 비판했다. 프램튼 교수는 하나의 도시공간이 만들어질 때 주변 도시 조직과 통합적인 랜드스케이프로서의 건축을 추구함으로써 고유한 장소적 특질과 문화적 가치를 땅에 각인시켜 나갈 수 있다고 보았다. 그리고 이러한 건축은 이후 주변의 변화에 긍정적인 촉매 역할을 할 수 있다고 믿었다. 프램튼 교수는 이러한 생각을 담아 여러 차례 강의했고, 이는 1999년에 미시간대학에서 그리고 2010년에 일리노이대학에서 각각 조금씩 다른 버전의 모노그래프로 출간되었다. 두 버전 모두 제목은 『도시 랜드스케이프로서의 메가폼Megaform as urban landscape』이다. 여기서 프램튼은 주변 지형과 연속적이고 수평적인, 그리고 도시에서 새로운 장소를 생성하는 거대한 건축을 '메가폼'이라 정의했다.[9] 프램튼 교수에 따르면 메가폼은 거대한 구조물을 뜻하는 '메가스트럭처megastructure'와 구별된다. 여기서 메가스트럭처는 댐이나 항만시설만을 의미하지 않는다. 프램튼 교수는 파리 도심 한복판에서 주변 맥락으로부터 분리된 채 우뚝 서 있는 퐁피두 센터도 구조물 자체의 완결적이고 독립적인 모습을 표현하는 데 주요 관심이 있으므로 메가폼이 아닌 메가스트럭처에 해당한다고 말한다. 프램튼이 제시하는 메가폼은 도시의 숨은 지형의 일부로서 지형과 함께 수평적으로 확장된다. 도시 형태와 건축물 자체를 구성하는 세부 요소가 부분적으로 나타날 수는 있지만 메가폼에서는 이러한 요소 자체를 돋보이게 하기보다는 각 부분이 주변 도시 조직과 긴밀하게 결합되어 있거나 도시 풍경의 일부가 된다. 고밀 도시 환경 속에서도 메가폼은 독립적으로 서 있지 않고 주변과의 연속성 속에 있으며, 그럼에도 불구하고 그 거대함으로 인해 하나의 분명한 랜드마크로 인식된다. 이러한 이유로 메가폼은 종종 메가스트럭처에 내재된 랜드마크적 성격을 가질 수 있지만, 반대로 메가스트럭처는 메가폼이 될 수 없다고 프램튼 교수는 이야기한다. 그의 모노그래프에는 메가폼과 관련한 여러 프로젝트가 소개된다. 캐나다의 건축가 아더 에릭슨Arthur Erickson이 설계한 밴쿠버의 롭슨 광장Robson square, 라파엘 모네오가 설계한 길이

스티븐 홀, '수평적 마천루', 중국 선전, 2009. 중국 최대의 주거용 부동산 디벨로퍼인 반케(Vanke) 그룹의 사옥이다. 땅으로부터 가볍게 들어 올린 막대기 모양의 건축물이 지형을 따라 길게 펼쳐져 있다. (출처: Steven Holl Architects, www.stevenholl.com)

800m의 초대형 복합쇼핑업무시설L'illa diagonal, 도시 표면의 연장이자 순환하는 동선을 따라 공간이 펼쳐지는 FOA의 요코하마 터미널, 스티븐 홀이 현상설계 당선 후 중국 선전深圳에 설계한 수평적 마천루Horizontal skyscraper 등이 그 예다(그림6). 프램튼이 제안한 메가폼은 하나의 잘 정리된 이론이라고 보기는 어렵다. 그보다는 대형 개발 프로젝트가 난무하는 현대 도시 상황에서 바람직한 '의미'를 갖는 건축이 구현되기를 바

라는 절박함에서 각종 도시문제로 얼룩진 땅과 건축의 관계를 다시 설정하고자 새로운 개념을 테이블 위에 올려놓은 것에 가깝다. 이런 측면에서 보면 프램튼 교수는 현실의 문제를 직시하는 이론가이자 건축을 통해 도시문제를 해결할 수 있다고 믿는 긍정적 처방론자이다. 그의 말을 인용하면 "…(최근) 뚜렷한 도시 변화의 추세는 관광이나 부동산 투기, 혹은 국제적인 서비스 산업의 확산으로 인해 '땅the ground'에 담겨 있는 의미가 하나의 재화commodity로 축소되고 있다는 점이다. …건축가는 메가폼이라 부를 만한 거대한 도시 형태를 통해 (여러 문제를) 치유해 나갈 수 있다. …나는 메가폼이라는 형태를 통해 독립적인 오브제 형식의 건축이 난무하는 시대에서 '땅'에 유의미한 흔적을 남기는 시대로 돌아갈 수 있다고 믿는다."[10] 그는 전통적인 도시에서나 추구할 만한 높은 수준의 일관성을 가진 도시 조직을 현대 사회에서 구현하기란 무척 어렵다는 인식을 하고 있다. 그럼에도 메가폼이라 이름 붙인(혹은 앞으로 이름 붙일) 거대한 건축물이 한 지역의 고유한 장소성이나 맥락을 파괴하지 않으면서도 그 땅에서 의미 있는 랜드마크가 될 수 있다고 생각했다.

랜드스케이프 어바니즘

앞의 프램튼 교수를 비롯하여 땅과 도시의 관계를 회복하는 데 관심을 기울이는 이론가는 대체로 근·현대 도시의 여러 면모를 비판적으로 보는 경우가 많다. 이러한 비판의 대상은 도시 자체에 머무르는 것만은 아니다. 지금의 도시 형태를 만드는 데 관여한 전문가나 전문 분야까지도 포함된다. 도시 관련 각종 전문가에 대해 총체적으로 비판하면서 과거와 선을 긋고 있는 탈장르적 운동 중 하나가 국내에도 여러 차례 소개된—하지만 지금까지도 그 정체성을 찾아 진화를 거듭하고 있는— '랜드스케이프 어바니즘landscape urbanism'이다.[11] 예를 들어 관련 이론가인 찰스 왈드하임 교수는 이미 죽음을 맞이한 근대 건축과 그 이후 구원 등판에 나섰지만 역시 실패한 포스트모던 건축, 터무니없이 값비싸고 경직된 전통적 도시설계, 지나치게 관료주의적이고 변화에 느린 도시계획, 그리고 도시와 동떨어진 자연 생태계에 집중함으로써 앞을 바라보고 있지 못한 생태학 모두를 신랄하게 비판한다.[12] 이러한 비판이 정말 타당한가라는 의문이 들지만, 랜드스케이프 어바니즘의 또 다른 주창자 중 한 명인 조경가 제임스 코너는 이러한 비판의 기세를 몰아 현대 도시의 새로운 가능성을 랜드스케이프에서 찾는다. 특히 땅에 내재된 여러 가지 고유한 잠재력—이를테면 수평성과 혼성성, 다양성과 복잡성, 야생성과 인공성의 공존, 개방성과 가변성 등—을 도시공간 속에서 발현함으로써 도시화로 인한 여러 문제를 해결할 수 있다고 본다.[13] 왈드하임 교수는 이러한 가능성과 함께 랜드스케이프가 현대 도시론의 '모델'로 자리 잡게 되었다고 주장한다. 현대 도시 환경에 대한 요구와 도시공간의 쓰임은 얼마나 유동적이고 복합적인가. 그리고 왈드하임 교수는 이러한 유동적인 도시의 특성 자체가 개방성과 유연성을 갖는 랜드스케이프 디자인의 속성과 높은 유사성이 있다고 믿는다. 한 번 생각해보자. 고정된 용도와 소유권에 따라 조각난 도시가 아닌 수평적이고 상호교류가 활발한 도시, 그리고 불확실성과 변화에 대해 유연하고 새로운 사회적 관계를 수용하는 열린 과정의 도시. 이런 도시는 생각만 해도 얼마나 매력적인가? 경직된 직능이나 고정된 분야로서의 설계가 아닌, 열린 사회적 관계와 변화 가능성을 담는 매체로서의 땅과 조경 작업에 주목하여 새로운 가능성을 모색하려는 움직임이 랜드스케이프 어바니즘이다.

랜드스케이프 어바니즘의 개념은 최근 실현된 몇 가지 프로젝트를 통해 엿볼 수 있다. 초기에 소개된 West 8의 스키폴 암스테르담 공항 랜드스케이프(1992), 제임스 코너 필드 오퍼레이션스의 프레쉬킬스 파크(2001)와 2014년 9월 3구역의 개장과 함께 1, 2, 3구역이 모두 완결된 뉴욕 하이라인 프로젝트(2014), 미시적인 도시 조직과 도시기반시설을 연속적인 판으로 이어나간 와이즈/맨프레디Weiss/Manfredi의 시애틀 올림픽 조각공원(2007) 등이 그 예다.[14] 훨씬 덜 알려지긴 했지만 스페인 건축가 에두어드 브루가 설계한 바르셀로나자치대학Universitat Autònoma de Barcelona 주거단지도 여기에 해당한다(그림7). 완만한 구릉의 경사를 따라 막대기 모양의 건물이 높이를 달리하며 배치되어 있고 그중 가장 낮은 곳에 위치한 매스는 맞은편 호텔의 수직면과 함께 오픈스페이스를 명확하게 규정짓고 있다. 이러한 프로젝트와 함께 최근 미국 MIT와 영국 AA스쿨에서 랜드스케이프 어바니즘을 내세운 학위과정이 제공되면서 이 운

도시에서 도시를 찾다

그림7 에두어드 브루, '바르셀로나자치대학 주거단지', 스페인 바르셀로나, 2008. (출처: Bru Lacomba Setoain, www.blsbcn.com)

땅의 도시, 기념비적 도시

동은 조경이나 도시설계의 하부 분야가 아닌 독립된 영역으로서 그 기세를 떨치고 있다. 하지만 MIT 대학의 브렌트 라이언 교수는 과연 랜드스케이프 어바니즘이 적정 비용으로 도시문제에 대해 잘 대처하고 있는가에 대해 비판적으로 바라본다.[15] 라이언 교수에 따르면 과거의 무기력한 도시론을 강하게 비판하고 있지만, 정작 랜드스케이프 어바니즘은 현대 도시의 가장 심각한 문제—이를테면 인구 감소나 지역경제 붕괴에 따른 도시 쇠퇴—에 대해 천문학적 비용이 요구되거나 실행에 오랜 시간이 요구되는 디자인 안을 제시하는 데에서 벗어나지 못하고 있다. 이로 인해 땅이 갖는 자율성과 유동성을 잘 드러내기보다는 실은 해당 경관을 더욱 견고하게 상업화하고 있다는 비판이다. 그렇다고 랜드스케이프 어바니즘 프로젝트 전체가 비현실적이거나 상업적인 처방에 근거하고 있다고 보기는 어렵지만, 적어도 구현된 사례가 그 운동이 처음 제기한 도시문제를 합리적으로, 적정 사회비용 안에서 해결하고 있는지 다시 검증할 필요가 있다.

랜드폼과 기념비성

일부 조경가와 건축이론가가 땅의 수평성에 열광하고 있는 동안, 다른 한편에서는 조금 다른 성격의 움직임이 꿈틀대기 시작했다. 1999년부터 2003년까지 제임스 코너와 함께 작업하다가 독립한 건축가이자 미국 프린스턴대학 교수인 스턴 알렌은 '랜드폼 건축Landform building'이라는 개념을 내세우며 도시의 수평성이 아닌 수직적 기념비성과 인공성의 미학을 추구했다.[16] 알렌 교수의 관점에서 보면 땅과 건축, 오픈스페이스와 각종 도시기반시설을 수평적으로 이어나가며 그 경계를 흐리고자 하는 랜드스케이프 어바니즘은 실현 불가능한 목표를 향해 질주하고 있다. 왜 외부와 내부, 자연과 인공의 경계를 흐리고자 하는가? 알렌 교수에 따르면 "…건축의 근간은 한 영역의 경계를 분명하게 만들고 외부 자연으로부터 보호된 실내공간을 구성하는 데 있다. 만약 건축가가 전문성을 발휘하는 영역이 있다면, 그것은 경계와 범위를 설정하는 일이다."[17] 비록 완곡하게 표현하긴 했지만, 알렌 교수는 최근 여러 건축과 도시이론가들이 땅과 건축, 실내와 실외의 경계를 모호하게 만드는 데 열중하고 있는 모습에 의문을 제기하고 있다. 알렌 교수에 따르면 건축이라는 행위는 자연 상태로부터 잘 분리된 인공 환경을 만드는 데에서 출발하고, 이러한 인공적 개체가 집합적으로 조직된 전체가 도시다. 따라서 애써 지형이나 자연물과의 경계를 흐리거나 내외부를 모호하게 처리하는 데 디자인의 역량이 집중될 필요가 없고 또 집중되어서도 안 된다. 이러한 생각에 기반하여 랜드폼 건축에서는 오히려 자연과 인공, 땅과 건축물, 표피와 내부의 경계를 명확히 하고 인공적으로 만들어진 건축 형태와 그 배경이 되는 땅을 확실하게 구분한다. 이를 통해 강렬한 인공적 도시성—밀도와 집적성, 수직성과 거대함, 명확하게 경계 지어진 실내 공간의 감각— 자체를 건축 형태로 드러낸다(그림8, 9).

땅의 도시, 기념비적 도시

최근 맥락 없는 건축이나 대상지 없는 도시를 실험하는 건축가도 있
다. 이를테면 프랑스 건축가 프랑수아 블랑첵은 『대상지 없는 건축:
1001가지 건축 형태Siteless: 1001 Building Forms』라는 저서를 출판했다. 여기
서 'Siteless' 건축은 대상지가 없는 상황을 하나의 특정 프로젝트에 대
해 가정하며 설계하는 것에서 그치지 않는다. 그보다는 전반적인 디자
인 과정에서 대상지나 땅의 문맥을 소거함으로써 얻을 수 있는 형태 표
현의 자유와 구성 원리를 탐구한다.[18] 이렇게 보면 블랑첵은 프로그램

그림8 빈센트 굴라트, '2012 엑스포를 위한 브로츠와프의 산', 폴란드 브로츠와프, 2007. (출처: Guallart
Architects, www.guallart.com)

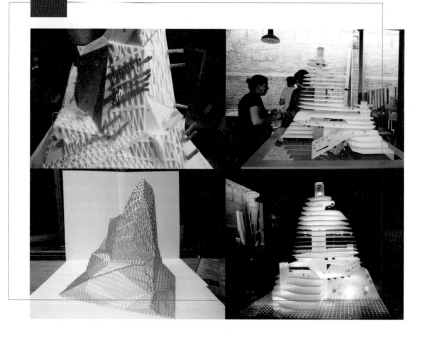

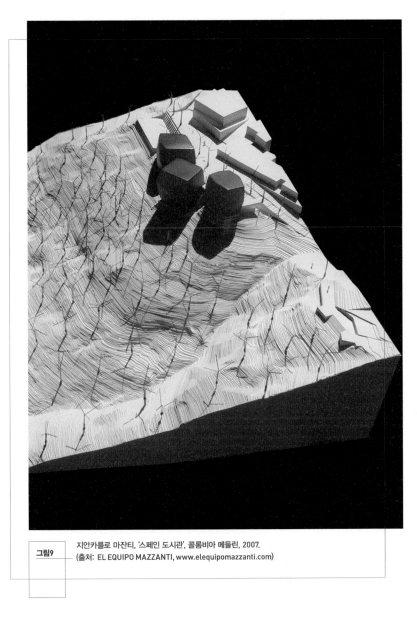

<table>
<tr><td>그림9</td><td>지안카를로 마잔티, '스페인 도시관', 콜롬비아 메들린, 2007.
(출처: EL EQUIPO MAZZANTI, www.elequipomazzanti.com)</td></tr>
</table>

땅의 도시, 기념비적 도시

과 대상지의 조건을 신중하게 고려하여 다양한 형태 중 하나를 결정하는 전통적인 디자인 프로세스—즉, '프로그램+대상지=형태'라는 공식—를 탈피하고자 한다. 다양한 형태의 가능성을 먼저 실험한 후, 이에 맞는 프로그램과 대상지를 나중에 찾을 수 있다고 보는 것이다. 아무리 도시화가 진행되어도 땅의 가치와 희소성은 여러 사람에게 지적인 자극과 창조적 영감을 줄 것이다. 그리고 다시 질문을 던질 때다. "어떤 땅을 좋아하십니까?" 앞으로 랜드스케이프 어바니즘부터 메가폼, 대상지 없는 건축에 이르기까지 땅과 관련된 풍부한 논의가 지속되고 현대판 명당을 다시 정의할 만한 좋은 프로젝트가 가까이에 구현되기를 기대한다.

'땅의 도시, 기념비적 도시'로 본 좋은 도시

❶ 좋은 도시는 땅의 자연성과 인공성, 숨은 지형과 분명한 지형, 수평성과 수직성이 여러 공간을 통해 섬세하게 해석되고 표현된 도시다.

❷ 이용자의 특성, 방문 목적, 익숙한 정도에 따라 땅에 대한 선호도는 큰 차이를 보인다. 이러한 땅에 대한 감각과 감수성을 섬세하게 읽고 디자인해야 한다.

❸ 우리나라의 도시에서는 지나치게 테마화된 협소한 장소성과 내부지향적이고 폐쇄적인 단지 개발이 땅에 잠재된 가치를 억누르고 있다.

도시에서 도시를 찾다

1 _ 이에 대해서는 스마랑시 도시계획국(Semarang Development and Planning Board)의 조사 자료를 통해 확인했다. 이 자료는 2014년 5월 29일 서울대학교 환경대학원에서 인도네시아 스마랑과 마글랑 지역을 방문했을 때 배포되었지만, 공식적으로 출판된 연구 자료는 아님을 밝힌다.

2 _ Augustin Berque, "Beyond the modern landscape", *AA files* 25, 1993(1991), pp.33~37.

3 _ Antoine Picon, "Anxious landscapes: From the ruin to rust", *Grey Room* 1, 2000, pp.64~83.

4 _ 香山壽夫, 김광현 역, 『건축의장강의』, 도서출판 국제, 1998, pp.139~141.

5 _ 香山壽夫, 앞의 책, p.140.

6 _ '땅을 구축한다'든가 '건축을 대지에 새겨 넣는다'는 표현은 컬럼비아대학의 케네스 프램튼 교수가 건축가 마리오 보타나 프랭크 로이트 라이트의 작품에 대해 묘사하며 인용한 말이다. 이에 대한 출처는 다음과 같다. Kenneth Frampton, "Towards a critical regionalism: Six points for an architecture of resistance", in: Hal Foster(Ed.), *Postmodern culture*, Pluto Press, 1985, pp.16-30.

7 _ Alan T. Purcell et al., "Preference or preferences for landscape?", *Journal of Environmental Psychology* 14(3), 1994, pp.195~209.

8 _ 香山壽夫, 앞의 책, p.140.

9 _ Kenneth Frampton, *Megaform as urban landscape: Raoul Wallenberg Lecture*, The University of Michigan, 1999.

10 _ Kenneth Frampton, 앞의 책, pp.39~40. 땅이라는 단어에 대한 강조 표시는 모노그래프에는 없고 본 저자가 했다.

11 _ 랜드스케이프 어바니즘에 대한 대표적인 국내 연구로는 다음을 참조할 것. 배정한, 『현대 조경설계의 이론과 쟁점』, 도서출판 조경, 2004. ; 김영민·정욱주, "랜드스케이프 어바니즘의 실천적 전개 양상", 『한국조경학회지』 42(1), 2014, pp.1~17.

12 _ Charles Waldheim, "Landscape as urbanism", in: Charles Waldheim(Ed.), *The landscape urbanism reader*, Princeton Architectural Press, 2006, pp.35~53.

13 _ James Corner, "Introduction: Recovering landscape as a critical cultural practice", in: James Corner(Ed.), *Recovering landscape: Essays in contemporary landscape theory*, Princeton

Architectural Press, 1999, pp.1~26.

14 _ 하이라인 프로젝트에 대해서는 2014년 11월호 『환경과조경』특집 '하이라인의 교훈'을 참조할 것.

15 _ Brent D. Ryan, *Design after decline: how America rebuilds shrinking cities*, University of Pennsylvania Press, 2012.

16. Stan Allen and Marc McQuade(Ed.), *Landform building: architecture's new terrain*, Lars Müller Publishers, 2011.

17 _ Stan Allen and Marc McQuade(Ed.), 앞의 책, p.34.

18 _ Francois Blanciak, "Siteless geography", *New Geographies, 1: After Zero*, Harvard University Graduate School of Design, 2009, pp.90~97.

도시에서 도시를 찾다

chapter 5

걷고 싶은 도시,

질주의 도시

도로는 누구를 위한 공간인가?
보행친화적 도시는 무엇일까?
걷기 좋은 도시를 만들면 사람들은 더 자주, 더 멀리 걸을까?

"걷기 좋은 도시는 잘 연결된 가로 체계와 세분화된 토지 이용 패턴, 그리고 안전성이 확보된 도시다."
— Michael Southworth, 2005

난폭 운전자가 본 보행친화적 도시

약 20년 전, 처음 자동차 주행 연습을 한 날이었다. 차에 함께 탄 베테랑 강사는 채 30분도 지나지 않아 나의 서툰 운전 습관 이면에 잠재된 난폭 운전자의 자질을 발견하고야 만다. 강사는 잠시 고민한 끝에 진심 어린 조언을 시작한다. 우리나라에서는 방어 운전이 중요하며, 특히 사거리나 횡단보도 근처에서는 속도를 줄여야 한다. 무엇보다 오토바이와 버스를 조심해라. 이 말을 가슴에 품고 살아서인지 아직 난폭 운전의 유혹에 마음이 흔들린 적은 없지만, 문득 '잠재적 난폭 운전자'의 눈으로 본 현대 도시는 어떤 모습일까 궁금해진다. 이들이 보기에 보행친화적인 도시는 대단히 불편하고 억압적인 장소가 아닐까? 우리나라 도시는 국제적인 기준으로 보면 아직 보행친화적이라고 보기 어려우므로 다른 도시를 통해 이 문제를 생각해 볼 수 있다. 최근 미국의 도시를 대상으로 한 조사에서 보행 환경이 가장 좋은 도시 3위로 선정된 보스턴이 적절한 예다.[1] 난폭 운전자에게 보스턴이라는 도시는 아주 불편하다(그림1). 우선 도심부 차로의 폭이 통상 약 2.7~3m 내외로 도시 외곽이나 다른 지역에서 일반적으로 쓰고 있는 3.3~3.6m(11~12 feet) 기준보다 더 좁다. 차로와 인도 사이에는 대체로 자전거 도로와 가로주차 street parking 공간이 있어서 출입하는 자전거와 주차 차량을 항상 조심해야 한다. 더욱이 뉴욕 같은 다른 대도시와 달리 왕복 4~5차로 도로에서도 보행자의 무단횡단이 빈번하게, 그것도 거침없이 일어난다. 주차비

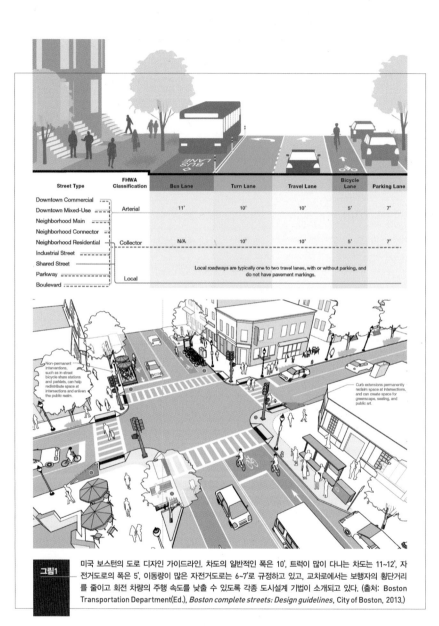

Street Type	FHWA Classification	Bus Lane	Turn Lane	Travel Lane	Bicycle Lane	Parking Lane
Downtown Commercial Downtown Mixed-Use Neighborhood Main	Arterial	11'	10'	10'	5'	7'
Neighborhood Connector Neighborhood Residential	Collector	N/A	10'	10'	5'	7'
Industrial Street Shared Street Parkway Boulevard	Local	Local roadways are typically one to two travel lanes, with or without parking, and do not have pavement markings.				

Non-permanent interventions, such as in-street bicycle share stations and parklets, can help redistribute space at intersections and enliven the public realm.

Curb extensions permanently reclaim space at intersections, and can create spaces for greenscape, seating, and public art.

그림1	미국 보스턴의 도로 디자인 가이드라인. 차도의 일반적인 폭은 10', 트럭이 많이 다니는 차도는 11~12', 자전거도로의 폭은 5', 이동량이 많은 자전거도로는 6~7'로 규정하고 있고, 교차로에서는 보행자의 횡단거리를 줄이고 회전 차량의 주행 속도를 낮출 수 있도록 각종 도시설계 기법이 소개되고 있다. (출처: Boston Transportation Department(Ed.), *Boston complete streets: Design guidelines*, City of Boston, 2013.)

도시에서 도시를 찾다

는 비싸기도 하거니와 처음 방문한 곳이라면 어디에 주차를 해야 하는지 헷갈리고, 수많은 일방통행로에 한 번 잘못 들어가면 어떻게 빠져나가야 할지 고민스럽다. 보스턴이라는 도시 환경에 미숙한 운전자—여기서의 미숙함은 운전 경력과는 관계가 없다—는 거의 예외 없이 차를 소유한 지 얼마 지나지 않아 주차위반 고지서나 견인 통지서를 받게 된다. 잠재적 난폭 운전자에게 보행친화적 도시는 곧 무덤이다.

도로는 누구를 위한 공간인가

난폭 운전이 결코 사회적으로 바람직한 행태는 아니므로 이와 같은 불편함은 성질이 급한 운전자가 응당 감수해야 할 몫이다. 그럼에도 이 대목이 흥미로운 이유는 보행자—혹은 최단 경로나 선호에 따라 도시를 자유롭게 횡단하려는 사람jaywalker—와 자동차 운전자, 특히 고속 주행을 즐기는 조이 라이더joy rider 사이에 갈등 관계가 있음을 보여주기 때문이다. 난폭 운전자에게 보행친화적 도시가 불편한 것처럼, 보행자에게 자동차 중심의 도시는 매우 불만족스럽고 위험천만하다. 이러한 보행자와 자동차 운전자 사이의 갈등에도 불구하고 오늘날 전 세계 여러 도시에서는 다양한 정책을 통해 보행친화적 도시를 만들고 자전거와 개인용 이동수단을 포함한 무동력 교통수단의 이용을 활성화하려는 노력이 이루어지고 있다. 여기에는 현대인의 주요 고속 이동수단으로 확고하게 자리 잡은 자동차의 이용 빈도 frequency와 총 이동거리distance를 감소시키고, 나아가 특정 도시공간—이를테면 보행 활동이 활발한 상업지역이나 도로가 협소하고 주차공간이 부족한 역사지구—에 차량의 진입을 억제하는 정책이 포함된다. 세계 여러 도시에서 이러한 정책을 활발하게 실험 중이다. 이를테면 차량 이용을 억제하는 정도가 아니라 아예 도심부에 한하여 개인 차량에 대한 의존도를 제로(0)에 가깝게 하고 대중교통과 보행 기반의 도시를 추구하는 '차 없는 도시Car-free city' 만들기, 자동차가 아닌 자전거 위주의 대안 교통 시

스템을 도입한 런던의 '사이클 슈퍼하이웨이Cycle superhighways', 최근 샌프란시스코에서 실험 중인 '보호된 자전거도로Protected bike lane'—즉, 도로 레벨보다 5cm 들어 올린 1.8m(주행로) + 1.5m(버퍼 공간) 폭의 자전거 전용도로—도 흥미로운 시도다(그림2).[2]

자동차 의존도가 지나치게 높은 근·현대 도시에 대한 비판은 자동차가 처음 발명된 후 대중화된 지 얼마 지나지 않은 20세기 초부터 봇물 터지듯 쏟아져 나왔다. 버지니아대학의 피터 노튼 교수에 따르면 적어도 미국에서는 이미 1910~1920년대 이후 '돼지 같은 난폭 운전자 road hogs'나 '미친 속도광speed demons' 같은 용어가 보행자 안전을 위협하

는 운전자를 비난할 때 널리 쓰이게 되었다.[3] 같은 시기에 보행 중 교통사고 사건을 다루는 법정에서는 대체로 보행권을 옹호하는 판결이 우세했으며, 이에 따라 자동차의 속도를 제한하고 운전자를 계몽해야 한다는 믿음이 널리 퍼졌다.[4] 우리나라도 예외는 아니었다. 이를테면 일제 강점기에 여러 도시에서 자동차 수가 늘어나면서 이에 따른 교통사고와 사망자 수가 크게 증가했다. 이에 대한 우려가 널리 퍼지면서 1935년 1월 26일 동아일보에는 다음과 같은 기사가 실렸다.

교통사고 170건에 사망자가 19명

교통사고가 해마다 증가하야 인명의 희생이 늘어감에비치어 평안남도경찰부 보안과에서는 관내각경찰서를 통하야 자동차업자와 그종업원들에게 엄중한경고를 발하기로 되엇다한다. 이는 사고발생의 희생자중 피해자의 부주의한 원인이 없음도아나나 대부분이 종업원들의주의와 긴장의 해이, 당업자들의 종업원감독이 불철저한데 원인하는 것으로서 …그원인이 대부분 종업원에게 잇엇다는 점에서 그러케 경고를 발하게된것이라 한다.[5]

기사의 표현이 재미있기도 하고 한편으로 좀 이상하기도 하다. 당시 한 해 동안 발생한 교통사고가 총 170건이었는데, 이에 대해 어째서 경찰이 자동차 업자와 종업원들에게 책임을 묻는 것일까? 당시 우리나라에서 볼 수 있었던 자동차의 대다수는 영업용 차, 이를테면 회사에서 운영하는 일종의 콜택시나 버스였다. 이러한 영업용 차량은 당시의 열악한 도로 여건과 교통질서가 부재한 환경 속에서 수많은 보행자나 인력거, 자전거, 손수레, 혹은 기차와 충돌하면서 크고 작은 교통사고를 유발했다. 이러한 영업용 차량의 고속 주행에 익숙하지 않았던 당시 사람들이 운전자에 해당하는 종업원들의 부주의나 운전 미숙을 비난하고 이들이 소속된 회사를 가해자 집단으로 본 것은 다시 생각해보면 크게 이상하지 않다.[6]

이렇게 국내외 도시에서 도로라는 공공공간을 합법적으로 활보(주)할 권리가 누구에게 있느냐는 문제에 대해 다양한 이용자 간의 신경전이 계속되는 가운데, 미국 시카고에서 1915년 옐로우 캡Yellow Cab Company이라는 택시 회사를 설립하고 이후 세계적인 렌트카 회사 헤르츠Hertz를 경영한 사업가 존 헤르츠는 흥미로운 주장을 펼친다. "우리는 자동차 시대Motor age에 살고 있다. …이에 따른 교육이 필요하며 자동차 시대에 적합한 책임감을 가져야 한다."[7] 에둘러 표현했지만 헤르츠는 보행자의 권리가 중요한 만큼 자동차가 신속하게 주행할 권리도 인정되어야 한다고 믿었다. 그의 주장에는 고속 주행을 위해 만들어진 차로에 보행자가 갑자기 들어오는 것은 거꾸로 보행자 전용도로에 차량이 돌진하는 것과 마찬가지로 범죄 행위이며 도로에서 사고 발생 시 자동차 운전자에게 사고 책임을 일방적으로 물어서는 안 된다는 의미도 포함되어 있다. 그럼에도 도시에서 자동차의 우월적 지위에 대한 비판은 이후에도 계속되었다. 이를테면 저명한 건축 및 도시이론가인 루이스 멈포드는 자동차가 보행을 포함한 다른 모든 저속 이동수단을 대체해야 한다는 잘못된 생각에 따라 많은 도시의 시공간을 도로가 집어삼켜 버렸다고 표현한다. 이와 함께 그는 1961년 출판된 저서에서 (비록 검증되지는 않았지만) 꽤 그럴듯한 예시를 덧붙인다. "만약 도로에 차가 없다면 보스턴 역사지구에 있는 모든 사람들은 걸어서 1시간 이내에 보스턴 커먼에 모일 수 있다. 만약 모든 사람이 자동차를 이용하게 된다면 훨씬 더 많은 시간이 걸린다. …그리고 영영 목적지에 도착하지 못할 수도 있다."[8] 당시 사회가 신속한 이동을 위해 자동차에 크게 의존하고 있지만 실은 도시에서의 이동을 극도로 어렵게 만들고 있는 주범이 바로 자동차라는 예시다. 국내에서도 이러한 비판은 예외가 아니다. 강병기 전 도시연대 대표는 "(현대) 도시는 약육강식이 지배하는 아스팔트 정글로 바뀌었고, 자동차는 정글의 맹수처럼 엄청난 사람을 살상하고 있다. …자동차라는 문명의 이기는 …(사람을) 소외시키고 왜소하게 만들고 있다"며 자동차에 대한 불만을 노골적으로 표출했다.[9]

가해자와 피해자

이처럼 가해자로서의 자동차와 잠재적 피해자로서의 보행자를 대립 구도로 바라보며 자동차 중심 도시에서 보행친화도시로 전환하자는 주장은 최근 많은 공감대를 얻고 있다. 소위 '보행삼불步行三不의 도시'—즉, 보행이 불안不安하고, 불편不便하며, 불리不利하다—라고 일컬어지는 서울을 한번 관찰해보자.[10] 신호등 없는 횡단보도에 서서 쌩쌩 달리는 차를 보며 언제 길을 건너야 할지 노심초사 기다리는 노약자, 배달음식을 싣고 인도 위를 질주하거나 역주행까지 일삼는 오토바이, 초등학교 교문 앞에서 '선 자동차', '후 보행'의 슬픈 현실을 아이에게 알려주고 있는 부모들, 규정 속도를 넘어 질주하고 있는 만원버스, 출퇴근 시 버스 정류장 주변에서 프루인John J. Fruin이 제시한 인체타원만큼의 공간은 고사하고 서로 몸을 완전히 밀착하고 있어야 하는 승객을 어렵지 않게 목격할 수 있지 않은가?[11] 최근의 보행친화도시 주장의 이면에는 지금까지 당연히 누렸어야 할 편안하고 안전한 보행이라는 보편적 권리에 대한 옹호와 함께 잠재적 피해자로 살아야만 했던 보행자들의 억눌린 불만도 섞여 있는 것으로 보인다.

하지만 국내에서도 최근 폭발적으로 다변화되고 있는 이동수단을 바라보면 좁은 의미에서 보행자의 피해의식만 강조될 필요는 없다. 최근 공유 앱app을 기반으로 한 콜택시, 마을버스, 오토바이, 전기자전거와 전동스쿠터, 휠체어, 그리고 에어휠과 보행 보조기를 포함한 1인 교통수단 등 어느 때보다도 다양해진 도로 위의 이용자와 고도화된 이동 서비스를 고려하면, 앞에서 이야기 한 '가해자=자동차, 피해자=보행자'라는 관계가 항상 성립한다고 보기는 어렵기 때문이다. 더욱이 가해자와 피해자의 관계는 지역 특성이나 교통수단 이용자의 종류에 따라 큰 차이를 보이며, 한 지역에서 대립 관계에 있는 두 가지 이동 수단도 다른 지역에서는 상호 보완적인 관계에 있는 경우도 있다(그림3). 이와 관련하여 서울대학교 박소현 교수와 최이명, 서한림 박사는 최근 한국 도시

그림3 보행자, 자동차, 이륜차 등은 서로 갈등 관계에 있을 때도 있지만 때로는 상호 보완 관계에 있다. 더욱이 보행자의 종류나 활동 특성에 따라 선호하는 환경도 크게 다르다. 구로동 주택단지에서 방과 후 걷는 아이들과 노인들, 그리고 중국 광저우의 이면 상업가로에서 아이를 안은 채 과일을 구매 중인 주부는 보행공간의 넉넉함, 가로의 안정성과 쾌적성, 활력도와 흥겨움 측면에서 서로 다른 생각을 갖고 있다.

의 보행 환경을 섬세하게 들여다본 책『동네 걷기, 동네 계획』을 출판했다. 책에서는 북촌지역에 대해 이렇게 기록하고 있다. "…흥미로운 걷기 패턴은 도심 쪽으로의 확장 보행 역시 마을버스를 통해 이루어진다. … 순수하게 걸어서 도심 쪽으로 간 경우들과 비교하면 마을버스를 이용한 사례에서 보행 영역이 더욱 확장되는 효과가 있음을 확인할 수 있다."[12] 즉, 북촌의 경우 '마을버스'와 '보행'이라는 서로 다른 이동수단은 사람들의 제한된 총 이동거리를 두고 상호 경쟁 관계에 있는 것이 아니다. 오히려 마을버스를 이용함으로써 더 멀리 있는 곳으로 식료품을 사러 가거나 아이와 함께 도서관을 걸어서 방문하는 등 평소라면 걷지 않았을 거리에 대해 추가 보행이 유발된다는 의미 있는 관찰이다. 이렇게 보면 자동차와 보행자를 상호 대립하는 이분법적 구도로 보는 관점은 수정되어야 마땅하다. 나아가 보행을 활성화하고자 할 때 자동차 속도를 규제하거나 안전 표지판을 설치하는 등 소극적인 정책에서 한 걸음 더 나아가, 도로 자체와 생활권 환경의 일부를 다시 디자인하여 여러 이용자와 이동 수단의 요구를 합리적으로 충족시켜 보행과 주행이 상호 배타적인 관계에 있지 않도록 해야 한다. 비교적 최근에 우리나라에서도 시행 중인 '차로 폭 줄이기'와 이를 통한 도로 다이어트가 이러한 적극적인 대안 모색의 한 예다.

차로 폭 줄이기

차로 폭은 말 그대로 도로 위에 있는 차선과 차선 사이의 거리다. 국토교통부령 '도로의 구조·시설 기준에 관한 규칙' 제10조를 보면 도로의 종류와 설계 속도에 따라 최소 차로의 폭을 규정하고 있다. 이를테면 지방에 있는 설계속도 80km/h 이상인 일반도로의 차로 폭은 최소 3.5m, 도시지역에 있는 속도 70km/h 미만의 일반도로 차로 폭은 최소 3.0m로 규정되어 있다. 이러한 3~3.5m라는 차로 폭은 얼마나 과학적인 근거가 있는가? 이 질문은 일견 무척 공학적인 질문처럼 보인다. 차로 폭은 안전하고 원활한 차량 주행을 보장할 수 있어야 한다. 이를 위해 빠른 속도로 차가 달리는 지역에서는 차로 폭을 좀 넉넉하게 확보하고, 비교적 속도가 느리고 도로 면적이 제한된 도심부에서는 차로 폭을 덜 넉넉하게 계획하는 편이 좋다. 하지만 차량 주행을 위한 안전 측면만 고려할 수는 없다. 여기에는 제한된 도시의 공공공간을 어떤 종류의 이동수단 이용자를 위해 만들어야 하며 이들을 위한 면적 배분이 효율적이고 공정한가라는 매우 철학적인 문제도 포함되어 있다. 차로 폭을 좀 더 유연하게 운영해도 안전에 문제가 없으며 이미 일본을 비롯한 해외에서 더 좁은 폭의 차로를 활용함으로써 도시공간의 이용 효과를 높이고 있다는 의견이 최근 우리나라에서도 공유되었다. 이에 따라 2008년 12월 앞의 규칙을 개정해 도시지역에 있는 저속도로(40km/h 이하)에 대해 차로 최소폭을 2.75m까지 줄일 수 있게 되었다. 이러한 변화를 기반으로, 2016년 5월부터 서울시는 우선 10개소에 대해 '생활권 도로 다이어트'를 시행하기로 했다. 여기서는 차로 폭 축소의 효과를 살펴보기 위해 차로폭이 3.5m인 가상의 왕복 6차선 도로를 생각해보자. 여기서 총 도로 폭이란 차로의 폭, 중앙분리대, 양측 길어깨, 보도 폭을 포함한다.

(1) 총 도로 폭=3.5m×6(현재 차로의 폭 × 차로수)+2m(중앙분리대)+2m×2(양측 길어깨)+2.5m×2(보도 폭)=32m

이러한 32m 폭의 도로에서 도시지역 70km/h 미만의 기준 속도로 차로 폭을 조금 조정해보자. 차로 폭은 3.0m, 길어깨는 1.0m로 줄일 수 있다. 중앙분리대의 폭도 조금 손을 보면,

걷고 싶은 도시, 질주의 도시

(2) 조정된 총 도로 폭=3.0m×6(축소된 폭 × 차로수)+1m(축소된 중앙분리대)+1m

×2(축소된 양측 길어깨)+2.5m×2(보도 폭)=26m

　　즉, 위의 (1)에 비해 도로 폭 6m를 새로운 용도로 활용할 수 있다. 여기서 한 번 더 조정해보자. 이곳이 일상생활과 관련된 보행이 활발하게 일어나는 생활권 도로라고 가정한다면, 위의 (2)에서 차로 폭을 2.75m까지 줄일 수 있고 통과교통량이 많지 않다는 전제하에 차로도 하나 줄여보자. 그리고 기준 속도가 낮아지면 길어깨의 폭도 0.75m까지 축소할 수 있다. 그 결과 총 도로 폭은,

그림4 — 어반 무브먼트, '클라팜 구도심 가로환경 개선', 영국 클라팜, 2015. 공유가로 제안 전과 제안 후의 모습.
(출처: Urban Movement, www.urbanmovement.co.uk)

(3) 최종 조정된 총 도로 폭=2.75m×5(더 축소된 폭 × 조정된 차로수)+1m(녹지
띠)+0.75m×2(축소된 양측 길어깨)+2.5m×2(보도 폭)=21.25m

(1)에 비해 무려 10.75m 폭을 새로운 용도로 활용할 수 있게 되었고, 도로 가운데에는 작은 녹지띠도 생겼다. 이러한 도로 다이어트를 통해 과거 차로였던 공간을 자전거 도로나 넉넉한 보행자 공간으로 이용하게 되었다(그림4).

그런데 한 가지 의문이 든다. 보행자나 자전거 이용자의 공간을 확보한다는 명분과는 별개로, 차로 폭을 이렇게 줄이는 근거는 무엇일까? 다시 말해, 큰 차로 폭에 비해 작은 차로 폭이 더 유리한 측면은

걷고 싶은 도시, 질주의 도시

무엇일까? 물론 도로 특성과 운전 문화에 따라 차이는 있지만, 적어도 많은 차량과 보행자가 함께 이용하는 도심부 도로공간에서 차로 폭이 좁을 때 오히려 차량과 보행자 둘 다 더 안전하다는 주목할 만한 논의가 최근 진행되고 있다. 이를 좀 더 보수적으로 표현하면 차로 폭이 좁은 경우가 넓을 때보다 적어도 더 위험하다고 말하기는 어렵다. 이와 관련하여 미국의 도시계획가 제프 스펙Jeff Speck은 차로 폭과 사고의 빈도에 관한 여러 연구 결과를 요약하면서 "차로의 폭이 좁을 때 사고가 더 자주 일어난다는 주장은 근거가 없다"며 일축한다.[13] 스펙의 말을 좀 더 인용해 보자. "…많은 연구가 실은 넓은 차로 폭으로 인해 교통사고라는 대학살의 전염병epidemic of vehicular carnage이 야기되었음을 보여준다." 지금껏 안전성과 편리성을 고려해 차로 폭을 넉넉하게 확보했을 텐데 실은 이것이 바로 대형 사고와 인명 피해의 주범이라니, 놀랍지 아니한가? 아직 이 주장을 증명하기 위해서는 더 많은 실증적인 연구가 필요하지만, 일정 수준 이상의 교통량을 가진 도시지역에서 넓은 차로 폭의 문제는 상당 부분 사실로 확인되고 있다. 주거와 상업지역이 섞여 있는 생활권 내의 도로에서 운전 중인 상황을 한번 상상해보자. 만약 과속 단속이 이루어지지 않는다면, 운전자는 종종 법적으로 규정된 제한속도보다는 해당 차로 폭과 도로 선형, 과속방지턱 유무, 그리고 주변 차량과 보행자의 움직임과 같은 미시적인 환경에 반응하며 주행 속도를 결정하게 된다. 특히 주목할 부분이 있다. 운전자는 대체로 빠른 속도로 주행해도 여러 가지 불확실성이 낮다고 판단되는

도시에서 도시를 찾다

182

도로에서 주행 속도를 더욱 높이는 경향이 있다. 이를테면 생활권 이면도로나 단지 내 순환도로에서 주행 차로 폭이 넉넉하고 전방 시야가 잘 확보되어 있으며 난간과 보차분리석이 보행자와 자전거라는 불확실성 요소를 잘 억제한 환경이라면 대부분의 운전자는 주행 속도를 높이며 미시적인 환경에 적응하게 된다. 나를 비롯한 여러 잠재적 난폭운전자의 가슴이 뜨끔할 만한 이야기다. 이로 인해 막상 차로 폭이 넓고 보차분리가 잘 되어 있는 장소에서 오히려 사고 빈도가 높아질 수 있고 사고가 발생했을 때 그 피해 규모도 커진다. 이러한 이유로 차로 폭이 좁고 도로 선형이 어느 정도 구불거리며 여러 이용자의 도로 점유와 관련하여 어느 정도의 불확실성이 있는 생활권 도로가 그렇지 않은 도로보다 오히려 더 안전하다는 주장이 설득력을 얻고 있다.

여기까지는 공학적인 근거로 본 좁은 차로 폭의 장점에 대한 이야기다. 또 다른 측면도 있다. 공공 자원의 형평성과 이와 관련한 경제석 효율성의 논리다. 도로는 누구나 이용할 수 있고 (특수한 상황이 아니라면) 다른 사람의 이용을 배제할 수 없는 공공공간이다. 그럼에도 경제학적 정의로 보면 도로는 순수한 '공공재'로 보기는 어렵다. 여기서 공공재란 누군가가 한 번 생산하면 이를 누구든 함께 소비함으로써 모두가 혜택을 누릴 수 있는 재화다. 여기에는 '비경합성'과 '비배제성'이라는 특징이 있다. 비슷하면서도 조금 다른 이 두 개념을 한번 생각해보자. 우선 비경합성이란 한 사람의 소비가 다른 사람의 소비에 영향을 주지 않는 특성이다. 예를 들어 내가 지금 맑은 하늘을 올려다보는 행위는 다른 사람이 하늘을 볼 기회를 제한하지 않는다. 즉 맑은 하늘이라는 재화에 대해 서로 다른 주체가 경쟁을 벌이지 않는 특성이 바로 비경합성이다. 또 다른 개념인 비배제성은 생산된 재화를 특정 사람이 소비하지 못하게 막을 수 없는 특성이다. 초대받은 사람만 이용할 수 있는 외국인 전용 클럽에 비해 일반 호프집(물론 맥주 한 잔을 살 돈은 필요하지만)이 갖는 특성을 떠올리면 된다. 그런데 대부분의 도심에 있는 도로는 두 조건 중 비경합성의 조건에 위배된다. 즉, 도로공간에 대한 한 이용자의 집중적 소비—이를테면 고속주행 차량의 주요 통과도로화—가 다른 소비자인 보행자나 자전거 이용자에게 부정적인 영향을 주기 때문이다. 따라서 서로 다른 이용자가 이용 중인 도로는 공공재가 아닌, 어느 정도의 경합성을 갖는 '공유 자원'에 가깝다. 그렇다면 공유 자원으로서의 도로를 어떻게 활용할 것인가? 도로 다이어트의 논리는 지금까지 경합에서 불리한 위치에 있었던 보행자의 권리를 확대함으로써 경쟁의 저울을 조금이라도 더 공평하게 조정하자는 것이다. 이는 서로 다른 이용자 간 평등권을 실현하는 데 도움이 될 뿐만 아니라 긍정적인 경제적 파급효과도 갖는다. 예를 들어 한 지역에 통과차량이 줄어들고 대신 보행자의 수나 사회적 활동의 빈도가 늘어나면 이는 지역경제 활성화로 이어질 수 있다. 더불어 고용 밀도가 높은 도심에서 차량의 지나친 이용을 막아 매연 저감 효과와 주차 공간 절약이라는 혜택도 누릴 수 있다. 차로의 면적이 줄어드니 유지관리 비용도 적게 들고, 만약 대상지가 상습 침수지역이라면 자연식 저류 및 배수시설도 확보할 수 있다. 정리하자면 현대 도시의 도로는 이미 경합성에서 우위를 점하는 자동차에 도로 이용에 대한 독점적 권한을 주고 있다. 따라서 차로 폭 줄이기와 도로 다이어트를 통해 공유 자원을 효율화하면 결국 공공이 골고루 혜택을 볼 수 있다는 논리다(그림5).

| 그림5 | 도쿄 긴자 거리의 주말 모습 |

보행자 우선권의 허와 실

  도로 다이어트에서 더 나아가, 소위 '보행자 우선권user priorities'을 최상위 도시계획 단계에서 목표로 설정하고 이를 도시공간 전체로 확대해야 한다는 적극적인 주장도 있다. 이는 서로 다른 도로 이용자의 경합성을 솔직히 인정하고, 경합에서 소외되기 쉬운 이용자를 고려하여 우선 이용의 권리를 부여해야 한다는 적극적 계획의 의미를 담고 있다. 이는 앞에서 다룬 가해자(차량)-피해자(보행자)의 관계보다 더 복잡한 가치 판단이 요구된다. 수많은 도로 이용자 중 어디까지를 취약한 이용자나 약자로 보아야 할 것인가? 이러한 우선권은 지역마다 다르게 적용되어야 하는가, 아니면 지역적 차이를 초월하여 기계 앞에서 한없이 연약한 호모 에렉투스Homo erectus의 후손 모두에게 적용해야 할 보편적 권리인가? 보행자 우선권을 주장하는 사람들은 대체로 자전거는 보행자를, 자동차는 자전거와 보행자를, 트럭과 버스는 모든 이용자를 위협하는 일종의 피라미드형 먹이사슬 구조가 형성된다고 이야기한다. 이를테면 보행자는 자전거를 포함한 대부분의 동력 교통수단이 우위를 점하는 도로에서 취약하다고 느낀다. 그에 비해 비교적 상위 구조에 속한 트럭이나 버스는 먹이사슬에서 보면 상위 포식자에 해당한다. 이들은 자전거 운전자나 보행자, 심지어는 일반 차량에 대해서도 막강한 도로 이용 권력을 자랑하며, 역으로 보행자 때문에 버스나 트럭이 도로 이용의 기회를 박탈당하는 경우는 거의 없다. 이러한 부당한 피라미드 구조를 거꾸로 세워서 '보행자 〉자전거 〉대중교통 〉승용차 〉버스 및 화물차' 와 같은 순서로 도로 이용의 우선권을 계획적으로 부여하고, 이러한 원칙에 따라 지금의 도시공간을 바꿔 나가자는 생각이다.[14]

보행자 우선권 개념이 보행친화적 도시를 만드는 데 의미 있는 사상적 근거를 제공할 수 있지만, 적용에 있어 주의가 필요하다. 이러한 우선권에 대한 경직된 적용은 지역 맥락을 고려하지 못한 폭력적 계획일 수도 있기 때문이다. 이를테면 모든 도로에서 보행자에게 가장 높은 이용권을 부여하자는 주장은 어떤 지역에서는 각종 사회적 행태나 산업 활동의 특수성과 정면으로 충돌하는 경우도 있다. 서울시 창신동과 같이 이륜차를 기반으로 도심 산업이 잘 발달한 지역이 그 예다. 서울대학교 환경대학원의 신수경이 조사한 바에 따르면, 창신동 창신길에서는 평일 낮 기준으로 시간당 약 250~300대의 이륜차가 3,000여 개의 의류제조 관련 업체를 긴밀하게 연결하고 있다(그림6).[15] 여기서는 보행이 아닌, 화물을 쌓아 올리기 위해 몸체를 개조한 이륜차가 공장주와 가내수공업자를 연결하는 단거리 운송부터 자재 반입과 완성품 납품을 위한 장거리 운송의 중추적 역할까지 하고 있다. 창신길에서 보행자와 자전거에 도로 이용의 우선권을 부여해야 한다는 주장은 지역산업 생태계를 마비시키는 결과를 낳을 수도 있다. 그리고 창신길과 연결된 더 작은 골목에서 이른바 보도의 '유효폭', 즉 보도 전체의 폭에서 각종 가판대, 가구, 광고물, 적치된 화물의 폭을 제외한 나머지 폭은 일반 보행자의 요구에 적절하지 않은 경우도 많다. 하지만 이에 대해 신성한 보행

 그림6 창신동의 가로 환경과 이륜차의 통행 패턴. 소규모 봉제공장을 연결하는 이륜차가 원활하게 이동할 수 있도록 진입부 출입로 개선, 경사로와 차양 설치 등 건물 저층부에 다양한 변화가 이루어졌다. (출처: 신수경, 『이륜차 통행을 통해서 본 창신동의 공간적 특성 연구』, 서울대학교 환경대학원 석사논문, 2015)

도시에서 도시를 찾다

권 침해 주장을 제기하기는 어려운 상황이다. 이렇게 보면 지역 특색을 초월하는 절대적 권리로서의 보행자 우선권이 늘 바람직하다고 보기는 어렵다. 나아가 앞으로 도로공간에 대한 이용 주체는 지금보다 더 복잡하게 분화할 전망이다. 다양한 크기의 1인용 혹은 다인용 동력 및 무동력 교통수단과 함께 전동 휠체어, 전기 자전거, 접이식 차량, 소형 자율주행차도 여기에 합세할 것이다. 이렇게 여러 교통수단의 도로공간에 대한 요구에 대응하기 위해서는 지금의 도로 체계를 혁신적으로 바꾸는 하드웨어적 접근과 함께 해당 지역에 맞춤화된 보행자 우선권에 대한 공감대 형성이 절실하게 필요하다. 이렇게 보면 보행자 우선권은 하나의 고정된 법칙이라기보다는, 지역 맥락과 이동 주체의 특성에 맞는 유연한 가이드라인의 역할을 해야 한다.

보행도시 회의론

아마도 보행친화도시의 의미 자체를 부인하는 사람은 거의 없겠지만, 그럼에도 난폭한 자동차에 유린당한 보행권을 회복하자는 주장이 현실에서 종종 무기력한 구호로 끝나는 이유도 한번 생각해 보자. 물론 우리나라를 포함한 많은 도시에서 보행 환경 개선과 자전거 이용 관련 인프라에 대한 투자는 지속해서 증가할 전망이다. 그리고 몇몇 가로 환경은 지금보다 훨씬 더 보행친화적인 환경으로 탈바꿈하는 데 성공할 것이다. 그런데도 어떤 사람들은 아무리 전문가가 노력해도 시민들의 전반적인 보행 빈도나 보행 거리를 혁신적으로 증가시키기는 어려울 것이라고 말한다. 이를 '보행도시 회의론'이라 부르기로 하자. 이러한 회의론을 뒷받침하는 근거 중 하나는 현대 사회에 지독할 만큼 깊게 뿌리내린 자동차 이용에 대한 선호와 보행을 피하는 사회적 행태의 관성이다. 아마도 현대 사회에 만연한 시간 강박증과 조급함, 그리고 자동차라는 편리한 이동수단에 대한 애착도 뒤섞여 있을 것이다. 더욱이 현대 도시는 자동차를 포함한 빠른 속도의 교통수단에 최적화된 도시 구조와 교통신호 체계, 자동차와 관련한 각종 산업을 갖고 있다. 더욱이 일정한 거리를 이동하기 위해 자동차를 이용한다는 결정은 늘 절대적인 선호—이를테면 나는 어두운색보다는 하얀색으로 칠한 방을 더 선호한다—에 의해 이루어지지 않는다. 그보다는 보행을 포함한 다른 이동수단에 비해 얼마만큼 자동차 이용에 상대적 수월성이 있는가(혹은 없는가)가 더 중요하다. 이를테면 상당히 떨어진 거리를 제한된 시간 내에 이동해야 할 때 보행이나 대중교통이 차량보다 상대적 수월성이 낮다면 전자를 선택하기가 좀처럼 쉽지 않다. 그리고 지금의 도시 상황에서 자동차의 상대적 수월성을 높이는 투자에 비해 보행이나 자전거의 수월성을 높이는 계획은 훨씬 더 큰 비용과 노력을 요구한다. 한 가지 예를 들어보자. 이를테면 나는 지난 4년간 서울대 캠퍼스 안에 위치한 주택에 살면서 걸어서 출퇴근하는 특권을 누렸다. 하지만 이제 캠퍼스 밖으로 이사를 해야 한다. 고민이 시작된다. 자동차로 출퇴근 할 것인가, 아니면 자전거를 이용해 자출족으로 거듭날 것인가, 혹은 일반 학생들과 뒤섞여 기나긴 줄을 기다리며 지하철과 마을버스를 갈아탈 것인가. 절대적인 선호로 치자면 단언컨대 자동차에 의존하는 삶을 살고 싶지 않다. 하지만 왕복 2시간 정도 소요될 자전거 출퇴근은 거의 불가능에 가깝다. 절대적 시간이 문제가 아니다. 차들이 질주하는 남부순환도로를 자전거로 주행해야 하는데 이는 무척 위험하다. 더욱이 자출족이 되기로 결심할 경우 1년에 3~4달 정도는 땀에 젖은 축축한 속옷을 입고 온종일 조금씩 말리는 불쾌함을 겪어야 한다. 그렇다면 대안은 대중교통과 보행이다. 만약 이동수단 선택이 절대적 선호로 결정될 수 있다면 나는 이 대안을 주저하지 않고 선택할 것이다. 하지만 아침과 저녁 시간에 마을버스나 셔틀버스 정류장 앞에서 긴 줄을 따라 대기해야 하는 시간은 만만치 않다. 특히 오전 일찍 강의가 있거나 오후에 외부 회의가 있는 경우, 이동 시간을 예측하기 어렵다면 이는 감당하기 어렵다. 더 정확하게 표현하면 자동차를 이용하는 선택에 비해 시간 예측이 어려운 대중교통이 비교우위에 있지 않다. 유류비와 정기차량 출입 비용이 천문학적으로 올라가지 않는 한, 내가 합리적인 소비자로서 출퇴근 이동수단으로 대중교통이나 자전거 대신 자동차를 선택하지 않을 명분이 없다.

물론 큰 그림에서 보면 우리나라의 자동차 의존도는 북미 지역에 비해 훨씬 덜 심각하다. 다른 어느 도시와 비교해도 우리 도시의 지하철 및 버스의 환승 시스템은 훌륭하고, 각종 앱을 통해 이동시간 예상(비록 대기 시간에 대한 예측은 어렵지만)이 가능하다. 미국에서 이루어진 가구통행실태 조사에 따르면 이동수단으로서의 자동차 선호는 여전히 매우 압도적이다. 2009년 기준 미국인 총 통행수의 83.4%가 자동차로 이루어졌고, 걷기는 겨우 10.4%에 불과하다.[16] 즉 미국인 1인당 일정한 기간에 총 이동이 10회 이루어졌다면 그중 1회만 걷고 8회 정도가 자동차로 이루어졌다는 의미다. 우리나라는 그 정도가 훨씬 덜하다. 국내 가구통행실태 조사에 따르면 2010년 총 통행수 중 자동차의 비중이 37.2%로 나타났다. 이는 미국의 절반 이하 수준이다. 걷기는 31.6%로 통행수 기준 미국의 3배 이상이다.[17] 그럼에도 이러한 결과가 우리 도시의 매우 우수한 보행 환경을 반영한다고 말하기는 어렵다. 당장 시장에서 신선한 반찬과 우유를 사 오고자 할 때, 혹은 학원 수업이 끝난 아이를 집에 데리고 올 때, 혹은 주말에 동료들과 함께 구립운동장에서 축구를 할 때 차를 이용할 수 없다면 무척 곤혹스럽다. 직장이나 학교가 집으로부터 걸을만한 거리에 있음에도 안전하고 쾌적한 이동을 위해서는 역시 차를 타야 한다. 저녁 식사 후 술 약속이 있는 날에도 굳이 차를 두고 올 필요가 없다. 음주모임 후 전화 한 통이면 10분 안에 도착하는 대리운전 서비스가 24시간 도심 구석구석을 빈틈없이 연결하고 있기 때문이다. 게다가 점점 잦아지는 황사와 미세먼지, 산성비와 돌발 강우, 폭염과 한파, 크고 작은 강력 범죄와 길거리 추행을 고려하면 일상적인 걷기가 권장되는 시간과 공간 자체가 안타깝게도 매우 제한적이다. 물론 활발한 신체 활동은 건강을 유지하는 데 꼭 필요하다. 그래서 걷기와 뛰기,

자전거 타기는 외부가 아닌 쾌적한 실내 공간에서 해야 하며 헬스클럽에 비치된 많은 수의 싸이클을 통해 보이듯 우리나라는 이미 (실내에서) 자전거 타기 좋은 나라라고 말하는 사람도 있다.

보행과 3Ds 이론: 밀도, 다양성, 디자인

이러한 보행도시 회의론의 또 다른 측면은 환경 자체에 대한 원망이 아닌 사람에 대한 의문이다. 과연 생활권과 가로의 물리적 환경에 투자하여 지금보다 더 걷기 좋은 도시를 만들면 사람들의 이동 행태도 변할 것인가? 특히 일상생활 속에서 차량 이용이 억제되고 보행이나 자전거 이용이 더 활성화될 수 있을까? 이에 대해 도시 환경에 따라 일정 수준의 행태 변화가 가능함을 밝히는 데 많은 학문적 기여를 한 사람이 있다. UC버클리대학의 로버트 서베로 교수가 그중 한 명이다. 서베로 교수는 도시설계를 통한 사람들의 이동 행태 변화가 다음 세 가지 목표를 추구한다고 밝힌다. 첫째, 자동차 이용 빈도 줄이기, 둘째, 무동력 교통수단—이를테면 보행과 자전거—의 이용 빈도 높이기, 셋째, 자동차를 이용한 총 이동거리 감소와 차량 공유 등이 그것이다. 서베로 교수는 이와 같은 도심 내 이동 관련 행태의 변화에 대해 적어도 세 가지 도시 환경 요소(3Ds)—즉 '밀도$_{density}$', '다양성$_{diversity}$', '디자인$_{design}$'—가 의미 있는 기여를 할 수 있다고 주장한다.[18] 이를테면 적정 수준 이상의 인구 밀도나 고용 밀도를 갖는 환경이, 서로 다른 토지 이용이나 건물 용도가 다양하게 혼합된 환경이, 나아가 격자형 가로와 보도가 서로 잘 연결되어 있고 촘촘하게 구성되어 있으며 오픈스페이스와 공원이 양호하게 조성된 환경이 그렇지 않을 때에 비해 대체로 자동차 이용을 억제하고 더 많은(혹은 빈번한) 보행을 유발하는 효과가 있다는 것이다. 이러한 밀도, 다양성, 디자인과 함께 '목적지에 대한 접근성destination accessibility'과 '대중교통과의 거리distance to transit'를 추가하여 5Ds라고 일컫기도 한다. 주로 서구의 도시를 배경으로 이루어진 연구 결과이기 때문에 과연 다른 환경의 도시에서도 같은 요소를 적용할 수 있느냐는 문제가 남아 있지만, 서베로 교수는 도시 내 이동 행태와 도시 환경 특성과의 관계를 지속해서 연구하고 있다.[19] 이 중 몇 가지만을 추려서 정리하면 다음과 같다.

- 생활권 단위: 한 생활권 내에서 거주자의 총 이동거리(자동차, 자전거, 보행 포함)는 생활권 위치가 중심지일수록, 토지 이용이 다양할수록, 가로 패턴이 촘촘한 격자형에 가까울수록 더 짧게―특히 장거리 자동차 주행이 더 적게― 나타난다. 이러한 환경에서 보행과 대중교통 이용이 더 빈번하게 나타난다.
- 토지 이용 측면: 거주자의 이동수단 선택(이를테면 장을 보러 갈 때 차로 갈 것인가 아니면 보행이나 자전거로 이동할 것인가)은 대상지의 밀도, 토지 이용의 다양성, 관련 서비스 시설의 접근성이나 풍부한 정도에 따라 달라진다.

도시에서 도시를 찾다

이동수단 선택에 비해, 전체 이동 빈도는 토지 이용 특성과는 큰 관계가 없는 것으로 보인다. 더욱이 보행을 유발하는 토지 이용 특성과 대중교통 이용을 촉진하는 특성 사이에는 차이가 있다.

• 가로 환경 측면: 촘촘하게 구성된 격자형 가로 패턴과 적절한 크기의 도시 블록은 보행과 대중교통 이용의 빈도를 높이고 차량으로 이동한 거리를 줄이는 데 도움이 된다. 보다 미시적인 도시설계 요소―이를테면 개별 건축물의 매력도, 오픈스페이스의 크기와 쓰임, 향과 조망 등―가 출퇴근이나 통학 등의 주요 이동을 쾌적하게 만들 수는 있지만, 이동 빈도에 절대적인 영향을 준다고 보기는 어렵다. 이러한 통근·통학 같은 '필수적 활동'보다는 야외 활동이나 이웃과의 어울림과 같은 '선택적 활동'에 미시적 요소가 영향을 주는 것으로 보인다.

이와 같은 도시 환경과 이동 행태의 관계는 도시설계가에게 반가운 이야기가 아닐 수 없다. 앞에서 이야기한 보행도시 회의론의 엄습에도 불구하고, 도시를 잘 디자인하면 긍정적인 이동 행태 변화를 기대할 수 있다는 의미를 담고 있기 때문이다. 그럼에도 서베로 교수의 연구 결과와는 조금 다른 결론을 시사하는 연구도 있다. 이를테면 하버드대학 앤 포사이스 교수는 미국 미네소타의 서로 다른 주거단지에 사는 715명을 대상으로 보행 행태 조사와 휴대용 가속도계 장착 실험을 진행했다. 그 결과 서베로 교수의 주장과는 달리 얼마나 높은 밀도에 거주하는가와 얼마나 많이 혹은 자주 걷느냐는 두 변수 사이에서 의미 있는 상관관계를 찾지 못했다. 이는 서베로 교수의 3Ds 중 '밀도'가 거주민들의 보행 행태 차이를 설명하는 데 유의미한 요소가 아닐 수도 있음을 보여주는 주장이기도 하다. 그러나 이러한 차이는 대상지의 기능적 차이에서 비롯된 것으로 보인다. 젊고 활동적인 주간 인구가 많은 도심 업무지구에 비해 포사이스 교수가 탐구한 지역은 이미 자동차 접근을 전제로 조성된 미국 교외의 주거지역이기 때문이다. 이러한 환경에서는 이미 고착화된 이동 행태로 인해 도시설계를 통해 보행 행태의 변화를 꾀하기 어려울 수 있음을 시사한다. 보다 최근에 포사이스 교수는 유사한 도시 환경에 있는 사람이라도 지역적 차이뿐만 아니라 개인적 특수성에 따라 서로 다른 보행 행태를 나타낸다는 흥미로운 연구를 발표했다. 예를 들어 건강에 이상 징후가 발견된 사람이거나 무직자 혹은 퇴직자가 그렇지 않은 사람에 비해 보행을 유발한다고 알려진 환경 요소에 더 민감하게 반응한다는 것이다. 더욱이 특정 도시 환경이 사람들을 걷도록 유도한다기보다는 보행을 선호하는 사람들이 걷기 좋은 도시 환경을 능동적으로 선택한다는 '선호선택self-selection' 문제도 함께 고려해야 한다.[20] 오늘날에도 환경과 행태에 대해 많은 연구가 수행되고 있는 만큼, 걷기 좋은 환경이 무엇이며 사람의 이동 행태에 변화를 가져오기 위해서는 무엇이 필요한가에 대해 답하기 위해서는 아직 시간이 더 필요할 것으로 보인다.

보차분리의 딜레마

　보행은 직립과 함께 시작된 인류의 가장 오래된 신체 활동 중 하나일 것이다. 하지만 그 오랜 역사에도 불구하고 보행은 20세기에 굴욕적인 사건을 겪게 된다. 적어도 국내에서 보행은 인간의 여러 활동 가운데 인간의 안녕과 건강을 위협하는 가장 위험한 행위 중 하나가 되고 말았다. 한국은 다른 나라에 비해 전체 교통사고 사망자 가운데 보행 중 일어난 사망자의 비율이 매우 높은 나라다. 단위 인구당 보행 중 사망자 수는 OECD 평균의 3배에 이른다. 서울연구원의 조사에 따르면 특히 강남, 종로, 신촌, 홍대, 영등포역 일대 등 유동 인구가 많은 지역에서 대인 교통사고가 빈번하게 발생하며 이 지역에서는 사상자와 함께 관련 사망자 수의 비율도 높게 나타난다.[21] 이렇게 보행과 사망 사고의 관련성이 높을수록 다시금 잠잠해 있던 보행도시 회의론이 불쑥 고개를 들게 된다. '그것 봐, 아무리 보행친화도시가 정책적 목표라고 떠들어봤자 정작 보행자가 치명적인 사고에 빈번하게 노출되는 사회에서 과연 누가 걷고자 할까?' 어디부터 손을 대야 할지 난감하다. 이렇게 안전한 보행과 쾌적한 주행이 서로 충돌할 때 가장 직관적인 해법이 있다. 보행자 공간과 차량 이동 통로를 철저하게 분리하는 것이다. 얼마나 명쾌한가? 만나면 자꾸 충돌하는 두 주체는 서로 안 만나면 그만이다. 이러한 생각에 따라 보도와 차도를 분리한 도로를 일컬어 '보차분리도로'라고 부른다. 국내 건설교통부에서 제정한 2011년 '보도 설치 및 관리지침'에 따르면 차도와 분리된 보도를 설치하는 원칙은 하루 평균 보행자 수가 150명 이상이고 동시에 교통량이 2,000대 이상인 경우다. 즉 비교적 많은 수의 보행자와 차량이 교차하는 도로의 경우 보차분리가 원칙으로 되어 있다. 이때 보도를 차도로부터 최대한 이격해야 하며 녹지, 식수대, 연석 등을 활용해 명확하게 분리해야 한다. 나아가 방호 울타리나 자동차 진입 억제용 말뚝, 강렬한 색의 도로 포장, 안전 표지판을 활용할 수도 있다.

이러한 보차분리는 언뜻 보면 보행자를 보호하는 가장 확실한 안전장치로 보인다. 하지만 그 이면에는 매우 부정적인 측면도 있다. 앞서 차로 폭 줄이기에서 이야기했지만, 보차분리 원칙은 결국 보행자를 도로의 한쪽 모서리를 따라 격리하자는 것이다. 빠른 속도로 주행하는 자동차 입장에서 보면 무단 횡단자나 어린이 등 불특정 다수가 도로를 침범하는 불확실한 상황이 최소화된다.[22] 그리고 운전자는 이런 낮은 수준의 불확실성에 금방 적응하여 주행 속도를 점점 높이게 된다. 이는 결국 도로에서 빠르게 주행할 독점적 권리를 보장받는 것이나 다름없다. 앞에서 이야기 한 도로 이용자 피라미드의 아래쪽에 위치한 보행자를 보호하자는 원칙이 아이러니하게도 상위 포식자에게 무한한 자유와 권리를 부여하는 셈이다. 미국 MIT대학의 애론 벤 조셉 교수에 따르면 이와 같은 문제를 내포하고 있는 보편적 보차분리 원칙에서 탈피하여, 보차혼용의 의의와 가능성을 처음 구체적인 계획안으로 제시한 사람은 영국의 도시계획가 콜린 부차난이다.[23] 1963년 출판된 보고서 『도시에서의 교통Traffic in Towns』에서 부차난은 교통량의 관점에서만이 아니라 보행자나 각종 교통수단 이용자에게 도로가 매력적이어야 한다고 주장했다. 그리고 도시의 도로공간을 '도시의 방urban rooms'이라는 멋진 이름으로 불렀다. 비록 차량과 보행자가 편안하게 서로 섞일 수 있는 도시의 방을 영국에서 처음 실현하지는 못했지만, 이후 보차공존도로는 네덜란드 델프트에서 '보네프Woonerf'라는 이름으로 실험되기 시작한다. 보차공존도로는 영국에서는 '홈 존Home zone' 혹은 더 일반적으로는 '공유가로Shared street'라고 부르기도 한다. 보네프나 공유가로에 담긴 보차공존의 원칙은 도로 이용자 간 이용의 경계와 일방적인 독점성을 낮추기 위해 이용의 불확실성을 높이자는 것이다. 앞의 보차분리 원칙을 뒤집는 발상의 전환이다. 이를 통해 서로 다른 속도로 이동하는 이용자, 특히 차량 운전자가 해당 공간에 진입했을 때 자연스럽게 도로 이용의 불확실성을 인지하고 적정 수준의 경각심을 갖게 하는 게 핵심이다. 과거 보차분리를 통해 오히려 도로에서 자동차의 독점적 지위를 허락하게 되었다면, 보도와 차도가 느슨한 경계를 공유하며 연속적인 환경에 놓임에 따라 다양한 사회적 활동이 차량 주행과 함께 일어나게 된다. 이를 통해 각종 경고 표지판 없이도 운전자의 자발적인 속도 감소를 유도할 수 있고, 덤으로 많은 차량이 지나다니지 않을 때는 확장된 도시의 방에서 커뮤니티 형성과 보행자들 간의 사회적 교류도 기대할 수 있다.

무인 자동차와 하이브리드 대중교통

이러한 공유가로 시행의 가장 큰 의의는 적정 수준의 불확실성 속에서 보행자와 자동차의 안전한 공존 가능성을 실제 도시 환경에서 확인할 수 있다는 측면이다. 가까운 미래에 이러한 공존에 대한 실험이 어떻게 우리의 도시를 바꿀지 자못 흥미롭다. 나아가 이동수단 관련 기술의 진보도 주목할 만하다. 최근 활발하게 개발 중인 자율주행 자동차나 여러 가지 개인용 교통수단이 앞으로의 도시 변화를 이끌 원동력이 될 것이다. 독일의 자동차회사 아우디가 주최한 2014 미래 도시 공모전 Audi Urban Future Award 2014에서 수상작으로 선정된 안에서 이를 엿볼 수 있다(그림7). 최근 보행과 자전거의 가치에 대한 재발견에도 불구하고 여전히 하나의 출발지에서 목적지까지 환승 없이 연결되는 개인용 이동수단의 매력은 부정하기 어렵다. 이러한 개인적 이동 편리성에 대한 요구와 함께 사회적으로 본 대중교통의 효율성을 결합한 새로운 1인용 이동수단을 '플라이 휠Fly wheels'이라 이름 붙였다. 이는 부피가 최소화된 개인용 이동수단이자 개별 유닛이 서로 결합하면 그 자체가 대중교통수단이 될 수 있는 기기다. 더욱이 결합된 플라이 휠은 버스나 비행기 안에 탑재됨으로써 다른 더 큰 교통수단의 일부가 될 수도 있다. 각 플라이 휠은 마치 고층 빌딩에서 알고리즘에 의해 층별 엘리베이터 운행이 최적화되는 것처럼 서로 신호를 주고받으며 목적지까지의 이동 경로와 속도, 그리고 다른 유닛과의 접속 여부를 자동 조절한다. 더욱이 같

아우디가 주최한 2014 미래도시 공모전에서 수상작에 오른 베를린 팀(Max Schwitalla, Paul Friedli, Arndt Pechstein)의 작품 (출처: Audi Urban Future Initiative, http://audi-urban-future-initiative.com)

걷고 싶은 도시, 질주의 도시

은 목적지를 향해 이동하는 사람들이 탑승한 플라이 휠은 서로 가까이 달리도록 프로그램화되어 있다. 이로 인해 타고 내릴 때 이용자들 사이에서 사회적 교류를 하게 될 가능성도 크다. 아직 상상과 같은 이야기지만, 이동성에 대한 다양한 실험은 이미 우리의 삶 구석구석에 스며들어 있다. 오늘부터라도 한번 실행에 옮겨보는 것은 어떨까? 버스로 집이나 학교를 오갈 때 한 정거장 미리 내려서 목적지까지 걸어가 보시라. 대단히 새로운 실험은 아니지만, 뜻밖에 도시공간의 매력을 만끽하는 멋진 하루가 될 수도 있다.

'걷고 싶은 도시, 질주의 도시'로 본 좋은 도시

❶ 도심부에서 차량 이용을 억제하고 보행권을 확대하는 추세는 앞으로도 계속될 것이다. 하지만 여러 도로 이용자 중 누구에게 우선권을 부여하고, 차로 폭 줄이기라는 도시설계 기법을 통해 어떤 이용자에게 혜택을 줄 것인가에 대한 고민이 필요하다.

❷ 좋은 도시는 도로에서 적정 수준의 불확실성과 운전자의 자발적인 경계가 일정 수준 있는 도시다. 이를 위해 차로, 가로, 횡단보도, 사거리와 함께 보차분리(혹은 혼용) 원칙이 섬세하게 디자인되어야 한다.

❸ 도시 환경의 밀도, 다양성, 디자인(3Ds)에 따라 일정 수준의 보행 활동 촉진과 차량 이용 억제 효과를 기대할 수 있다. 하지만 미시적인 환경에 대한 민감도는 지역 특성과 커뮤니티 성격에 따라 큰 차이를 보인다.

도시에서 도시를 찾다

1 _ 이 조사는 레드핀(Redfin)이라는 시애틀의 부동산 회사에서 실시했고 여러 뉴스에서 이 결과를 인용했다. 출처는 다음을 참조. https://www.redfin.com/blog/2015/04/walk-score-ranks-the-most-walkable-cities-of-2015.html

2 _ 위의 사례에 대해서는 『환경과조경』 2015년 4월호 특집 '자전거 타고 싶은 도시'와 다음 웹사이트를 참조. http://www.citylab.com/commute/2015/05/san-francisco-wants-to-lower-bike-injuries-by-raising-bike-lanes/392492/

3 _ Peter D. Norton, *Fighting traffic: the dawn of the motor age in the American city*, MIT Press, 2008.

4 _ Peter D. Norton, "Street rivals: Jaywalking and the invention of the motor age street", *Technology and Culture* 48(2), 2007, pp.331~359.

5 _ 네이버 뉴스 라이브러리에서 기사 원문을 검색할 수 있다. http://newslibrary.naver.com/

6 _ 당시 자동차 사고에 대해서는 다음을 참고. "일제시대 자동차사고의 천태만상 한국 교통사고 변천사 재미있는 자동차 이야기", 『자동차생활』, 2001. 10. 9. http://www.carlife.net/

7 _ John Hertz quoted in "Agree on code of sane speed for speedy U.S.", Chicago Tribune, 1926. 3. 25. ; 앞의 Peter D. Norton(2007)에서 재인용.

8 _ Lewis Mumford, *The city in history*, Secker & Warbur, 1961, pp.507~508.

9 _ 강병기, "걷고 싶은 도시를 갈망함", 『Urban Review』 9, 2005, p.2.

10 _ '보행삼불'이라는 용어를 누가 처음 썼는지는 알려져 있지 않지만, 적어도 1980년대 후반에 동아일보 등의 신문기사나 전문가의 인터뷰에 등장하기 시작했다.

11 _ 프루인의 보행자 인체타원에 대해서는 다음을 참조. John J. Fruin, *Pedestrian planning and design*, Metropolitan Association of Urban Designers and Environmental Planners, 1971.

12 _ 박소현·최이명·서한림, 『동네 걷기, 동네 계획』, 공간서가, 2015, pp.132~135.

13 _ Jeff Speck, "Why 12-foot traffic lanes are disastrous for safety and must be replaced now", *Citylab*, 2014. 10. 6.

14 _ 이러한 우선순위를 도시·교통계획에 반영한 사례로 다음을 참고. Department of Transport, Tourism and Sport, Ireland, *Design manual for urban roads and streets*, 2013, p. 28.

15 _ 신수경,『이륜차 통행을 통해서 본 창신동의 공간적 특성 연구』, 서울대학교 환경대학원 석사논문, 2015.

16 _ 미국교통국(U.S. Department of Transportation)의 2009 가구통행실태조사 참조. http://nhts. ornl.gov/2009/pub/stt.pdf

17 _ 한국 국가교통데이터베이스의 2010년 가구통행실태조사 참조. http://www.ktdb.go.kr/web/guest/125

18 _ Robert Cervero and Kara Kockelman, "Travel demand and the 3Ds: density, diversity, and design", *Transportation Research Part D: Transport and Environment* 2(3), 1997, pp.199~219.

19 _ 주요 연구는 다음을 참조. Reid Ewing and Robert Cervero, "Travel and the built environment: a synthesis", *Transportation Research Record* 1780, 2001, pp.87~114. ; Reid Ewing and Robert Cervero, "Travel and the built environment: a meta-analysis", *Journal of the American Planning Association* 76(3), 2010, pp.265~294.

20 _ 선호선택의 의미와 개념이 보행에 대해 시사하는 바는 다음의 연구 참조. Susan Handy et al., "Self-selection in the relationship between the built environment and walking: empirical evidence from Northern California", *Journal of the American Planning Association* 72(1), 2006, pp.55~74.

21 _ 다음을 참고. 서울연구원 인포그래픽스 제16호 및 제20호, https://www.si.re.kr/node/45495; https://www.si.re.kr/node/45499

22 _ 보행자전용도로, 보차분리도로, 보차혼용도로, 보차공존도로의 특성과 장단점에 대해서는 다음을 참조. 오성훈·남궁지희,『보행도시』, 건축도시공간연구소, 2011, pp.30~36.

23 _ Eran Ben-Joseph, "Changing the residential street scene: adapting the shared street (Woonerf) concept to the suburban environment", *Journal of the American Planning Association*, 61(4), 1995, pp.504~515.

chapter 6

다양성의 도시,

단조로움의 도시

정의롭고 다양성 높은 도시란 무엇인가?

다양성은 계획될 수 있을까?

소득계층 혼합은 정말 우리 사회를 더 풍요롭게 만들까?

"잘 얽혀있고 용도가 세분화된 다양성의 도시가 좋은 도시다."
– Jane Jacobs, 1961

"정의로운 도시는 공공의 투자와 개발 규제가 이미 부유한 사람에게 독점적인 혜택을 주는 것이 아니라, 개발 결과가 공정하게 널리 공유되는 도시다."
– Susan Fainstein, 2010

단일한 생각에 대한 추구는 인류 역사에서 불행한 결과를 가져왔습니다. 지난 세기에 우리는 단일성에 기초한 독재 체제가 결국 수많은 사람을 죽음으로 몰아넣음을 목격했습니다.

- 교황 프란치스코, 2014년 4월 10일 강론[1]

다양성의 도시, 단조로움의 도시

눈을 감고 한번 떠올려보자. 지난 몇 년간 경험했던 도시 중에서 '다양성의 삼각'을 가장 풍부하게 남고 있는 곳은 어디일까? 우리는 경험을 통해 한 도시의 다양성 여부를 직관적으로 느낄 수 있다. 도시의 외관에서부터 도시에서 만날 수 있는 여러 사람, 나아가 해당 도시에서 경험할 수 있는 음식, 패션, 문화, 음악에 이르기까지 여러 요소가 도시 다양성과 관련되어 있다. 최근 뉴욕을 다녀온 사람이라면 테피스트리처럼 촘촘하게 짜인 맨해튼 도시 블록의 가로 환경을 떠올릴 수도 있고, 어떤 이는 신사동 가로수길에서 만난 각양각색의 사람들과 그들의 자유분방함을 상상하고 있을지도 모른다. 자, 그렇다면 두 번째 질문으로 넘어가 보자. 해당 가로에서 경험한 '무엇'이 그토록 다양하다고 느꼈는가? 이러한 다양성은 중요한가? 나아가 이러한 다양성은 의도적으로 계획된 다양성인가, 아니면 시간에 따라 여러 행위자들에 의해 자연스럽게 형성되었다가 사라지는 다양성의 그림자인가?

도시에서 다양성이란 한 지역 내에 서로 다른 성격의 건축물과 시설, 가로 환경, 용도와 사람, 제공되는 서비스나 지역 문화가 그 고유성을 비교적 온전하게 유지한 채 뒤섞여 있는 특질이다. 다양성의 모습은 이에 반대되는 개념인 단조로움, 지루함, 몰개성이 지배하는 도시를 떠올리면 쉽게 이해가 된다. 하지만 도시의 외관이나 직관적인 인상에 의해서만 도시 다양성을 판단해서는 안 된다. 도시를 구성하는 여러 환경에 대한 물리적 경험의 차원과 함께 그 사회를 구성하고 있는 사람들, 그리고 사회 전반에 퍼져 있는 차이에 대한 관용이나 다름에 대한 상호 존중의 문화, 나아가 지역 사회와 학교의 의사결정 과정에서 서로 다른 목소리가 서로 어우러지는 방식까지도 여기에 포함된다(그림1). 이렇게 보면 도시 다양성은 이해하기 쉬운 개념은 아니다. 물리적 형태나 분위기 뿐만 아니라, 다양성의 문화가 형성되어 한 지역에 자리 잡게 된 과정과 이러한 문화를 지역 사회의 어느 부분까지 공유하고 있는가도 총체적인 도시 다양성을 구성하고 있기 때문이다. 게다가 다양성의 형성 과정에는 상호 모순적인 측면도 존재한다. 이를테면 단일한 생각을 맹목적으로 추구하지 않고 차이를 존중하는 문화가 한 사회의 다양성을 유지하는 데 물론 중요하지만, 커뮤니티마다 지금의 지역색이나 고유성을 형성하는 과정에서 상당 기간 외부로부터의 영향에 대해 배타적인 태도—즉 수용하기 어려운 문화적 차이를 배제해 나갔고—를 보였기 때문에 더욱 지역색이 뚜렷해진 경우도 있기 때문이다. 이렇게 보면 높은 수준의 다양성이라는 현상에 대해 한 커뮤니티가 그러한 다양성을 늘 의도적으로 추구한 결과라고 단정 짓기는 어렵다.

의도적이든 아니든 현대 도시는 수많은 다양성의 유전자가 녹아들어 있는 거대한 다양성의 저장고다. 이 중 일부는 도시공간 속에 발현되어 있어 물리적으로 경험할 수 있지만, 나머지는 아직 잠재된 채로 남아 있다가 특정한 계기나 사건을 통해 발현되기도 한다. 우리는 이렇게 겉으로 드러나는 혹은 문화 속에 잠재된 다양성이 꼭 필요하다고 생각한다. 그리고 도시계획과 커뮤니티 디자인을 통해 높은 수준의 다양성을 추구해야 한다고 믿는다. 하지만 다양성에 대한 추구가 늘 널리 환영받는 것은 아니다. 우리는 때로 받아들이기 어려운 차이에 지속해서 노출되면 많은 피로감을 느낀다. 높은 수준의 다양성과 예측하기 어려운 차이의 문화는 우리를 불편하게 만들기 때문이다. 작게

그림1 도시 다양성에 대한 물리적·사회적 경험은 도시 구석구석을 특별한 장소로 기억하게 한다. (출처: Boston Redevelopment Authority, *A branding & identity strategy for downtown crossing*, Boston, 2008.)

다양성의 도시, 단조로움의 도시

보면 한 지역에 낯선 사람이 왔을 때 원주민들이 텃세를 부린다거나 이들을 받아들이지 않고 커뮤니티를 폐쇄적으로 유지하고자 하는 관성이 이러한 동기에서 비롯된다. 미국의 사회심리학자인 고든 올포트 Gordon Allport 등이 제시한 '접촉가설Contact hypothesis'과는 달리, 이해관계가 다른 사람을 모아 놓고 억지로 소통과 협업을 강요할 때 오히려 상호 편견과 갈등의 골이 더 깊어지는 경우도 있다. 다시 앞의 질문으로 돌아가 실제 도시공간에서 다양성의 감각을 일으키는 요소가 무엇인지 좀 더 따져보자.

다양성의 세 가지 요소

도시이론가들은 도시의 물리적 환경, 사회적 특성, 그리고 제공되는 서비스나 재화를 다양성을 구성하는 주요 3요소로 본다.[2] 각 요소를 좀 더 살펴보도록 하자. 우선 물리적 환경으로는 가로의 입면을 덮고 있는 간판이나 건축물 크기, 건축 유형과 용도, 주거 형식, 지어진 시기나 양식, 외장재의 특성을 비롯해 가로의 물리적 폭과 연속성, 필지 크기의 균질성과 도시 블록의 크기, 외부 공간의 쓰임이나 식재 특성 등이 도시에서의 다양성과 단조로움의 감각을 만드는 데 기여한다. 이러한 물리적 환경의 경험은 즉각적으로 다양성의 감각으로 연결되기도 하고, 보다 장기적으로 다양성의 분위기를 좋아하는 사람들이 해당 지역에서 거주나 소비 활동을 하게끔 방아쇠 역할을 수행하기도 한다. 흥미로운 점은 오랜 시간에 걸쳐 한 지역이 변화를 겪는 과정에서 여러 물리적 요소가 서로 다른 수준의 다양성을 나타낼 수 있다는 측면이다. 이를테면 한 지역에 서로 다른 크기의 블록과 필지가 다양하게 혼합된 경우에도 시간이 지남에 따라 그 위에 만들어진 건축물은 상당히 획일적으로 나타나는 경우도 있다. 이렇게 서로 다른 수준의 물리적 다양성이 공존하는 경우에는 어떤 요소를 기준으로 해당 지역의 다양성을 판단하는가에 대한 고민이 필요하다. 그리고 상업시설이 밀집한 지역에서 다채로운 활동이 나타나고 그 결과로 높은 수준의 사회적 다양성을 관찰할 수 있는 경우도 있지만, 늘 그런 것만은 아니다. 이를테면 같은 홍대입구 지역이지만 도시 블록 전체에 유사한 종류의 소비 관련 시설이 들어선 서교동의 한 골목보다 기존 단독주택지 환경이 유지된 채 골목 구석구석에 게스트하우스, 공방, 제과점, 이자카야가 흩뿌려지고 있는 연남동 골목에서 더 풍부한 다양성을 느낄 수도 있다.[3] 물리적 환경 자체가 다양한가 아닌가에서 더 나아가, 어떤 물리적 환경에서 풍부한 시간의 감각을 느낄 수 있는가도 다양성 경험에 중요한 요소다. 내가 사는 집은 관악산의 북사면에 위치하여 멀리 남부순환로를 내려다볼 수 있다. 지금 이 글을 쓰고 있는 시간인 초가을 저녁 무렵이 되면 북사면 계곡을 따라 서늘한 국지풍이 산자락에서 도심부로 흘러가는 것이 느껴진다. 이때가 발코니 문을 활짝 열어두고 방에서 책을 읽거나 글을 쓰기 딱 좋은 시간이다. 서늘하고 비교적 습도도 높은 관악산의 산풍이 발가락 끝을 살랑살랑 자극하기 때문이다. 더욱이 이러한 산풍은 자동차 배기가스를 잔뜩 머금은 덥고 건조한 남부순환로 주변의 공기를 북쪽으로 멀리 밀어낸다.

다양성의 감각을 만드는 또 다른 요소는 사회적 특성, 즉 개인과 커뮤니티가 나타내는 사회적 행태와 문화 그 자체다. 사람은 도시 문화의 소비자이자 생산자이기도 하다. 그리고 이들이 한 지역 내에서 나타내는 문화적, 사회적, 경제적 스펙트럼은 해당 지역의 다양성에 지대한 영향을 준다. 예를 들어 거주자의 소득 수준이나 직업군, 보행자의 연령대나 인종, 커뮤니티가 주로 사용하는 언어나 외부 공간에 대한 선호가 다채로운 지역에서 그렇지 않은 지역보다 높은 수준의 사회적 다양성을 발견할 수 있다(그림2). 이러한 사회적 다양성은 여러 서로 다른 차원에서 도시 경험으로 발현된다. 사람들 사이에서 대화나 가벼운 운동을 통해 사회적 교류가 나타나기도 하고, 이러한 직접적인 교류는 없지만 나와 다른 특성을 나타내는 사람과의 마주침이나 짧은 응시만으로도 도시공간이 활기차게 느껴질 수 있다.[4] 이러한 사회적 다양성의 발현은 앞에서 이야기한 물리적 환경과도 밀접한 관계가 있다. 한 예로 특수한 물리적 환경이 한 지역에서 사회적 다양성의 큰 변화를 촉발하는 경우가 있다. 이를테면 서울시 강서구 화곡동은 많은 수의 다세대·다가구 주택에 다양한 특성의 가구가 거주하던 주거지다. 그런데 2009년 민간이 공급하는 소형 평형주택을 늘려나가고자 정부에서는 '도시형 생활주택' 정책을 도입했고, 화곡동에는 이러한 주택 유형이 매우 빠른 속도로 들어서게 되었다. 예를 들어 2014년 한 해 동안 인허가 건수 기준으로 서울시에 지어진 총 도시형 생활주택의 무려 9.1%에 해당하는

1,718세대가 화곡동에 들어서게 된다.[5] 이로 인해 화곡동에서는 20~30세대의 1·2인 가구, 특히 젊은 직장인 부부, 전문직에 종사하는 1인 가구, 취업 준비생의 비율이 갑작스럽게 늘어났으며, 이는 해당 지역 커뮤니티의 직업군이나 연령대, 주택 소유 여부 등의 사회적 다양성에 큰 변화를 가져오게 되었다.

이와 같은 도시의 물리적·사회적 특성은 한 지역에서 생산되거나 소비되는 서비스나 상품의 종류에도 큰 영향을 주게 된다. 예를 들어 한

| 그림2 | 베트남 호이안은 약 15~19세기에 이르기까지 인도차이나 반도의 중개무역 거점도시로 중국, 일본, 인도, 네덜란드 등의 외국 문화가 지역 고유의 문화와 결합되면서 형성된 독특한 도시 환경과 커뮤니티가 잘 보존된 도시다. |

다양성의 도시, 단조로움의 도시

지역에서 맛볼 수 있는 음식의 종류, 특정 헤어스타일을 연출하는 데 요구되는 가격, 높은 수준의 숙련도가 요구되는 의료 서비스에 대한 선택의 폭이 넓은 지역이 그렇지 않은 지역에 비해 더 다양한 삶의 방식을 가능하게 하며, 역으로 사회적 다양성이 높은 지역에서 더욱 다채로운 서비스나 상품에 대한 접근이 가능한 경우가 많다. 이에 비해 물리적 환경에 대한 선택의 폭은 넓지만 일시적으로 이용 가능한 서비스는 매우 제한적인 경우도 있다. 이러한 예는 준공된 지 얼마 되지 않은 지방 신도시에서 흔히 찾아볼 수 있다. 신도시 준공 후 입주 초기에 빈번하게 제기되는 민원 중 하나가 집에서 가까운 거리에 슈퍼마켓, 병원, 약국, 유치원, 버스정류장과 같은 시설이 없다는 것이다. 이는 거주자의 입주 시기와 다양한 생활편의시설 입점 시기가 불일치하면서 발생하는 문제인데, 때로는 일정 시간이 지나면서 자연스럽게 해결되기도 하지만 어떤 경우에는 수년 이상 이러한 문제가 지속될 수도 있다.

다양성의 역설: 지역 내 다양성 vs. 지역 간 다양성

서울에서 사회적 다양성이 가장 두드러지는 지역 중 하나가 바로 이태원이다. 무슬림에게 허용된 음식을 파는 '할랄Halal 마트', 나이지리아 거리로 불리는 '이화시장길', 터키식 페이스트리와 아랍 디저트를 파는 제일기획 남측의 '살람Salam 베이커리', 그리고 서울 주둔 미군기지의 배후지이자 위락지대의 흔적인 '기지촌'과 '후커힐', 성적소수자의 공간인 '게이힐'과 '트렌스젠더바'에 이르기까지 다채로운 성격의 다국적 커뮤니티는 이태원을 다른 곳과는 다른 특별한 장소로 만든다. 그런데 이러한 특별함과 관련하여 두 가지 측면을 생각해 볼 수 있다. 하나는 이태원이라는 지역 내부에서 높은 수준의 사회적 다양성이 발견되는 측면이고, 다른 하나는 서울이라는 도시 전체를 보았을 때 이태원이라는 장소의 독특한 경험을 대체할 만한 다른 지역이 없다는 측면에서의 고유성이다. 다시 말해 도시 다양성은 한 지역 안에서 발견되는 차이의 스펙트럼과 함께, 그 지역을 같은 도시 내 다른 지역과 비교함으로써 발현되는 대체 불가능성이라는 두 가지 특질로 나누어 볼 수 있다.

이러한 구분이 흥미로운 이유는 소위 '지역 내 다양성diversity within a city'과 '지역 간 다양성diversity across cities'이 서로 다른 의미가 있기 때문이다.[6] 지역 내 다양성이 높은 곳에서는 한 지역 내부에서 다채로운 다양성의 요소가 발견된다. 이를테면 임대가가 천문학적으로 높은 고급 패션매장과 저렴하고 허름한 다수의 액세서리 가게가 바로 옆에 공존하는 지역이나 대형 평형대 자가 소유의 아파트와 소형 임대주택이 같은 단지 안에 뒤섞여 있는 지역이 그러한 예다. 반면 지역 간 다양성의 관점에서는 하나의 지역이 나타내는 특성을 더 큰 지역이나 도시 영역 속에서 바라본다. 여기서 높은 수준의 다양성이란 그 지역 자체에 내재한 다양성의 정도가 아니라 다른 지역으로 대체할 수 없는 고유성을 가진 지역이 더 큰 지역 내에 얼마나 존재하느냐는 상대적인 차이로 설

다양성의 도시, 단조로움의 도시

명된다. 이를테면 노르웨이의 수도 오슬로에서는 2019년까지 도심부를 개인 소유 차량이 없는 도시car-free city로 전환하고자 한다. 이러한 차 없는 도시 정책이 실현되면 오슬로 도심부는 보행이나 무동력 교통, 그리고 대중교통만으로 일상생활을 영위할 수 있는 독특한 생활권이 될 것이다. 이러한 고유성은 지역 간 다양성의 관점, 즉 통근 측면에서 자동차나 자전거에 많이 의존하는 다른 도시와 비교할 때 보다 뚜렷해진다. 하지만 이러한 정책이 앞으로 널리 퍼져 유럽의 인구 50만 이상인 모든 도시에 적용된다고 가정해보자. 이제 유럽의 잘 알려진 도심부에서는 개인용 차량을 찾아보기 어렵게 된다. 이렇게 되면 도시 간 다양성의 관점에서 유럽 도시의 다양성은 오히려 낮아지게 된다. 어느 도시에 가도 비슷한 정책이 시행 중이고 이에 따른 도시 경관의 변화도 유사하게 진행되기 때문이다.

이러한 생각을 좀 더 펼쳐보면 한 종류의 다양성을 높이려는 계획가의 시도는 다른 성격의 다양성을 낮추는 결과로 이어질 수 있다. 이를테면 다국적 외국인 커뮤니티의 정착 수요가 높은 한 지역을 가정해보자. 고민 끝에 이 지역의 정책 결정자들은 외국인을 적극적으로 받아들여 사회적 다양성을 높이기로 했다. 이를 위해 신규 정착 외국인들의 주거 비용을 일부 지원하거나 이들이 소규모 창업을 하고자 할 때 창업 컨설팅 프로그램도 운영하기로 했다. 이와 함께 이들 외국인이 좋아할 만한 가로 환경을 하나 조성하기로 했다. 이를 맡은 계획가는 적절한 사례를 찾다가, 이태원 거리 중 하나를 선택하여 거의 유사하게 복제하기로 했다. 물론 도시 맥락을 제거한 채 한 지역의 가로를 다른 곳에 복제하는 것이 가능할지 의문이지만, 어쨌든 이러한 이태원 닮은꼴 가로를 조성한 결과 나름대로 외국인들에게 좋은 반응을 얻었다. 그리고 다른 곳에 있던 외국인들이 이곳으로 이주하여 새로운 점포도 만들기 시작했다는 소문이 돈다. 하지만 하나의 명소화된 지역이 다른 곳에 복제되는 빈도가 높아질수록 그 지역의 대체 불가능성으로 말미암아 생기는 지역 간 다양성은 오히려 감소하게 된다. 이 지역에 외국인 커뮤니티가 성공적으로 정착하게 됨으로써 지역 내 다양성 향상이라는 목표는 이루었지만, 여기가 이태원과 다르기 때문에 가질 수 있었던 고유성과 대체 불가능성은 일정 부분 상쇄된 것이다. 여기에 바로 한 지역을 특별하게 만들기 위해 다른 지역의 유사 사례를 복제하는 각종 '닮은꼴 사업'의 맹점이 있다. 도시 내 다양성을 확대하려는 노력이 도시 간 다양성을 파괴하는 결과로 이어져서는 안 된다.

도시 다양성은 중요한가?

최근 국내외 도시에서는 다양한 주거평면 도입이나 임대·분양·소형 주택의 혼합, 나아가 노인과 아이에게 친화적인 도시 만들기에 이르기까지 여러 차원의 다양성 증대 노력이 이루어지고 있다. 이를 훑어보면 현대 도시에서 다양성의 가치가 널리 인정받고 있는 듯하다. 도시 자체

다양성의 도시, 단조로움의 도시

가 제한된 면적 안에서 서로 다른 기호와 욕망, 그리고 공간에 대한 요구를 하는 개인들이 어울려 사는 곳이기 때문에 다양성에 대한 존중은 당연해 보인다. 하버드대학의 마이클 샌델 교수에 따르면 이러한 다양성 옹호 주장은 단순히 수혜자에 대한 보상이 아니라 그 자체가 사회적으로 가치 있는 목적이라는 논리다.[7] 즉 다양성 추구는 지금까지 소외당한 사회 계층을 배려하고 보상하는 차원을 넘어서 그 자체가 '공동선'을 지향하는 행위라고 보는 관점이다. 그럼에도 도시·건축·조경 실무자 입장에서 디자인을 통해 도시 다양성을 확보하는 일은 생각만큼 쉽지 않다. 이를테면 설계나 감리 과정에서 내부적 유대감과 외부인에 대한 배타성으로 똘똘 뭉친 이익 추구형 커뮤니티를 클라이언트로 상대해야 하고, 어떤 경우는 집적 경제를 바탕으로 강력한 독과점 시장을 형성하고 있는 유사한 기업을 위한 산업단지를 설계해야 하기 때문이다. 더욱이 기업이나 공공기관, 나아가 정부 입장에서도 가시적인 경제적 이익을 창출하지 못하는 도시 다양성에 막대한 비용을 투자하라는 전문가의 조언에 귀를 기울이기 어렵다. 더 넓게 보면 전문가만이 아니라 정부기관, 주민, 부동산 사업시행자 등 도시개발 관련 여러 주체 모두 스스로 높은 수준의 다양성을 만들어내기는 쉽지 않은 상황이다.

이러한 어려움에도 불구하고 도시에서의 다양성 효과, 특히 다양성의 경제적 효과를 옹호하며 전 세계적인 주목을 받은 도시이론가가 있다. 현 토론토대학의 리차드 플로리다Richard Florida 교수다. 그는 "다양성diversity과 창조성creativity은 상호작용을 통해 혁신과 경제 성장의 원동력이 된다"며 도시 다양성의 가치가 평등과 정의의 관점뿐만 아니라 경제적 효율성 측면에서도 높이 평가돼야 한다고 주장한다.[8] 플로리다 교수에 따르면 각종 문화적 차이에 열려 있는 분위기와 다양한 재능을 가진 사람들이 큰 진입 장벽 없이 일자리를 찾을 수 있는 환경이 그렇지 않은 환경에 비해 훨씬 더 혁신적인 아이디어가 만개할 가능성이 크다. 그리고 이러한 다양성과 개방성의 분위기는 소위 '창조계급creative class' 이 더욱 창조적으로 가치 생산에 몰입할 수 있게끔 하는 자양분이 된다. 이러한 생각은 플로리다 교수가 처음 떠올렸다고 보기는 어렵다. 이미 서구권에서는 1990년대에 다양성 추구가 국가나 지역경제 발전에 긍정적인 영향을 준다는 관찰이 널리 퍼져 있었다. 이를테면 1998년 미국 시애틀 시장으로 당선된 폴 셸Paul Schell은 "다양성은 우리 도시의 중심부를 더 흥미롭게 만들고 경제적 역동성을 높이는 데 필수적"이라며 높은 다양성 자체가 좋은 비즈니스 환경diversity is good business이라는 주장을 폈다.[9] 플로리다 교수나 폴 셸 전 시장을 비롯하여 다양성이 경제 성장에 기여한다는 주장은 1960년대 제인 제이콥스의 다양성에 대한 입장, 즉 다양성이 높은 도시에서 사람들 사이의 바람직한 상호교류와 협력이 더 빈번하게 일어난다는 규범적 주장과 대체로 일치하는 것처럼 보인다. 하지만 수잔 파인스타인 교수가 지적하듯, 플로리다 교수가 이야기하는 다양성 속의 창조계급은 일상생활 속 어디에서나 만날 법한 도시 남녀노소 모두를 포괄하는 제이콥스의 개념과는 다소 다르다. 2002년 출판된 저서 『창조계급의 등장The rise of the creative class』에서 플로리다 교수는 비교적 높은 교육 수준을 가진 지식산업의 엘리트를 창조 계급이라고 정의한 바 있다.[10] 그리고 이러한 사람들을 매료시키는 다양성의 분위기에 대해 '게이 지수the gay index'나 '보헤미안 지수the bohemian index' 처럼 특정 사회집단의 출현을 통해 논의했다.[11] 그에 반해 제이콥스는 용도·업종의 다양성, 잦은 교차점을 갖는 미시적인 도시 블록, 서로 다른 시기에 지어진 건축물의 아름다운 공존과 같은 물리적 환경의 다양성이 보편적인 사람들에게 일상 속에서 의미하는 바를 섬세하게 읽으며 이들 요소에 대해 '다양성의 생성기the generators of diversity'라는 근사한 이름을 지어 주었다.[12] 결국 플로리다 교수와 제이콥스는 다양성의 경제적 가치에 대해 이야기 하면서도 서로 성격이 다른 집단에 주목하고 있다.

보다 최근에 물리적 환경의 관점에서 다양성의 중요함을 역설하는 사람들은 대체로 현대 도시가 만들어지고 재생산되는 과정에서 지나치게 도시공간이 표준화되었고 그 결과 지역 특색이 사라졌음을 비판한다. 영국 UCL대학의 메튜 카모나 교수가 그중 하나다. 카모나 교수에 따르면 현대 사회에서 도시공간의 표준화와 규격화는 '관리과소'와 '관리과다' 두 가지 모두에 의해 발생된다.[13] 전자는 도시공간이 섬세하게 계획되지 않아 조성 후 버려지거나 도시민들의 활동 요구를 충족시키지 못해 방치되는 현상에 대한 비판이다. 이를 '관리과소의 공간 under-managed space'이라고 한다. 후자는 도시공간에 대한 지나친 사유화, 차별적 조닝을 통한 고립화, 그리고 한 기업의 표준화된 매뉴얼에 따라

대상지의 맥락과 관계없이 양산되는 공간이다. 이를 '관리과다의 공간 over-managed space'이라 부른다. 카모나 교수는 이 두 가지 영향력 모두를 현대 도시공간의 획일화에 기여하는 동전의 양면으로 본다. 그럼에도 카모나 교수를 비롯한 많은 도시이론가는 도시 다양성 상실에 대해 지나치게 염려하지는 않는다. 현대 도시공간이 때로는 방치되어 그 고유성을 잃거나 테마파크처럼 표준화되는 경향도 있지만, 최근 도시공간의 향유에 대한 사람들의 요구가 폭발적으로 늘어나고 있으며 과거에 보기 힘든 색다른 형태의 도시 문화가 활발하게 전개되고 있기 때문이

다양성의 도시, 단조로움의 도시

다. 더욱이 한 계획안이 국제적인 스타일의 건축물이나 표준화된 공간 모듈을 사용한다고 해서 늘 대상지의 사회·문화적 다양성을 잠식해버리는 결과로 나타나지는 않는다. 이를테면 중국 상하이 와이탄 지역에 '국제금융센터' 프로젝트 계획안을 제안한 OMA는 "서로 비슷하게 기울어진 여러 고층건물을 제안하고 있지만 …(그 안에서) 크고 작음, 지역성과 국제성, 딱딱한 구조와 부드러운 요소, 자연스러운 형태와 인공 구조물을 모두 포함함으로써 …국제적 랜드마크로 자리매김하는 동시에 상하이라는 도시의 문화적 풍요로움을 담아내고자 했다"고 안을 설명한다(그림3). 즉 다양성의 개념이 진정 차이와 다름의 가치를 포용한다면 한 지역의 다양성을 존중하는 설계안이 고리타분한 유형학적 동질성으로부터 자유롭지 못할 이유가 없다.

소득계층 혼합의 효과

보다 현실적인 커뮤니티 문제로 돌아와 다양성 이슈를 논의해보자. 사회적 다양성과 관련하여 가장 첨예한 문제 중 하나는 '서로 다른 사회·경제적 특성을 가진 사람을 의도적으로 혼합하는 정책이 과연 옳은가'라는 문제다. 현재 대부분의 자유주의 국가에서는 거주와 이전의 자유를 헌법으로 보장하고 있다. 이러한 원칙적 자유 보장에도 불구하고, 주거단지 개발 시 월 소득이 높은 가구와 그렇지 않은 가구를 하나의 커뮤니티에 거주하게끔 정부가 규제하거나 관련 디벨로퍼에게 인센티브를 제공하는 정책을 '소득계층 혼합mixed-income development' 정책이라 부른다. 이 정책은 대략 1990년대 미국을 비롯한 여러 나라의 도시개발 과정에서 널리 시행되었다. 특히 1950~1960년대 전후 미국 대도시에서 개발된 공공주택단지에 이후 빈곤층과 유색인종이 주로 거주하게 되면서 범죄, 폭력, 마약 거래 등의 사회 문제가 발생했고, 이후 슬럼화된 단지를 재개발하는 과정에서 소득계층 혼합이 본격적으로 적용되기 시작했다.[14] 이 정책의 논리는 하나의 주택단지를 개발할 때 기존 대상지에 거주하던 저소득층 가구뿐만 아니라 중산층 이상의 가구에 성공적으로 분양될 만한 주거 유형을 포함함으로써 최소한의 개발 사업성을 확보하면서도 사회적 약자에 대해서는 안전망을 제공하고, 잠재적으로 해당 단지에서 서로 다른 사회계층 간 교류와 공동체 형성을 촉진하여 일종의 상호 본보기 효과를 기대할 수 있다는 것이다. 소득계층 혼합이 저소득층 주거단지 개발에만 적용되는 것은 아니다. 이를테면 다수의 인구가 빠져나가며 쇠퇴가 진행 중인 구도심에 대해 다양한 소득계층의 가구를 유입시킴으로써 장기적으로 도심 활성화 효과도 기대할 수 있다. 소득계층 혼합을 좀 더 일반화하면 하나의 주거지역에서 사회적 다양성을 의도적으로 증가시킴으로써 더 바람직한 개발 효과를 기대할 수 있다는 생각이다. 국내에서도 가구소득에 따른 주거지역 분리 문제라든가 임대주택 계획 시 진출입 동선이나 마감재를 차별적으로 적용하는 개발에 대한 비판은 이미 널리 공감대를 얻고 있다. 조금 늦은 감이 없지 않지만, 서울시에서도 '원순씨의 희망 둥지 프로젝트'나 은평뉴타운 등에서 분양주택과 공공임대주택의 동별·층별 혼합을 시도하고 있다. 가장 최근에는 '사회적 혼합Social MIXMAX'을 주요 디자인 개념으로 제시해 성공적으로 분양된 아파트 단지도 있다. SH공사에서 발주하고 에이앤유디자인그룹에서 설계한 '천왕2지구 연지타운'이 그 예다. 여기서는 총 1,018세대에 무려 27개의 서로 다른 평면 유형을 적용했다. 이 유형을 입체적으로 혼합하여 같은 주거동 안에서도 임대 세대(면적 49~101m²)와 분양 세대(면적 84~114m²)가 공존하도록 계획했고, 여기에 복층형과 테라스하우스 형식의 주거도 통합적으로 설계했다. 이러한 소득계층 혼합과 다양한 평면 유형에 대한 실험은 앞으로 수요자가 더욱 분화될 것으로 보이는 우리의 주거 문화에 의미 있는 기여를 할 것이다.

그럼에도 이러한 소득계층 혼합이 적확하게 어떤 사회적 효과를 목표로 하는가에 대해서는 아직 논란의 여지가 있다. 우선 재개발 과정에서 공공이 개입하여 사회적 약자의 주거권을 보호하거나 시장 논리로는 공급되기 어려운 크기나 분양 형식의 주택을 가능하게 한다는 명분은 비교적 분명하고 그 설득력도 충분히 있어 보인다. 하지만 저소득층 가구가 중산층 혹은 그 이상 수준의 가구와 가까이 살면서 얻게 되는 실질적인 혜택은 무엇일까? 다시 말해 다른 조건이 같다면 저소득층 가구가 같은 단지 혹은 같은 주거동 안에서 중산층 가구와 이웃으로서 직간접적인 교류를 하는 편이 어째서 더 바람직한가? 이에 대해 미국의 계층혼합 정책 전문가 마크 조셉Mark Joseph 교수 연구진은 몇 가지 이론에 기반한 가설을 제안하고 있다.[15] 이 중 하나는 사회적 네트워크 가설이다. 이에 따르면 저소득층 가구가 중산층 가구 혹은 전문직종 거주자와 가깝게 지내면서 보다 친밀한 사회적 네트워크를 형성하게 된다. 그리고 이러한 네트워크를 통해 유용한 정보나 실생활에 도움이 되는 지식, 심지어는 자녀를 위한 좋은 학원이나 방과후학교를 찾을 때도 직간접적인 도움을 받을 수 있다는 것이다. 이는 나와 다른 경험과 지식을 가진 사람들과 자연스럽게 사회적 관계를 형성하면서 이 관계가 잠재적으로는 경제적 혜택으로 나타날 수 있다는 생각이다. 또 다른 가설은 과도한 일탈을 경계하는 성향이 강한 커뮤니티 안에서 자연스럽게 규범 일탈적 행태가 통제되고 조정될 수 있다고 보는 관점이다. 즉 앞의 사회적 네트워크 가설처럼 소득계층 결합이 가구 간 직접적인 정보 교환으로 이어지지는 않을 수도 있지만, 적어도 일정 수준의 도덕적 일탈 행위에 대해서는 커뮤니티 차원의 감시나 처벌 같은 순기능이 일어난다는 가설이다. 물론 경제적 수준이 높은 가구가 저소득층 가구보다 늘 높은 수준의 도덕적 기준을 갖고 있다고 가정하기는 어렵다(실은 그 반대의 경우가 더 많다). 그럼에도 높은 수준의 사회적 다양성을 갖는 주거단지는 동질적인 사람들이 사는 단지에 비해 도덕적 기준이나 행위 규범에 대해 더 엄격한 사람이 있음을 생각하면 어느 정도 설득력이 있어 보인다. 그럼에도 우리나라의 독특한 주거 문화 속에서 이것이 작동할 만한 가설인가에 대해서는 의문이 든다.

나아가 세 번째 가설도 있다. 서로 다른 소득계층 사이에 실질적인 교류가 설사 일어나지 않더라도, 소득 수준이 높은 가구는 사회적 영향력이나 지역 사회에서의 발언권이 큰 경우가 많다. 그리고 이들의 영향력으로 인해 결국 해당 지역에 공원이나 각종 생활편의시설, 혹은 대중교통 서비스 같은 혜택이 추가로 주어질 가능성이 높다. 이들과 같은 지역에 거주하는 사람들은 결국 이러한 추가 혜택의 수혜자가 된다. 조셉 교수 연구진의 이러한 고찰은 주로 미국 사회를 바탕으로 이루어졌기 때문에 한국 도시의 특성에 맞게 재해석되어야 한다. 우리 도시에서의 소득계층 혼합이 정말 필요한지, 필요하다면 어느 정도의 지역 단위에서 어떤 방식으로 시도해야 하는지, 나아가 기존 사회취약계층을 위한 임대전용 주거였던 곳을 어떻게 소득이나 연령 측면에서 다양성을 높여야 할지에 대한 고민이 필요하다.

도시설계와 다양성

사회·경제적 다양성 논의보다 도시설계를 통해 추구할 수 있는 공간적인 다양성에 대한 논의는 훨씬 더 제한적이다. 여기서는 한 가지 가능성만을 이야기하고 마치도록 하자. 도시공간의 다양성을 높이는 데 효과적인 방법 중 하나는 공간을 조성하는 주체, 그리고 준공 후 해당 공간을 이용하는 주체를 다변화하는 것이다. 여기서 높은 수준의 다양성이 늘 복잡한 형태로 구현될 필요는 없다. 서로 다른 주체에 의해 제안된 도시 형태가 최소한의 일관성을 유지한 상태에서 좋은 도시공간의 규범을 실현할 수 있도록 유도해야 한다. 더욱이 모든 장소에 동일한 수준의 다양성이 전제될 필요는 없다. 이를테면 보행량이 많은 가로의 교차점이나 여러 거주 기간별 주거에 대한 요구가 높은 지점에서는 높은 수준의 다양성이 요구되는 반면, 임대 오피스나 근린생활시설처럼 불특정 다수의 사용자를 대상으로 공간이 이용되어야 하는 장소에서는 오히려 표준화된 공간이 필요하다. 이러한 구분을 근거로 신도시 설계나 도심부 재개발의 큰 틀은 유지하면서도 높은 수준의 다양성이 필요한 장소에 대해 세부적인 토지이용계획과 필지 분할, 건축선 지정 등의 방법을 활용한다. 이를 통해 계획 과정에 가능한 많은 디벨로퍼, 건축가, 조경가, 잠재적 사용자가 참여할 수 있도록 한다. 이를테면 한 도시 내 단일용도 블록이나 상업지구 전체를 한 명의 건축가와 디벨로퍼가 담당하는 것이 아니라, 다양성이 요구되는 블록의 가로변을 따라 필지를 다양한 크기로 분할하고 재구성한다. 가로 환경의 기본적인 연속성과 통일성 유지를 위해 필수적인 건축선 지정, 권장 용도, 차량 진출입 허용 여부에 대해서는 총괄계획가가 틀을 만들고, 이에 따라 세부 설계를 할 때는 크고 작은 규모의 건축가, 조경가, 건설회사가 참여한다(그림4). 이를 통해 억지로 다양성을 꾸며내기보다는, 다양한 필지 조건을 창조적으로 해석하고 디자인 해법을 만들어내는 전문가의 다양성

그림4 하나의 도심재개발 대상지에 대해 다양한 방법으로 필지 분할 및 합필 방식을 제안한 예시. A: 가로로 구획된 도시 블록 전체를 한 명의 건축가와 디벨로퍼가 재개발하는 기존 방식, B: 하나의 가로를 중심으로 필지를 다시 구성하고 여러 명의 건축가와 조경가를 설계에 참여시킴, C: 주요 도로에 접한 중소규모 필지에 대해 중규모 합필 개발을 유도하고 이를 건축가에게 맡김, D: 보행이 활발하게 일어나는 가로의 교차점을 중심으로 필지를 다시 분할함으로써 주요 모서리 부분의 도시 다양성을 높이는 방식

이 자연스럽게 도시설계에 반영되도록 유도한다. 영국 글래스고우대학의 데이비드 아담스 교수는 이와 같은 생각에 기반을 두고 현대 도시의 필지를 재구성할 수 있다고 주장한다. 그리고 이를 '스마트한 필지 분할smart parcelization'이라고 표현했다.[16] 현대 도시의 물리적 형태를 규정하는 최소한의 단위가 필지인 것을 감안하면, 결국 각 필지에 요구되는 건축물의 종류나 기능만을 고려해 필지 크기나 접도 조건을 규정해서

는 안 된다. 각 필지의 개발이 완료 되었을 때, 해당 블록에서 어떻게 유쾌한 수준의 형태적 다채로움과 사회적 다양성이 형성될 수 있는가에 대한 디자이너의 성찰이 필요하다.

삼(오)포 세대 도시론

도시 다양성의 문제는 궁극적으로 한 도시에서 사는 사람들이 어떤 가치를 추구하며 이러한 가치를 어떻게 조화시킬 것인가와 밀접하게 연관되어 있다. 그리고 가치의 문제는 정의와 분배 문제와 연결되어 있다. 이를테면 소득 수준부터 각종 삶에 필요한 정보, 그리고 인맥에 이르기까지 서로 다른 출발점에서 인생이라는 마라톤을 시작한 사람들에게 어떻게 하면 지금보다 더 좋은 도시가 될 수 있을까? 특히 다양성을 추구하는 도시설계가 이러한 정의로운 도시 만들기에 어떤 도움이 될 것인가? 현대 우리 사회에서는 복지와 사회적 안전망, 공정한 분배가 가장 중요하고도 민감한 화두가 되었다. 특히 우리나라의 젊은 세대는 여러 면에서 무척 취약한 계층이기도 하다. 아마도 '삼포세대'라는 말을 기억할 것이다. 연애, 결혼, 출산 세 가지를 모두 거부하는 젊은 세대의 이야기다. 이 단어를 처음 접했을 때만 해도 나는 별로 심각하게 받아들이지 않았다. 남녀가 건강하다면 연애 대신 일을 선택하면 어떻고 또 만혼이면 어떠한가? 물론 사회 전반으로 보면 출산율 저하나 인구절벽 현상은 반드시 극복해야 할 문제이지만, 개인적인 상황이나 부부의 자율적 선택에 따라 아이를 갖는 대신 그들만의 오롯한 삶을 꿈꾸는 것이 뭐가 그리 문제란 말인가? 혹시 이러한 우려는 기성세대가 자신과는 다른 삶의 방식을 선택한 사람에게 갖는 정체 모를 불편함 아닐까? 하지만 이후 적잖게 당황할 수밖에 없었다. 삼포세대에 이어 '인간관계'와 '집'마저 포기한 오포세대를 접했을 때다. 도시에서 사회적 관계와 집이 갖는 의미는 너무도 특별하다. 나와 비슷하지만 또 다른 사람들과 어울리며 기쁨과 슬픔, 보살핌과 따스함, 신뢰와 믿음, 흥겨움과 들뜸의 감각을 만끽할 기회를 넓혀가는 것, 나아가 적정 비용을 지급하면 소박하지만 깨끗하고 아늑한 집에 거주하며 가족이나 이웃과 어울릴 수 있는 환경을 만드는 것이 도시설계의 핵심 덕목 아니었던가? 이에 대한 희망을 잃고 있는 세대에게 함께 좋은 도시를 만들자고 종용한들 무슨 의미일까?

도시에서의 삶, 특히 부모의 보호로부터 막 독립한 젊은 세대의 일상이 각박해지고 미래에 대한 불안감이 커질수록 이에 대한 처방전으로 두 가지 관점이 첨예하게 대립하게 된다. 하나는 한 사회의 경제적인 어려움은 특히 특정 사람들의 삶을 더 힘들고 비참하게 만든다는 관점이다. 출발 자체가 남들과 다르거나 아직 시장에서 다른 경쟁자와 동등하게 경합을 벌이기 어려운 이들은 자유시장 경제에서 빈곤의 대물림, 교육 기회 박탈, 건강 문제로 인한 사회적 격차를 극복하기 어려워 고착화된 불평등을 겪는다. 따라서 이들 집단에 대한 특별한 배려와 보상적 기회 제공이 필요하다. 보다 공간적인 관점에서 보면 지금의 도시가 배려와 복지라는 패러다임으로 재편되어야 한다. 예를 들면 '저소득층 주거권 보장', '다민족·다인종 사회 만들기', '저렴한 대중교통망 확충', '청년창업지원센터', '공동 육아방'에서부터 '노인 폭염쉼터' 등이 여기에 해당한다. 다른 하나는 물론 정의로운 사회도 중요하지만 지금의 도시를 더 혁신적이고 경쟁력 있게 만드는 일이 시급하다고 보는 관점이다. 여기서는 선택과 집중을 통해 '도시경쟁력 강화', '혁신도시 건설', '(전략적) 불균형성장'을 이루어 전체 파이를 키운 후, 이를 적절히 나눠 가지면 궁극적으로 모두가 잘살 수 있다고 본다. 이와 같은 분배-성장, 정의-효율성 관점의 대립은 시설 투자에 대한 정부 예산 분배부터 도시공간의 규제에 이르기까지 다양한 방식으로 우리 삶에 영향을 주고 있다.

파인스타인 교수의 '정의로운 도시론'

하지만 여전히 풀리지 않는 의문이 있다. 과연 지금의 도시공간을 조금씩 바꾸어 감으로써 더 정의로운 도시just city를 구현할 수 있을까? 다시 말해 정의로운 도시가 과연 얼마나 '공간'이나 '개발'과 관련된 문제인가? 도시설계의 결과는 결국 크고 작은 도시개발(혹은 재개발)을 통해 구현된다. 토지매입, 보상, 착공 및 준공, 분양을 포함한 도시개발 과정은

다양성의 도시, 단조로움의 도시

235

매 순간 돈의 흐름에 매우 민감하므로 심의나 인허가 규제를 통해서가 아니라면 정의나 분배 관련 이슈가 개발 방향에 결정적인 영향을 주기란 쉽지 않다. 나아가 개발사업 자체의 타당성 여부도 궁극적으로 지역경제 성장이나 일자리 창출, 도시경쟁력 강화나 브랜딩 효과를 포함한 효율성 지표에 기반하여 판단되는 경우가 많다. 물론 도시개발로 인해 토지의 잠재된 가치가 발현됨으로써 공간을 직간접적으로 소비하는 사회구성원 전체가 혜택을 볼 수 있지만, 결국 직접적인 개발 이익 대부분은 투자의 불확실성을 감수한 개인이나 집단이 누리게 된다. 더욱이 이들의 이익 추구 행위를 공익이라는 이름으로 규제하기도 쉽지 않다. 개발사업에서 정당한 이익 추구와 지나친 탐욕의 경계가 모호한 경우가 대부분이기 때문이다.

그럼에도 하버드대학에서 얼마 전 은퇴한 수잔 파인스타인Susan Fainstein 교수는 정의로움은 도시공간 자체와 이를 생산하는 과정 속에서 구체적으로 정의되고 구현되어야 할 중요한 목표라고 본다. 그는 정의로운 도시란 '공공투자와 개발 관련 정책이 이미 부유한 사람뿐만 아니라 그렇지 못한 사람들에게도 공정하게 혜택을 주는 도시'라고 정의한다.[17] 여기에서 혜택이란 개발로 인해 도시민들이 전반적으로 골고루 부유해진다는 결과론적 해석이 아니다. 도시개발 과정의 매 단계에서 어떤 목적으로 누구를 위해 이런 공간을 만드는가를 묻고, 나아가 최소한의 '민주적 참여democracy', 사회·경제적 '다양성 추구diversity', 개발 혜택에 대한 '공정한 분배equity' 원칙을 계획 과정에 새겨 넣어야 함을 의미한다. 그리고 이러한 원칙을 고려한 개발의 결과가 그렇지 않은 개발보다 정의로운 도시를 만드는 데 더 효과적으로 기여한다.

파인스타인 교수는 뉴욕 브롱스 지역에 2009년 완공된 뉴욕 양키즈 구단의 야구장Yankee Stadium을 정의롭지 못한 개발 사례로 손꼽는다(그림 5). 우리나라에서 삼성 라이온즈와 대구를, 롯데 자이언츠와 부산을 분리하여 생각하기 어려운 것처럼 양키즈와 뉴욕시는 긴밀한 관계다. 뉴욕시는 1972년 양키즈 구단의 요청에 따라 구 양키 스타디움을 민간으로부터 매입한다. 야구장이 위치한 브롱스는 뉴욕에서 남미 커뮤니티가 절대 다수를 차지하는 드문 지역이다.[18] 이와 함께 이곳은 가난과 쇠퇴의 이미지로 채색되어 있으며 뉴욕에서도 총격 사건과 방화가 가장 빈번하게 벌어지는 지역 중 하나다. 1990년대 초 양키즈 구단은 뉴욕시에 초강수를 두기로 했다. 구 야구장 시설의 낙후와 어두운 조명, 그리고 야구팬들의 안전 문제와 주차공간 부족을 언급하며 새로운 야구장 건립 대상지를 마련해주고 관련 시설에 투자를 해주지 않으면 브롱스를—더 나아가 뉴욕시를— 영영 떠나겠다고 선언한 것이다. 이에 대해 당시 뉴욕 주지사였던 마리오 쿠오모와 뉴욕시 공무원들은 긴급히 대책 마련에 고심했다.[19] 절대 뉴욕에서 양키즈를 떠나게 해서는 안 된다. 양키즈 구단과 뉴욕이라는 도시를 별개로 생각할 수는 없지 않은가. 서둘러 새로운 야구장 부지를 물색하자! 낙후된 구 양키 스타디움을 대체할 새로운 야구장을 건설하자는 주장 자체는 문제가 아니었다. 뉴욕 양키즈라는 명망 있는 구단을 브롱스에 지속적으로 유치함으로써 지역 이미지 개선을 기대할 수 있고, 나아가 다수의 야구팬과 스포츠 관련 산업 유치를 통해 지역의 경제 활력을 도모할 수도 있기 때문이다. 마침내 뉴욕시는 다른 곳이 아닌 브롱스의 구 야구장 옆에 새로운 야구장을 위한 용지를 마련해 주었고 건립 허가 결정은 2006년 시의회를 통과했다. 하지만 문제는 이 대상지가 브롱스 지역에서 보기 드문 대규모 커뮤니티 공원, 그것도 매우 활발하게 이용되는 공원이었다는 점이다. 파인스타인 교수는 이에 대해 과연 이미 세계 최고 수준의 연봉을 받고 있는 선수들과 매우 부유한 구단주를 위해 브롱스 커뮤니티의 소중한 오픈스페이스를 헌납해야만 했는가를 묻는다. 나아가 경기장 건립과 주차장 및 어메니티 시설 확보를 위해 대규모 공공자금을 투자하는 것이 옳았는지, 그리고 다수의 야구 경기 관람객—특히 값비싼 VIP

그림5 뉴욕 브롱스 지역에 지어진 양키즈 구단 야구장 (출처: http://populous.com/)

관람석을 이용할 만큼 부유한 야구팬—이 과연 브롱스라는 낙후된 지역의 변화에 얼마만큼 기여할 수 있을 것이냐는 근본적인 의문을 제기한다. 결국 2009년 건립된 호화로운 야구장 운영을 위해 입장료는 치솟았고, 브롱스 커뮤니티는 소중한 커뮤니티 공공공간과 함께 저렴하게 야구를 관람할 권리 모두를 잃고 말았다.

주민(상인)참여와 합의의 맹점

국내에서 취약계층이 집중적으로 거주하고 있는 한 지역을 떠올려 보자. 전면 철거 후 재개발을 추진하는 대신 정부에서는 이 지역의 사회 서비스 개선을 위해 많은 노력을 기울여 복지예산을 확보했다고 가정하자. 그런데 고민이 있다. 이 예산을 활용해 어린이도서관을 지을지, 공원을 추가로 만들지, 아니면 임대주택의 거주 환경을 개선할지 의견이 엇갈린다. 이에 대해 한 공무원은 주민자치를 통해 확보한 예산을 자율적으로 집행하게 하자고 제안했다. 마을 구성원 전체가 모여 여러 가지 사회 서비스 투자 관련 아이디어를 모으고 정부는 이를 실행에 옮기는 데 도움을 주는 역할을 하자는 것이다. 결국 이 생각이 받아들여졌다. 주민들은 오랜 논의 끝에 임대주택 개선을 위해 복지 예산 전부를 투자하자고 합의했다. 자, 이들은 정의로운 도시 구현을 향한 의미 있는 첫걸음을 내디딘 셈일까?

다양성의 도시, 단조로움의 도시

지역 사회 스스로가 자신의 미래를 고민하고 더불어 사는 취약한 이웃을 위해 정책 사업을 발굴하는 과정은 매우 중요하다. 파인스타인 교수가 이야기한 세 가지 원칙 중 '민주적 참여'가 바로 여기에 해당한다. 하지만 만만치 않은 문제가 있다. 커뮤니티가 합의를 통해 한 가지 사회 서비스가 결정되었다고 해서 그 결과는 늘 정당한가라는 질문이 그것이다. 내부 구성원의 합의 형성 과정은 주민 개개인의 의견을 직접 정책에 반영할 수 있는 의미 있는 과정이지만, 그럼에도 이 과정에서 내부에 있지 않은―하지만 해당 커뮤니티와 잠재적으로 관계를 갖는―다른 커뮤니티와 사람들의 의사를 배제하는 경향이 있다. 나아가 특히 차이에 대한 편견이 강한 지역일 수록 이 지역의 성장에 잠재적으로 기여할 수 있는 외부인의 유입을 억제하는 방향으로 의사소통이 이루어질 가능성이 높다. 물론 한 커뮤니티가 구성원의 이익을 적극적으로 추구하고 관련 의견을 모으는 행위 자체가 문제는 아니다. 적정 수준의 지역 우선주의는 의사결정 과정에서 민주적 참여를 유도하고 커뮤니티가 합의를 형성할 수 있는 조건이기 때문이다. 그럼에도 이러한 의사결정 과정에서 더 큰 의미에서의 '사회·경제적 다양성'이나 '공정한 분배' 가치가 늘 지켜지기 어렵다.

최근 안동시 구도심에서 이와 연관 지어 생각해 볼 만한 의미 있는 일이 있었다. 안동은 전통적으로 양반의 도시이자 2006년 스스로를 '한국 정신문화의 수도'라고 선포한 자부심 높은 도시다. 하지만 이러한 자부심도 구도심 상권의 쇠퇴를 막기는 어려웠다. 특히 안동시 남부동, 서부동, 삼산동에 산재해 있는 재래시장과 골목상권의 영업이 어려워지면서, 이를 어떻게 활성화할 것인가에 대한 고민이 1990년대에 시작되었다. 이후 차 없는 거리 조성사업 시행을 포함하여 여러 형태의 상점 환경개선사업이 시행되었지만 큰 효과를 보지 못했다. 이 가운데 재래시장 상인들의 공분을 사게 된 사건이 벌어졌다. 구도심 남측에 위치한 구 시외버스터미널 부지에 2011년 대형 유통업체인 홈플러스의 입점이 결정된 것이다. 이에 대해 인근 재래시장과 골목상권은 격렬하게 반대했다. 과거 터미널이 있던 자리에 골목상권을 위한 물류시설이나 주차장을 비롯한 소비자 편의시설이 들어와도 구도심의 소상공인과 자영업자는 살아남을 수 있을지 불투명한데, 푸른 눈의 글로벌 유통업체가 입점하게 되면 결국 구도심 상권 전체가 붕괴한다는 논리였다. 이러한 상인들의 목소리는 이내 안동 시민들의 전폭적 지지를 얻게 된다. 시민들은 상인과 한마음으로 홈플러스 입점을 반대하는 시위를 진행했다. 이러한 반발은 결국 성과를 거두게 되었다. 홈플러스의 개점은 승인하되, 대신 대형 유통업체와 골목상권이 함께 '상생계획서'를 작성했고, 홈플러스는 '상생발전기금'을 제공하는 결과로 이어졌다. 물론 터미널 부지 계획 초기부터 어떤 시설이 입점할 것인가에 대해 상인들이 참여했다면 좋았겠지만, 늦게나마 상인과 시민이 하나가 되어 시장 활성화를 위한 각종 지원과 함께 유통업체의 과도한 할인행사 자제 약속 등을 받아낼 수 있었다. 하지만 진짜 문제는 이때부터 시작되었다. 홈플러스가 출연한 상생기금을 어떻게 활용할까 고심하다가 안동 구시장상인회와 신시장상인회는 이를 상인에게 골고루 분배하기로 한 것이다. 이러한 기금 분배 방식에 대해 홈플러스 입점 전부터 상인에게 전폭적 신뢰를 보내며 시장 활성화를 지지했던 시민들은 크게 실망했다. 골목 상권 상인은 왜 대형 유통업체에게 돈을 구걸하는가? 결국 회유성 촌 지에 불과한 몇 푼의 상생기금을 뜯어내고자 반대시위를 한 것일까? 과연 상인들이 이 돈을 나눠 가지면 소비 수준과 상품에 대한 안목이 어느 때보다도 높은 안동시민의 눈높이에 맞춰 골목시장의 서비스와 제품의 다양성이 향상될 수 있을 것인가? 상인들의 노력은 대형 유통 업체와 상생을 위한 합의라는 값진 결과를 얻었지만, 결국 기금 분배를 둘러싸고 일어난 상인들의 행태는 안동 시민사회에게 깊은 실망감을 남긴 채 마무리되고 말았다. 돈으로도 살 수 없는 상권이라는 문화와 상인-시민이 맺게 된 공동체 문화에 심각한 흠집을 남긴 채 말이다.

정책의 가시성과 디자인: 메들린

"우리 도시에서 가장 아름다운 건축은 가장 가난한 지역에 있습니 다."[20] 콜롬비아에서 두 번째로 큰 도시이자 1991년 기준으로 인구 10 만 명당 381명이라는 높은 살인사건 발생률을 기록한 메들린Medellín은 최근 전 세계적인 주목을 받고 있다. 2004~2007년도에 걸쳐 시장직을 역임한 세르지오 파하르도Sergio Fajardo, 그리고 범죄와 마약에 찌든 도시

의 물리적 변화를 총감독한 건축가 알레한드로 에츠베리Alejandro Echeverri
가 그 중심에 서 있다. 1990년대부터 2000년대 초의 메들린은 정의로
운 도시와는 전혀 다른 모습이었다. 도시 전체의 주거 약 60만 채 중
77%에 최빈곤층 가구가 살고 있었으며 이 중 대부분이 무허가 불량
주택이었다.[21] 이들 가구가 겪고 있는 빈곤과 위생 문제와 더불어 코뮤
나스communas라 불리는 곳을 중심으로 마약 카르텔과 인신매매 조직이
자리 잡게 되면서 메들린은 라틴 아메리카를 넘어 전 세계에서도 가장
위험한 도시 중 하나라는 불명예를 안게 되었다.[22]

파하르도 시장과 에츠베리는 가장 심각한 사회문제를 겪고 있는 지
역에 공공 투자를 집중한다는 원칙을 세웠다. 이를 위해 이미 확보한
예산뿐만 아니라 공공인프라를 공급하는 기업인 EPMEmpresas Publicas de
Medellín의 수익 중 일부를 더하여 공공재원을 확보했다.[23] 교육, 치안, 복
지, 교통, 주거 분야 전반에 투자하되 더 나은 도시를 향한 정책적 의지
가 최고의 디자인으로 가시화될 수 있도록 다수의 프로젝트를 국내외
건축·조경가에게 의뢰했다.[24] 가장 접근성이 열악한 경사지를 점적으
로 연결하여 슬럼 거주자들의 통근 시간을 획기적으로 단축한 곤돌라
형 대중교통 시스템 '메트로케이블Metrocable', 문화와는 거리가 먼 언덕
지역에 묵직한 바위를 연상시키며 자유롭게 책을 접할 수 있는 공간을
구현한 '스페인 도서관Parque Biblioteca España'과 '레온 드 그리프 도서관Parque
Biblioteca León de Grieff', 완만하게 경사진 소규모 공지를 활용해 어린이공원
으로 조성한 '상상공원Parque de la Imaginación', 메들린 출신의 젊은 건축가가

운영하는 설계사무소 JPRCR과 Plan B 아키텍츠Plan B Architects에서 다양

한 쉘터로서 설계한 '오퀴디오라마Orquideorama', 경사가 심한 한 구역에

거주하는 약 12,000명 주민들의 이동성 개선을 위해 고안된 385m 길

이의 초대형 야외 에스컬레이터 이외에도 다수의 교육·문화시설, 체육

시설, 공원, 경사로와 계단이 여기에 포함된다(그림6). 건축가 카를로스

그림6 — 도시 프로젝트의 하나로 진행된 메들린의 평화문화 공원(Parque de la Paz y la Cultura)과 보행자 다리 푸엔트 미라도(Puente Mirador). 콜롬비아 메들린의 건축가 알레한드로 에츠베리는 현재 EAFIT대학에서 도시환경연구센터를 이끌고 있으며 2005년부터 2008년까지 메들린 도시 프로젝트 총괄디렉터를 역임하며 사회적 도시론(social urbanism)의 실천에 힘썼다. 보행자 다리는 안달루시아(Andalucía)와 라 프란시아(La Francia) 두 지역을 연결하며 지역 접근성을 개선하면서도 다리와 그 주변에 있는 공공공간에서 다양한 사람들이 외부 활동을 할 수 있다.

에스코바\ Carlos Escobar\ 는 이러한 곤돌라나 에스컬레이터가 단지 편리한 이동수단이 아니라 커뮤니티를 위한 '사회적 장치\ social instrument\ '라고 표현했다.[25] 이를테면 에스컬레이터를 타거나 내리는 지점에 다양한 공공 공간과 주민 쉼터를 배치한다. 이 공간에서 커뮤니티는 다양한 마주침과 가벼운 교류를 시작할 수 있고 때로는 계단 물청소를 하거나 크고

다양성의 도시, 단조로움의 도시

245

작은 문화 행사를 열며 마을을 함께 가꾸는 경험을 한다. 여기에 천문학적 비용 투자나 과거 시도해보지 않은 신기술은 필요가 없다. 곤돌라나 에스컬레이터처럼 이미 잘 알려진 저렴한 기술을 정확히 필요한 공간에 위치시키고 이를 주민의 가장 핵심적인 일상 활동과 잘 연결함으로써 디자인은 커뮤니티의 삶 속에 금세 흡수된다.

물론 이러한 공공 투자는 즉각적인 도시민의 소득 수준 개선이나 문화적 역량 강화로 이어지지는 않는다. 더욱이 짧은 기간에 많은 수의 프로젝트가 진행되면서 유지관리나 운영 측면의 미숙함에 따른 우려도 제기되었다. 하지만 여전히 어려운 환경 속에서도 메들린의 새로운 공공건축과 가로 공간은 도시에 대한 대중들의 자부심을 불러일으켰다. 주민들은 정부를 신뢰하게 되었으며, 섬세하게 디자인된 외부 공간에 대한 사회적 이용이 빈번해졌고 새롭게 조성된 공간을 중심으로 젊은 세대의 교육과 기술 습득에 대한 투자도 활발해지기 시작했다. 물리적 환경 변화는 각종 사회적 프로그램의 성공적 운영과 선순환 구조를 이루었으며 이 사례는 라틴 아메리카를 넘어 전 세계 여러 슬럼지역의 개선에 중요한 선례가 되었다. 한 콜롬비아 소설가는 파하르도 시장에 대해 사회적 갈등을 일으키지 않으면서도 '부wealth'를 재분배하고 있다고 말한다.[26] 정말 멋진 표현 아닌가! 한 도시의 부를 취약계층에게 재분배하되 정의로운 도시에 대한 정책적 의지를 해당 지역에 최고의 디자인으로 가시화한다. 그리고 취약한 계층과 젊은 세대가 이러한 공간을 통해 사회적 역량을 키우게 된다. 이는 효율성과 분배라는 정책적 목표 사이에서 갈팡질팡하는 현대 도시의 정책결정자들이 귀 기울여 들어야 할 대목이다. 우리나라에서도 1980년대 말 부동산 광풍을 계기로 논의가 시작된 토지공개념부터 개발이익 환수제, 보다 최근의 반값 아파트 등 각종 분배와 주거복지 정책이 논의되거나 일부 시행 중이다. 하지만 이런 정책이 공무원의 서류 뭉치나 부동산 거래 속에 숨어 있으면 안 된다. 가장 강력한 분배 정책은 좋은 도시공간으로 가시화되고 궁극적으로 커뮤니티의 일상이 이 공간에 잘 스며들어야 한다. 좋은 도시공간은 가장 보편적인 사회적 안전망이며 도시에 대한 건강한 자부심을 확산시킬 수 있는 가장 위력적인 도구 중 하나다. 복지와 분배를 향한 정의로운 도시의 담론은 우리 사회 전 분야에서 근본적인 체질 개선을 요구하고 있다. 오늘날의 도시설계가들이 이러한 사회적 요청에 대해 어떠한 공간으로 응답하고 있는지 주목해야 한다. 자, 이제 질문을 던질 때다. "우리 도시에서 가장 아름다운 공간은 어디에 있으며, 누구를 위한 공간입니까?"

❶ 높은 수준의 물리적, 사회적 다양성이 퍼져 있는 도시가 좋은 도시다. 도시 정책은 이러한 다양성이 자생적으로 꽃필 수 있도록 도와주어야 하며, 인위적으로 만들어진 가짜 다양성을 추구해서는 안 된다.

❷ 지역 내 다양성을 확대하려는 시도가 지역 간 다양성을 지워나가는 방향으로 다양성 추구가 이루어져서는 안 된다.

❸ 최근 주거단지 내 소득계층 혼합정책부터 다양성 증진을 통한 경제혁신 추구까지 여러 스펙트럼의 다양성을 향한 정책이 시도되고 있다. 하지만 그 효과가 어느 정도 (예, '사회적 네트워크' 가설은 작동하는가?)인지 다시 한 번 검토해 볼 필요가 있다.

❹ 보다 정의로운 도시 구현을 위해 개발 혜택의 공정한 분배, 사회·경제적 다양성 추구, 과정에 대한 민주적 참여라는 세 원칙을 계획 과정에서 구체적인 목표로 추구해야 한다.

❺ 다양성 증진과 정의로운 도시 만들기라는 정책적 목표는 최고의 디자인으로 가시화되어야 하고 일상적인 삶의 공간 속에 스며들어야 한다. 이러한 디자인은 비싼 디자인, 화려한 디자인과는 거리가 멀다.

1 _ 프란치스코, 주원준 역, 『우리 곁의 교황 파파 프란치스코』, 궁리출판, 2014. 번역자의 표현을 필자가 조금 수정하였음.

2 _ 다양성의 도시적 의미에 대한 고찰은 다음을 참고할 것. Susan Fainstein, "Cities and diversity: Should we want it? Can we plan for it?", *Urban Affairs Review* 41(1), 2005, pp.3~19. ; Emily Talen, "Design that enables diversity: The complications of a planning ideal", *Journal of Planning Literature* 20(3), 2006, pp.233~249. ; David Adams et al., "Smart parcelization and place diversity: Reconciling real estate and urban design priorities", *Journal of Urban Design* 18(4), 2013, pp.459~477. ; Kristen Day, "New urbanism and the challenges of designing for diversity", *Journal of Planning Education and Research* 23(1), 2003, pp.83~95.

3 _ 서교동과 연남동의 블록별 소비 관련 시설의 비율에 대해서는 다음을 참고. 최경인 · 김세훈, "홍대상 권 인접 저층주거지의 용도혼합특성 연구", 『한국도시설계학회지』 17(3), 2016, pp.41~56.

4 _ 이와 관련하여 『Geographical Review』 저널에서 2016년 4월 'Special Feature: Exploring encounters in the diverse city'라는 특집을 게재한 적이 있다. 여기에 실린 논문을 참고할 것.

5 _ 2009~2014년도 국토교통부 통계자료 및 세움터 인허가 자료 참고.

6 _ 이 단락의 내용에 대해서 다음 문헌의 제1장이 큰 도움을 주었음을 밝힌다. Tyler Cowen, *Creative destruction: How globalization is changing the world's cultures*, Princeton University Press, 2009.

7 _ 마이클 샌델, 이창신 역, 『정의란 무엇인가』, 김영사, 2010, p.240.

8 _ Richard Florida, *The rise of the creative class*, Basic Books, 2002, p.262.

9 _ Paul Schell, "Building a city of choices: from anti-discrimination to pro-diversity", *Stanford Law & Policy Review* 10(2), 1999, pp.239~245.

10 _ Richard Florida, *The rise of the creative class*, Basic Books, 2002, p.80.

11 _ Richard Florida, "Cities and the creative class", *City & Community* 2(1), 2003, pp.3~19. ; Richard Florida, *Who's your city?*, Basic Books, 2008.

12 _ Jane Jacobs, *The death and life of great American cities*, Random House, 1961, pp.143~221.

13 _ Matthew Carmona, "Contemporary public space: critique and classification, part one:

critique", *Journal of Urban Design* 15(1), 2010, pp.123~148. ; Matthew Carmona, "Contemporary public space, part two: classification", *Journal of Urban Design* 15(2), 2010, pp.157~173.

14 _ Mark Joseph et al., "The theoretical basis for addressing poverty through mixed-income development", *Urban Affairs Review* 42(3), 2007, pp.369~409.

15 _ 이러한 가설에 대한 자세한 기술은 앞의 Mark Joseph et al.(2007) 참고.

16 _ David Adams et al., "Smart parcelization and place diversity: Reconciling real estate and urban design priorities", *Journal of Urban Design* 18(4), 2013, pp.459~477.

17 _ Susan Fainstein, 2010.

18 _ Evelyn Diaz Gonzalez, *The Bronx*, Columbia University Press, 2004.

19 _ Ian Fisher, "Fearing move by Yankees, Cuomo explores idea for a new stadium", *The New York Times*, 1993. 6. 30.

20 _ Simon Romero, "Medellín's nonconformist mayor turns blight to beauty", *The New York Times*, 2007. 7. 15.

21 _ http://urbandesignprize.org/

22 _ Ed Vulliamy, "Medellín, Colombia: reinventing the world's most dangerous city", *The Guardian*, 2013. 6. 9.

23 _ Ashoka, "The transformation of Medellín, and the surprising company behind it", *Forbes*, 2014. 1. 27.

24 _ http://successfulsocieties.princeton.edu/interviews/alejandro-echeverri

25 _ CBC에서 방영된 미니 다큐멘터리 참조. Chris Brown, "Our Canada: Do our cities still work?", CBC: The National, 2015. 6. 3.

26 _ Simon Romero, "Medellín's nonconformist mayor turns blight to beauty", *The New York Times*, 2007. 7. 15.

chapter 7

취약한 도시,

회복탄력적인 도시

재해에 취약한 도시는 어떤 도시일까?

잠재적 위험과 리스크는 무엇일까?

도시설계는 취약성 극복에 어떤 도움이 될까?

"전 세계에서 가장 활동성이 높은 활화산인 메라피 화산은 우리의 적이 아니다. 우리의 친구다. 친구는 우리를 절대로 다치게 할 리 없다."
— Regional Board for Disaster Management, Magelang Regency, Indonesia, 2014

_화재, 화산 활동, 산사태, 전염병, 대기오염, 폭염, 지진, 태풍, 쓰나미, 홍수 및 해수면 상승

이는 현대 도시를 위협하고 있는 열 가지 대표적인 환경 재해다. 쭉 읽어보면 우리의 일상생활과는 동떨어진 대형 재난을 일컫는 것처럼 보이지만, 실은 그렇지 않다. 2015년 국내의 메르스 사태와 2012년 초대형 허리케인 샌디로 인한 미국 동부와 카리브해 지역의 초토화, 그리고 일본 사회를 지금까지도 충격에서 벗어나지 못하게 하고 있는 2011년 도호쿠 대지진과 쓰나미, 그리고 후쿠시마 원전 붕괴에 이르기까지 각종 재해는 우리의 일상에 어두운 그림자를 드리우고 있다(그림1). 특히 제한된 공간 안에 많은 사람과 자산이 밀집해 있는 도시 환경에서는 한 번 재해가 발생하면 그 피해가 증폭되기 쉽고 이에 따른 사회적 트라우마도 크다. 한 지역의 취약성을 정확하게 진단하는 일이 어렵거니와 설사 취약성이 과학적으로 밝혀졌다고 해도 이미 도시화가 완료된 지역을 개발 전의 상태로 되돌리거나 보다 덜 취약한 지역으로 도시의 일부 혹은 전체를 옮기는 일은 매우 어렵다. 더욱이 해당 지역 주민들의 삶 자체가 직장, 학교, 혹은 사회적 관계와 함께 지역과 밀착된 경우가 많다. 도시의 취약성에 대한 근본적인 고찰이 필요한 이유다. 여기서 '취약성vulnerability'이란 특정 재해 위협에 대해 한 사회가 대처하거나 피해 발생 직후 혹은 그 이후 복구하는 과정에서 겪게 되는 위험성의 정도를 말한다. 이렇게 보면 취약성은 재해 자체의 규모에 의해서만 결정

되는 것은 아니다. 예상치 못한 충격이나 혹은 충분히 예상 가능한 환경 변화로 인한 스트레스의 정도, 이에 대한 지역 사회의 민감도, 피해의 지속 시간과 이에 따른 경제활동의 둔화, 재해 발생 후 정상적인 상태로 회복할 수 있는 지역 사회의 적응력, 과거 피해 경험을 바탕으로 같은 실수를 반복하지 않는 사회적 학습 능력, 그리고 재해와 관련된 잠재적 가해자에 대한 관용과 피해자에 대한 따스한 사회적 시선까지도 한 지역의 총체적인 취약성을 결정하는 요소다. 더욱이 하나의 재해로 인한 취약성은 독립적이지 않다. 즉, 하나의 취약성은 다른 형태의 취약성으로 전이되거나 혹은 한 지역에서 가장 약하게 연결된 사회·경제적 고리로 이동하면서 그 피해를 증폭시키는 경우가 많다. 얼마 전부터 언론을 통해 널리 알려지기 시작한 남태평양의 국가 투발루Tuvalu가 그 사례다. 투발루는 지구상에서 네 번째로 작은 섬나라이자 최근 해수면 상승으로 인해 나라 전체가 바다 아래로 잠길 위험에 처해 있는 국가다. 1978년 영국으로부터 독립 후 현재 약 10,800명의 주민들이 아름다운 섬을 가꾸며 살고 있지만, 이들이 발을 딛고 있는 곳은 평균 해발고도 3m, 최고높이 4.5m 이내에 있는 낮은 땅이다. 투발루의 총리는 해수면 상승을 일컬어 이미 작동하기 시작한 '대량살상무기'라고 표현했다.[1] 그럼에도 지금 이 순간 주민들의 목을 조이고 있는 가장 무서운 위협은 해수면이 지속적으로 상승해 언젠가 섬이 완전히 물에 잠길 것이라는 막연한 공포감이 아니다. 이미 닥친 가장 심각한 위협은 해수 침입으로 인한 식수원 고갈이며, 이에 따라 물의 소비와 공급을 현저하게 줄여야 하고 물을 써야 하는 각종 기관, 이를테면 병원이나 학교가 정상적으로 운영되지 못하고 있다. 주민 중 일부는 인근 뉴질랜드와 호주로 기후난민 신청을 시도했지만, 주변국 정부에서는 쉽사리 난민 수용 결단을 내리지 못하고 있으며 오늘날에도 제한된 수의 이주노동자나 까다로운 심사를 통과한 소수에 대해서만 입국을 허용하고 있다.[2] 해수면 상승이라는 한 종류의 재해가 투발루에는 마실 권리, 교육받을 권리, 치료받을 권리, 이주할 권리를 위협하는 복합적인 사회적 취약성으로 퍼져가고 있다.

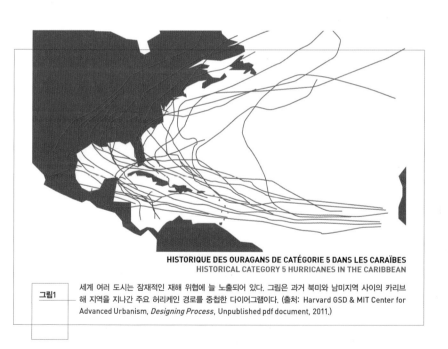

HISTORIQUE DES OURAGANS DE CATÉGORIE 5 DANS LES CARAÏBES
HISTORICAL CATEGORY 5 HURRICANES IN THE CARIBBEAN

그림1   세계 여러 도시는 잠재적인 재해 위협에 늘 노출되어 있다. 그림은 과거 북미와 남미지역 사이의 카리브해 지역을 지나간 주요 허리케인 경로를 중첩한 다이어그램이다. (출처: Harvard GSD & MIT Center for Advanced Urbanism, *Designing Process*, Unpublished pdf document, 2011.)

취약한 도시, 회복탄력적인 도시

잠재적 위험, 확률, 리스크

2013년 3월의 어느 봄날, 포항시 용흥동 주택가에서 작은 산불이 발생하기 시작했다. 한 초등학교 뒷산에서 점화된 불씨는 강한 바람을 타고 주변 산림에 옮겨 붙었고 이후 많은 수의 학교와 주택이 밀집한 지역까지 4km 이상 이동하며 대형 산불로 번졌다. 진화를 위해 소방 인력 약 2,500명이 동원되었으나 그 피해는 엄청났다. 주택 50여 동 이상이 폐허로 변했고 주민 1,500여 명이 대피해야 했다.[3] 이러한 용흥동 산불의 발생 과정을 재구성해봄으로써 비슷하지만 서로 다른 재해의 여러 개념을 정리해보자. 우선 도심지에서 산불은 왜 발생하는가? 가장 직접적인 원인으로 누군가가 고의로 혹은 부주의로 발화했기 때문이다. 물론 자연현상에 의해 불씨가 생길 수도 있지만, 이는 도시에서 매우 드물다. 용흥동에서는 한 중학생의 불장난이 대형 화재로 이어졌다. 그런데 이와 같은 발화는 도시공간 어디서나 일어나는 것은 아니다. 자주 불을 사용하는 외부 공간, 이를테면 주택지 인근에서 논밭두렁을 태우는 지역, 길거리 쓰레기를 소각하는 장소, 빈번한 흡연이 이루어지는 공터가 잠재적으로 도심 산불의 원인을 제공할 수 있는 곳이다. 이러한 장소 특성과 개인의 발화 행위를 포괄하여 재해의 총체적 원인이 되는 환경을 '잠재적 위험hazard'이라 부른다.[4]

하지만 잠재적 위험이 늘 대규모 피해로 이어지는 것은 아니다. 자연 상태의 산림과는 달리 도심지에서는 발화 지점에 낙엽이나 건조한 잠

초가 집중적으로 축적되어 있거나 그 주변에 목조 주택과 슬레이트 구조물처럼 불에 타기 쉬운 시설이 분포할 때, 그리고 건조한 날씨에 어느 정도의 바람이 있는 상태에서 발생한 작은 불이 커다란 산불로 이어질 가능성이 높다. 이러한 요소가 모여 재해의 '발생 확률$_{probability}$'을 결정한다. 아직 실현되지 않은 잠재적 위험이 높은 발생 확률을 만나 대형 인명·재산의 피해로 이어지기 위해서는—즉, 원인이 특정한 결과로 구현되기 위해서는— 강력한 방아쇠가 필요하다. 용흥동에서는 산불이 확산하는 경로를 따라 가연성 물질이 연속적으로 놓여 있었고, 다수의 주택과 학교 시설이 이 경로를 따라 위치해 있었다. 특히 1980년대 이후 야산을 따라 무허가 주택이 집중적으로 지어지면서 여기에 사회적 약자와 노인계층이 거주하게 되었다.[5] 산불 발생지 주변에는 불법 노상주차가 협소한 골목을 막고 있었고 이는 소방차의 신속한 접근과 진화 작업을 어렵게 만들었다. 이러한 이유로 방아쇠가 당겨진 결과가 대형 산불이며, 이렇게 발생한 피해를 '리스크$_{risk}$'라고 부른다.

Risk = Hazard x Probability

용흥동 산불을 종합해보면 ①고의적 혹은 우연적 발화, ②타기 쉬운 물질의 축적 및 가연성 구조물의 집중 분포, ③피해를 증폭시키는 도시 구조, 주차 행태, 비효율적 화재 진압이라는 삼박자가 충족되었다.

취약한 도시, 회복탄력적인 도시

여기서 원인에 해당하는 발화 행위와 그 주변의 환경 특성이 '잠재적 위험', 기후 조건이나 타기 쉬운 물질이 산불 확산 경로를 따라 위치한 정도가 '발생 확률', 잠재적 위험이 특정한 맥락(무허가 목조 주택 밀집 지역)에서 특정한 주체(노약자)에게 구체적인 결과로 실현되는 것이 '리스크'다. 이렇게 보면 리스크는 잠재적 위험과 확률의 함수, 즉 'Risk = Hazard× Probability'라는 관계가 성립한다.[6] 이 함수를 도시에 적용해 보면 결국 한 도시의 높은 재해 리스크는 높은 수준의 잠재적 위험이 내재하거나 재해의 발생 확률을 증폭시키게끔 도시 환경이 조성되었기 때문이라고 추론할 수 있다. 다시 말해 용흥동 산불은 천재지변이 아니다. 특정한 형태로 조성된 도시 환경과 상식을 벗어난 중학생의 행태가 적절한 시간에 만나 재해 리스크가 극대화된 결과다. 위의 함수에 대한 또 다른 해석도 가능하다. 지금의 도시를 좀 더 안전하게 만들기 위해서는 잠재적 위험 요소 혹은 발생 확률이라는 두 요소를 현저하게 낮추거나 제거하면 된다. 이러한 관점에서 안전한 도시, 회복탄력성의 도시, 범죄 예방 도시를 조성할 때 도시 전문가들이 실질적으로 어떤 기여를 할 수 있을지 논의해야 한다.

재해에 적응하기

재해로부터 조금이라도 덜 위험한 환경을 만드는 것도 물론 중요하지만, 리스크 자체를 크게 낮추기 어렵다면 재해가 발생하는 환경 자체에 잘 적응하며 사는 법을 배울 필요도 있다. 이러한 적응과 관련하여 반복적인 재해 위협에 노출되어 있고 이에 적응하며 살고 있는 커뮤니티로부터 배울 점이 있다. 2014년 5월 서울대학교 환경대학원 국제교류 프로그램으로 인도네시아 중부 자바섬을 방문한 적이 있다.[7] 자바섬에 있는 므랑겐Mranggen과 크라데난Kradenan과 같은 마을은 전 세계에서 가장 활동성이 높고 위험한 활화산 중 하나로 꼽히는 메라피 화산Merapi Volcano에서 가까운 곳에 위치해 있다(그림2). 2010년 10월부터 11월에 이르기까지 메라피 화산은 네 차례나 폭발했다. 이는 단순히 지하의 수증기가 지상으로 일부 노출된 정도가 아니라 엄청난 양의 용암과 증기가 터져 나와 인근 마을을 뒤덮은 매우 위력적인 폭발이었다. 쏟아져 나온 각종 분출물 자체도 위협적이었지만, 1차 폭발 직후 고온 가스가 빠르게 지표면을 휩쓸고 내려왔다. 이로 인해 집, 가축, 사람이 그 뼈대만 남고 다 녹아 버렸다. 이 과정에서 약 400명이 목숨을 잃었고, 메라피 화산 폭발은 거의 한 달에 걸쳐 하루 최대 40만 명의 이재민이 나오게 한 대형 참사로 기록되었다. 피난 후 일정 시간이 지났고 다시 마을로 돌아온 주민들은 또 한 번 망연자실할 수밖에 없었다. 주민들이 소유하던 땅과 집 위에 막대한 양의 화산 분출물이 뒤덮여 있었기 때문이다. 한 가구당 트럭 약 2대 분량의 화산재와 먼지를 제거해야 했고, 초토화된 마을의 각종 도시기반시설을 외부 지원 없이 커뮤니티의 힘으로 복구해야 했다. 더욱이 집중호우가 내릴 경우 메라피 화산의 봉우

취약한 도시, 회복탄력적인 도시

그림2 인도네시아 중부 자바섬에 있는 메라피 화산. 2010년 화산 폭발 이후 지금까지도 연기를 뿜고 있으며, 주변 므랑겐을 비롯한 여러 마을에 피해를 주었다. 이에 대해 마을 전체가 이주하지 않고도 재해 피해를 극복할 수 있는 회복탄력적인 므랑겐 마을 계획안을 서울대학교 환경대학원 연구팀(이민정·지혜연·김민경 등)이 제안한 바 있다.

도시에서 도시를 찾다

리나 용암 계곡 주변에 쌓인 진흙과 쇄설물이 물길을 따라 마을로 떠내려 왔다. 이 쇄설물 중에는 진흙도 있었지만 주택보다 더 큰 크기의 엄청난 바위 덩어리도 포함되어 있었다. 이러한 쇄설물이 비와 함께 내려와 마을을 덮치고 민가를 붕괴시키는 소위 '콜드 라바 플러드cold lava flood'로 인해 마을 전체는 또 한 번 아수라장이 되었다.

정부에서는 대책 마련에 고심했다. 한 가지 아이디어는 주민을 영구적으로 안전한 곳으로 이주시키는 것이었다. 하지만 더 안전한 곳에 땅과 집을 제공해 주겠다는 정부의 약속에도 불구하고 므랑겐과 크라데난 주민들은 마을을 떠날 생각이 전혀 없었다. 이들은 조상 대대로 해당 마을에 거주하며 땅과 주변 환경에 대한 강한 애착심을 갖고 있었다. 더욱이 신기하게도 화산 폭발 이후 메라피 인근에는 유령 마을이 생기기는커녕, 오히려 새로운 경제 활동이 꿈틀대기 시작했다. 여기에는 화산 분출 후 인근 물길을 따라 퇴적된 자갈과 모래, 그리고 양질의 퇴적토 역할이 컸다. 메라피의 화산 쇄설물은 양질의 건설 자재로 시장에서 거래되면서 마을 주민들은 자갈을 채취해 생계를 유지할 수 있었다. 비록 온종일 뙤약볕 아래에서 일해도 한화 기준으로 5,000원 정도의 수익을 올렸지만, 이는 재해 피해가 할퀴고 간 지역에서 한 가족이 생존하는 데 중요한 밑천이 되었다. 더욱이 화산재로 뒤덮인 농경지는 일정 시간이 지나면서 매우 비옥해진다. 이러한 땅을 마을의 공동농장으로 운영하며 살락salak이나 망고 같은 열대 과일나무를 심어 부수적인 수익을 얻을 수 있었다. 그래서인지 마을 주민들은 좀처럼 화산 폭발에 대해 겁에 질려 있거나 피해야 할 대상이라고 생각하지 않았고, 대부분 이주를 거부해 정부를 당혹케 했다. 어떤 이는 메라피 화산 폭발을 '산이 기침할 권리'라고 표현하곤 했다. 산의 기침으로 인해 일시적으로 큰 피해를 입기는 하지만, 그럼에도 마을 주민들이 생존할 수 있도록 비옥한 땅을 선물로 남기는 화산에 대한 경외감을 이렇게 표현한 것이다. 나아가 화산 폭발 이후 이 지역에서는 '자매마을 맺기sister village initiative'를 연습하고 있다. 재해에 취약한 마을과 비교적 안전한 마을을 상호 자매 관계로 맺고, 한 마을에서 피난을 떠난 가족이 다른 마을의 어느 집에 머물 것이며 이 집으로의 이동은 어떻게 할 것인지를 미리 확인하며 앞으로 닥칠 재해에 미리 준비하는 법을 배우고 있다. 그렇게 자바 섬의 마을은 다양한 적응 방식을 실험하며 재해 충격 후 제자리로 힘차게 되돌아오는 힘, 즉 회복탄력성resilience을 키우고 있었다(그림3).**8**

그림3　메라피 화산 폭발 이후 일상의 모습을 회복하고 있는 므랑겐 마을의 어린이들

캔소시의 '도시 등뼈' 프로젝트

　잦은 침수와 해수면 상승으로 인한 범람은 전 세계 여러 연안 도시를 위협하고 있다. 이와 관련하여 인도차이나 반도 메콩강의 한 지류를 끼고 있는 베트남의 중규모 도시 캔소$_{Cần Tho}$를 주목할 만하다. 메콩 델타지역은 광범위한 인공 수로와 오랜 기간에 걸쳐 만들어진 제방으로 인해 전 세계 델타지역 중 가장 인공적으로 물 환경이 조절되고 있는 장소 중 하나다. 그럼에도 도시 전체가 폭우와 해수면 상승에 따른 취약성이 매우 높고, 특히 이미 주기적인 침수가 일어나는 지역에 인구 밀도가 높은 도심지가 분포해 있다. 오슬로 건축대학의 켈리 셰년$_{Kelly Shannon}$ 교수 등은 캔소시 저지대에 '도시 등뼈$_{Civic spine}$'라 불리는 선형 도시 하부 구조 설계안을 제안했다$_{(그림4)}$. 도시 등뼈는 도로를 끼고 발달한 일반적인 선형 도시의 인프라를 의미하는 것이 아니다. 셰년 교수가 제안한 도시 등뼈에는 도로뿐만 아니라 버스 노선, 자전거 도로, 주차장, 보행가로와 광장, 가로수, 커뮤니티 가든, 유수지와 같은 선형 랜드스케이프가 포함된다. 이 등뼈에 평행하게 서로 다른 크기의 물길이 배치된다. 비가 많이 오거나 밀물이 불어났을 때 제방을 통해 완전하게 물을 차단하는 것이 아니라, 도심지 사이사이 배치된 물길에 일정 시간 물을 가둔다. 그리고 이러한 물의 일부는 포장되지 않은 땅이나 유기물 함량이 풍부한 토양에 머무르거나 지하로 침투된다. 이는 서울대학교 환경대학원 이도원 교수가 최근 저서 『관경하다』에 기술한 것처럼 땅의

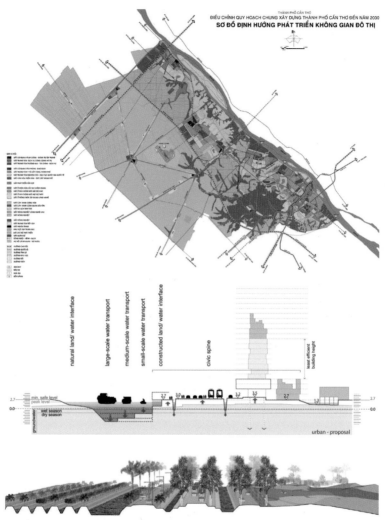

그림4 켈리 셰넌 등, '도시 등뼈' 계획안, 2012. (출처: Kelly Shannon, *Regional Perspectives II: ASIA Vinh & Cantho(Vietnam)*, nrg4SD Expert Group Meeting, 2012. 5. 9.)

도시에서 도시를 찾다

'물을 머금는 능력'을 키움으로써 홍수 피해에 대비하고 토양 침식을 줄이는 데 도움이 되는 디자인이다.[9] 그리고 물길 사이에 위치한 도심지의 바닥 레벨은 추후 상승이 예상되는 수면 높이보다 조금씩 높게 재구성했다. 하지만 이 지역에서 앞으로 물의 수위가 어떻게 변할지 정확히 예측할 수 있는 사람은 아무도 없다. 따라서 정교하게 지형의 높이차를 고려한다 해도 어떤 장소에서는 여전히 침수가 일어날 것이고, 저지대와 고지대를 격리하지 않는 이상은 강우 시 저지대와 수로를 중심으로 물이 차오르게 될 것이다. '도시 등뼈' 계획안에서는 저지대 도심지에 밀물이나 집중 강우에 따라 물이 차고 시간에 따라 다시 빠져나가는 모습 자체를 캔소시의 고유한 지역성으로 받아들인다. 이와 같은 등뼈 사이의 물과 지형의 상호작용은 생태적으로는 오랫동안 토양 수분을 유지하고 도로의 오염 물질이 땅의 미생물에 의해 분해되어 영양 물질로 전환되는 데 도움이 된다. 그리고 향후 이 지역은 높은 생산성을 기대할 수 있는 도시농업의 장소로 활용되거나 물웅덩이와 워터프런트를 활용하여 도시 관광 산업의 거점 역할을 할 수 있다.[10]

적응성과 복합 기능성의 도시

캔소시의 사례는 침수 피해가 예상됨에도 집약적 토지 활용이 요구되는 도심지에 대해 복합적인 기능을 담는 적응성 높은 디자인을 보여

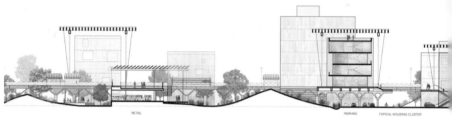

'회복탄력적인 락어웨이(FAR ROC)' 공모전 당선작(팀: Ennead Architects·Ennead Lab) 중 하나. 뉴욕 롱아일랜드의 남측 해안은 허리케인과 침수 위험에 노출되어 있다. 이곳 해안선에 평행하게 여러 개의 모래 언덕을 배치하고, 그 사이사이에 형성된 길쭉한 공간을 도시적으로 활용하는 아이디어를 제시했다. (출처: Ennead Architects·Ennead Lab, www.enneadlab.org)

준다. 도시 등뼈는 때로는 이동과 기다림의 장소로, 때로는 물을 담아 두고 침투와 증발이 일어나는 웅덩이로, 새로운 작물을 재배하는 도시 농업의 터전이자 도시 관광의 명소로 이용될 수 있다. 재해와 관련하여 현대 도시는 불확실성의 공간이다. 공간에 대한 사회적 요구의 변화나 환경 재해의 잠재적 위협을 모두 예측하기는 어렵다. 따라서 취약한 지

도시에서 도시를 찾다

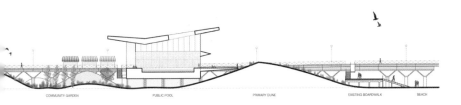

COMMUNITY GARDEN   PUBLIC POOL   PRIMARY DUNE   EXISTING BOARDWALK   BEACH

역을 설계할 때 점진적으로 새로운 요구나 불확실성을 수용하고 도시 일부분을 필요에 따라 고쳐나갈 수 있도록 여유를 두어야 한다. 이렇게 보면 높은 수준의 재해 적응성을 갖는 도시가 좋은 도시다(그림5). 이는 도시를 중성화된 보편 공간universal space으로 치환해 용도의 특수성을 제거함으로써 어떤 기능이든 수용할 수 있는 도시를 만들자는 주장과는 전혀 다르다. 나아가 각종 재해에 대응하는 공간은 재해가 발생하지 않을 때에도 도시민에게 널리 사랑받고 일상적으로 활발하게 이용되는 공간이 되어야 한다. 일본 고베시가 지진으로 인한 대규모 피해를 겪은 후 조성한 '미키 재해 예방 공원Miki Disaster Prevention Park'이 평상시에는 각종 체육 여가시설로 이용되지만 재난 시 각종 구호물자를 보관하고 임시 피난처로 이용될 수 있는 복합 기능 공간임은 시사하는 바가 크다(그림6). 우리나라에서 1980년대 말 국민 성금을 모아 건설된 '평화의 댐' 같은 홍수 조절 전용 구조물의 악몽은 다시 되풀이 되어서는 안 된다.

그림6 일본 고베시의 미키 재해 예방 공원 (출처: Miho Mazereeuw, "Planning in uncertainty: Recovery and disaster resilience in cities", Harvard GSD Lecture Series, 2011. 11. 3.)

도시에서 도시를 찾다

'취약한 도시, 회복탄력적인 도시'로 본 좋은 도시

❶ 공공과 개인이 재해 관련 취약성에 대해 이해하고 있고 잠재적인 재해에 적응하며 살 수 있는 도시가 좋은 도시다.

❷ 모든 재해를 미리 예방할 수는 없지만, 적어도 잠재적 위험 요소를 사전에 없애거나 재해 발생 확률을 낮출 수 있도록 현재 도시 구조를 바꿔 나가야 한다.

❸ 도시설계를 통해 재해의 1차 충격 감소, 피해 발생 시간 지연, 복구 용이성 증진, 피해 재발시 효율적인 대응 등 한 지역의 구체적인 목표를 세워야 한다.

취약한 도시, 회복탄력적인 도시

1 __ Greg Harman, "Has the great climate change migration already begun?", *The Guardian*, 2014. 9. 15.

2 _ 뉴질랜드 정부는 2014년 여름 처음으로 투발루 기후난민을 수용하기로 결정했다. 하지만 이는 전면적인 난민 수용 결정이라기보다는 여전히 매우 제한적인 난민 입국 및 정착 허가에 불과하다. 이에 대한 관련 기사는 다음을 참고. Rachel Nuwer, "The world's first climate change refugees were granted residency in New Zealand", *Smithsonian*, 2014. 8. 7.

3 _ 박영석, "포항 용흥동 산불 발생 지역", 『연합뉴스』, 2013. 3. 9. ; 강진구, "포항 용흥동 산불, 잔불정리중", 『뉴시스』, 2013. 3. 10.

4 _ 본 원고에서 잠재적 위험, 확률, 리스크의 의미를 정의하는 데 다음 문헌이 큰 도움을 주었음을 밝힘. Keith Smith, *Environmental hazards: Assessing risk and reducing disaster*, Routledge, 1996.

5 _ 마창성, "'대부분 무허가' 포항 산불피해 주택 보상 막막", 『영남일보』, 2013. 3. 13.

6 _ 잠재적 위험과 확률의 관계는 앞의 Keith Smith(1996) 제1장에 자세히 기술되어 있다.

7 __ 인도네시아 디포네그로대학과 서울대학교 환경대학원의 공동 워크샵 형태로 이루어진 본 수업의 내용은 다음 문헌에 정리되어 있음. Joesron Alie Syahbana, Wiwandari Handayani, Choi MackJoong and Kim Saehoon(Ed.), *Vulnerability, resilience, and planning intervention: A semester of international joint workshop*, Seoul National University, 2014.

8 _ 위의 내용에 대해서는 2014년 4월과 5월 두 차례의 워크샵을 통해 디포네그로대학 전문가 인터뷰 및 므랑겐·크라데난에 거주하는 주민 설문조사를 통해 확인했다. 회복탄력성에 대해서는 배정한, "회복탄력성", 『환경과조경』316, 2014. 8. p.7 참조.

9 _ 이도원 교수는 다음 저서에서 도시 환경과 물의 관계를 생태학자의 입장에서 상세하게 기술했다. 이도원, 『관경하다』, 지오북, 2016, p.66, pp.86~94.

10 __ Kelly Shannon and Annelies De Nijs, "(Re)Forming Cantho's as found canal-landscape", Paper presented at the World in Denmark 2010 Conference, 2010. 6. 17~19.

chapter 8

성장하는 도시,

쇠퇴하는 도시

도시 성장, 쇠퇴, 재생은 어떻게 진행될까?
성장의 원인과 쇠퇴의 결과는 무엇일까?
앞으로 인구 감소가 예상되는 우리나라 도시는 무엇을 해야 할까?

노숙자님 ㄴ
열쇠 그만 좀
가져 갈것 ㅇ
부탁합니ㄷ

하십니다

세요

것도 없습니다

"수원이 고향인 사람, 수원에 살고 있는 사람, 방문하는 사람들 모두가 한 가족처럼, 오래된 친구처럼, 반가운 이웃이 되어 어울리며 소통하는 도시를 만들고자 …다짐합니다."
– 수원시, 2013

성장기와 쇠퇴기의 도시 표정

미국 FOX 사에서 방영한 드라마 '라이 투 미Lie To Me'에는 '기만 전문가deception expert'라는 낯선 직업을 가진 사람이 주인공으로 등장한다. 그의 이름은 칼 라이트만. 라이트만은 남을 기만하는 데 능숙한 사람이 아니다. 남이 제3자를 기만하는가를 알아내는 전문가다. 그는 다른 사람의 순간적인 얼굴 표정과 몸짓을 관찰해 남이 진실을 이야기하는지 아니면 무언가를 감추려 하는지 가려내는 데 탁월한 재능을 갖고 있다. 라이트만의 클라이언트는 중동의 테러 진압 전담반부터 아이 유괴범을 찾는 부모, 그리고 애인의 변심 여부를 초조하게 확인하고자 하는 개인까지 무척 다양하다. 그런데 라이트만은 어떻게 다른 사람의 표정을 통해 기만 여부를 읽을 수 있을까? 적어도 드라마 속에서 라이트만의 설명에 따르면 사람의 얼굴 근육은 다양한 자극과 감정에 대해 비교적 공통된 패턴을 보이며 반응한다. 기만 전문가는 훈련을 통해 이 패턴을 익힐 수 있다. 이러한 표정 반응은 아무리 사회적으로 훈련된 정치인이나 기업인이라도 예외는 아니다. 기억하는가? 르윈스키와의 성추문이 공개되었을 때 축 처진 입꼬리와 바닥을 쓸어내리는 눈빛을 보였던 빌 클린턴 전 미국 대통령의 얼굴을. 적어도 라이트만에 따르면 이러한 표정은 문화와 인종을 초월하여 인류에게 보편적으로 나타난다.

그런데 사람의 얼굴뿐만 아니라, 도시에서도 미시적인 표정 변화가 공통으로 나타난다. 이를테면 유사한 변화 과정을 겪고 있는 세계 여러 도시의 형태를 비교해 이러한 표정 변화를 전문적으로 읽는 연구자들이 있다. 이들에 따르면 거시적으로 볼 때 도심지는 팽창expansion, 축소shrinking, 고밀화intensification라는 세 가지 표정 변화를 나타낸다. 팽창은 말 그대로 성장기에 있는 도시가 기존 도심지가 아직 개발되지 않은 바깥을 향해 특정한 공간적 패턴을 보이며 확장하는 현상이다. 모든 도시는 초기 정착지로부터 크고 작은 팽창을 통해 지금의 모습을 갖추게 되었다. 이에 반해 축소는 이미 개발된 도시의 부분이나 전체가 재해나 전쟁, 산업 쇠퇴, 혹은 집단 이주 등으로 인해 그 기능을 상실하게 되는 경우를 말한다. 집이나 상가 등이 멸실되는 경우도 있고 도시의 물리적 환경은 없어지지 않고 남은 채 사회·경제적 활동만 이루어지지 않는 경우도 있다. 고밀화는 팽창 혹은 축소의 과정에서 도시 일부분이 지금보다 더 높은 수준의 인구 밀도나 주거 밀도, 혹은 도로율을 나타내는 경우를 말한다. 이러한 팽창, 축소, 고밀화의 표정을 자세히 관찰하면 성장기나 쇠퇴기 도시의 특이점을 발견할 수 있다(그림1). 이러한 일을 수행하는 전문가 중 한 명이 미국 위스콘신-매디슨대학의 스나이더Annemarie Schneider 교수다. 그는 위성영상기법을 이용해 전 세계 25개의 성장하는 도시에서 1990~2000년 사이에 나타난 도심지 팽창의 다채로운 모습을 분석했다.[1] 이에 따르면 팽창이나 고밀화의 방식에 따라 성장하는 도시는 공통점과 차이가 있으며, 연구진은 이를 더 세분화하여 '저밀 확산의 도시expansive-growth city', '광란의 개발 도시frantic-growth city', '빠른 성장형 도시high-growth city', '느린 성장형 도시low-growth city' 네 가지 유형으로 분류했다. 이 중 빠른 성장형 도시—이를테면 브라질의 수도 브라질리아, 인도의 벵갈루루, 중국의 우한, 베트남의 하노이 등—는 연평균 3~7%의 비교적 빠른 속도로 도심지가 팽창한 경우다. 빠르게 도심지가 외부로 팽창했지만 상당 부분의 신규 도시개발이 기성 시가지 주변에서 일어났기 때문에 저밀 확산 도시처럼 신규 도심지가 기성 시가지 바깥을 향해 멀리 산재해 있지는 않다. 나아가 이들 도시에서는 인구 증가가 꽤 빠른 속도로 진행되기는 했지만 도심지 면적 확산의 속

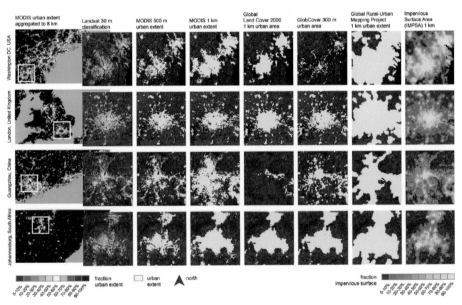

| 그림1 | 전 세계 도시가 시간에 따라 확장하는 모습을 서로 다른 해상도의 위성 영상 자료를 이용해 분석한 다이어그램 (출처: Annemarie Schneider et al., "Mapping global urban areas using MODIS 500-m data: New methods and datasets based on 'urban ecoregions'", *Remote Sensing of Environment* 114(8), 2010, pp.1733~1746.) |

성장하는 도시, 쇠퇴하는 도시

도보다 빠르지 않은 경우에 해당한다. 이에 따라 인구 밀도가 다소 낮은 다수의 주거지가 기성 시가지 바깥으로 확산되어 있으며 도심지의 평균적인 인구 밀도가 낮아졌다. 이에 반해 느린 성장형 도시—스페인 마드리드, 체코 프라하, 폴란드 바르샤바 등—는 인구 증가와 함께 도시개발이 이루어졌다. 하지만 신규로 개발된 도심지가 기존 시가지 외부로 팽창하기보다는 기성 시가지 내부에 집중 배치되었다. 이에 따라 전반적인 도시의 인구 밀도는 오히려 높아지게 되었다. 비록 성장하는 도시에 비해 많은 연구가 이루어지지는 않았지만, 쇠퇴기의 도시 표정에 대해서도 산발적으로 연구가 진행 중이다.

성장의 원인

이러한 외형적 도시 성장의 원인은 무척 다양하다. 한 지역에 대한 도심지 개발이나 인구·사업체 수의 증가, 그리고 상업·교육·여가 등 사회적 활동 증가가 모두 직간접적으로 도시 성장과 관련되어 있다. 여러 성장의 원인 중 한두 개가 해당 지역에 먼저 나타나기도 하지만, 때로는 모든 성장의 원인이 비슷한 시기에 한 지역에 한꺼번에 나타나기도 한다. 도시의 외형적 성장에 가장 직접적인 원인이 되는 힘은 도시개발과 시가지 공급이다. 이러한 도시개발을 불러일으키는 근본적인 원인은 매우 복잡하다. 여기서는 우리나라의 도시 맥락 아래에서 이 원인을 보다 단순화해 '수요'와 '공급' 측면으로 나누어 살펴보자. 우리나라에서 특히 주거와 산업 부문에 대한 개발은 20세기 후반부터 오늘날에 이르기까지 공급 위주로 이루어졌다고 표현해도 지나치지 않다. 예를 들어 한국 국민의 과반수가 거주하고 있는 공동주택 유형인 아파트가 대표적인 예다. 1962년 토지수용법과 1972년 주택건설촉진법, 1976년 아파트지구제도와 같은 정책의 시행과 최종 주거 공간을 보기도 전에 모델하우스만 보고 집을 구매하는 선분양제도의 도입, 1998년 외환위기 이후 수도권을 중심으로 공급자가 주택 가격을 결정하는 분양가 자율화 등과 맞물려 우리 도시에서는 민간 건설사에 의한 아파트 공급이 폭발적으로 이루어졌다. 적어도 1960~1980년대까지는 빠른 속도로 진행된 도시화와 심각한 주거 부족 문제, 그리고 중산층의 소득 증가로 인한 주택 구매력 상승과 같은 수요 측면이 아파트 공급을 확대하는 명분이 되었지만, 최근 충분한 아파트가 이미 공급된 상황에서도 추가 공급을 통해 집값을 낮춰야 한다는 공급자 위주의 정책이 이루어지고 있는 현 상황은 좀처럼 납득하기 어렵다. 산업 분야에서도 마찬가지다. 1964년 수출산업공업단지조성법, 1973년 산업기시개발촉진법, 1977년 지방공업개발법과 공업배치법, 1991년 산업입지 및 개발에 관한 법률 등을 통해 국가가 주요 산업의 입지와 기업의 종류, 산업 활동의 테마를 결정하는 방식으로 개발의 큰 틀이 만들어졌다. 그리고 오늘날에도 수많은 지자체가 앞장서서 각종 산업 클러스터 조성을 공급자 위주로 진행 중이다. 물론 지금 경제의 화두가 좋은 일자리를 만들고 신생 기

성장하는 도시, 쇠퇴하는 도시

업의 도전을 독려하는 데 초점이 맞추어져 있으므로 모든 종류의 정부 주도 사업을 비판할 수는 없다. 하지만 얼마만큼 자생적인 기업 활동 수요가 여기에 반영되어 있는지에 대해서는 의구심이 든다. 공급자 위주의 도시개발은 1990년대 이후에도 지속된다. 이를테면 우리나라에서 각종 부동산 정책은 도시에서의 삶이 각박해지고 사회적 안전망이 허술해짐에 따른 여러 사회문제에 대한 맞춤화된 해법이라기보다는 종종 임시방편적인 경기부양 활성화 대책의 수단으로 활용되었다. 1990년대 이후 우리나라는 IMF 외환위기(1997~1998), 카드 사태(2003~2004), 글로벌 금융위기(2008) 등 세 차례의 초대형 경제 위기를 이미 경험했다. 그리고 그때마다 분양가 자율화나 한시적 양도세 면제, 전매 허용, 부동산 대출 완화, 도시형 생활주택 건설을 위한 각종 개발 규제 완화와 같은 정책 카드를 활용했다. 지금도 우리 도시를 망령처럼 떠돌아다니는 공급부족론과 정책적인 주거·산업 공간의 공급 확대는 정작 도시개발 주체들이 장기적으로 전문성을 축적하는 데 그 역량을 쏟지 못하게 하는 큰 걸림돌이 되었다. 지금까지 공급한 도시개발 물량으로 인해 개발과 공간 관리라는 전체 파이는 분명 커졌지만, 이러한 도시공간을 어떻게 합리적으로 활용할 것인가에 대한 논의는 아직 드물다. 그리고 이로 인한 부작용은 한 사회에서 가장 보호받아야 할 사람들—갓 졸업한 청년, 한부모 가정의 아이, 아이들의 젊은 양육자, 일찍 은퇴한 장년층, 고정 수익이 없는 노인 등—에게 불균형적인 피해를 준다는 뼈아픈 교훈을 우리는 이미 경험했다. 한국의 도시가 완

숙기에 이른 만큼 지금 시점이 도시 성장의 방향을 재설정할 좋은 기
회다.

중국 도시의 팽창, 정말 빠른가?

도시의 성장과 관련하여 우리나라를 포함한 아시아 지역, 특히 중국
에서 지난 40여 년에 걸쳐 일어난 변화는 전 세계의 이목을 집중시켰다.
이 기간에 중국은 인류가 경험해보지 못한 규모의 도시개발을 단행해왔
다. 2015년을 기준으로 중국에는 657개의 도시가 있으며 이는 1950년대
초보다 4배 이상 증가한 숫자다. 한 연구에 따르면 2000~2015년 사이
에 중국 전역에 새로 만들어진 도심지의 면적을 모두 합하면 약 76만
km²에 이른다.[2] 단 15년 만에 남한과 북한의 영토를 모두 더한 크기의
세 배에 육박하는 거대한 면적의 도심지가 만들어진 것이다. 미국 하버
드대학의 피터 로우 교수에 의하면 이러한 크기의 도심지를 만들기 위
해 중국은 매년 전 세계 건설 물량의 약 43%를 소비하고 있다. 이는 같
은 해 미국의 약 4배, 독일의 약 10배에 해당한다.[3] 하지만 이러한 규모
의 도시개발이 중국 전역에서 고르게 나타난 것은 아니다. 하늘에서 보
면 중국 도심지의 팽창은 상당 부분 동부 연안에 위치한 거대 도시지
역—베이징·톈진지역, 양쯔강 델타지역, 주강 델타지역—에 집중되어
있다. 이들 지역에 있는 도시들은 지난 몇십 년간 스나이더 교수가 묘

그림2

상하이 도시계획 전시관에서 찍은 푸둥지구 모형 사진. 푸둥지구는 지난 30여 년간 진행된 중국의 각종 도시개발 유형을 총망라해 보여준다.

도시에서 도시를 찾다

사한 것처럼 소위 '광란의 개발' 과정을 겪었다. 1990년대부터 2000년대 중반 사이에 상하이를 방문했던 사람이라면 도시 전체가 커다란 공사판을 방불케 했음을 잊을 수 없을 것이다. 1993년 첫 번째 지하철 노선 공사가 시작된 이후 상하이는 단 17년 만에 16개 노선과 282개의 지하철역을 포함하여 전 세계에서 가장 긴 지하철 네트워크를 자랑하게 되었다.[4] 대단하지 않은가. 약 150여 년 역사를 자랑하는 지하철 개발의 원조 도시 런던의 처지에서 보면 상하이의 지하철 건설 속도는 당혹스럽지 않을 수 없다(그림2).

하지만 중국 도심부의 팽창이 정말 유례없이 빠른 속도로 이루어졌는가에 대해서 이러한 파편적인 정보만으로는 판단하기 어렵다. 2009~2012년에 걸쳐 나는 하버드대학에서 각종 지도 자료를 이용해 중국 양쯔강 델타지역에 있는 41개 도시와 56개 타운의 토지이용 변화를 탐구한 적이 있다. 이 과정에서 중국의 성장기 도시에서 몇 가지 흥미로운 특성을 발견하게 되었다. 하나는 중국 도시의 물리적 팽창은 물론 전대미문의 규모를 자랑하지만, 팽창의 속도 자체는 결코 놀랄 만큼 빠르지는 않았다는 점이다. 즉, '급속하게 팽창하는 중국 도시'나 '하루아침에 건설되는 주거단지'와 같은 표현은 몇몇 드문 사례에 적용될 수는 있지만 실은 성장기 도시에 대한 왜곡된 선입견에 불과하다. 물론 앞의 상하이 지하철 건설처럼 매우 짧은 기간에 이루어진 도시개발도 분명 있지만, 양쯔강 델타지역 전반을 볼 때 도심지 면적의 팽창 속도는 1979~1990년 사이—즉, 중국의 개혁개방 후 변형된 시장경제로의 이행기—에 연간 3.5% 수준이었다. 이 지역에서 도심지 팽창이 가장 빠르게 진행된 시기인 1990~2000년에도 팽창의 속도는 연간 4.6%였으며, 이는 물론 느리다고는 할 수 없지만 비슷한 시기에 미국에서 빠르게 성장한 도시 20위에 매겨져 있는 플로리다 올랜도의 연평균 도심지 성장률(4.5%)과 비슷했다.[5] 그리고 이후의 팽창 속도는 이보다 상당히 둔화하고 있다. 이러한 통계에 대해 고개를 갸웃거리는 사람도 분명 있을 것이다. '중국의 도시개발은 매우 빠른데?' 다소 거칠게 일반화하자면, 중국 도시에서 '선'적인 개발, 이를테면 고속도로, 철도, 지하철, 송유관 등의 개발은 정말로 빠른 속도로 진행되었다. 하지만 이러한 선적인 인프라 사이사이를 채워 나간 '면'적인 개발, 이를테면 주거단지나 대학시설, 연구소, 산업단지 개발은 상당히 점진적으로, 그리고 신중하게 이루어졌다. 이렇게 거대한 규모로 개발이 진행되는 경우에도 속도 관점에서 보면 예상만큼 빠르지 않은 경우도 있으니 성장기의 도시를 기계적으로 폭주 기관차에 비교하는 성급한 일반화는 금물이다.

폭주 기관차가 될 필요가 없었던 이유

중국의 도시개발, 특히 면적인 도심지 팽창이 폭주 기관차처럼 맹렬한 속도로 일어나지 않은 데에는 그럴만한 이유가 있다. 그중 하나는 증가한 도시 인구를 신규로 개발된 도심지에서 모두 흡수할 필요가 없었기 때문이다. 이는 도시화의 '2:2:1 법칙'으로 잘 설명된다.[6] 중국의 도시 인구 증가는 많은 수의 농민공을 포함한 이농민rural-to-urban migrants, 즉 농촌 지역에서 태어나거나 거주하다가 더 좋은 일자리나 교육의 기회를 찾아 도시로 이주한 근로자나 젊은 사람들, 그리고 그들과 함께 이주한 가족(많은 가족이 떨어져 살기도 하지만)으로 인해 야기되었다. 하지만 이는 중국 전체의 도시화라는 거대한 파이의 2/5에 불과하다. 나머지 2/5와 1/5의 도시화는 각각 '내생적 도시화'와 '자연 증감'으로 설명된다. 내생적 도시화in-situ urbanization란 과거 행정구역상의 도시는 아니었지만 이미 도시를 방불케 하는 마을 규모와 밀도를 가진 곳에 거주하던 인구가 행정구역 변화에 따라 도시 인구로 편입되면서 발생하는 도시 인구의 급격한 증가 현상이다. 그리고 자연 증감이란 말 그대로 사망 인구와 출생 인구의 차이로 인해 발생하는 인구의 자연적 성장(혹은 감소)을 의미한다.

이를 정리하면 중국의 도시 인구 증가는 2:2:1(농민공의 도시 유입:내생적 도시화:자연 증감)의 비율로 구성된다. 여기서 60%, 즉 내생적 도시화와 자연 증감은 신규로 개발된 도심지가 아닌, 기존에 이미 중·고밀도로 조성된 도시나 혹은 과거 도시는 아니었지만 이후 행정구역 조정으로 인해 도시 지역으로 편입된 곳—테리 맥기Terry McGee와 같은 지리학자에 따르면 데사코타desakota라 불리는 광범위한 영역[7]—으로 흡수되었다. 따라서 정부가 전광석화와 같이 주택 공급을 확대하지 않아도 중국 도심지 주변에는 이미 도시화가 일어날 여건이 충분히 갖추어져 있었다. 나아가

291

전 국토에 대해 도심지 팽창의 속도를 조절하고자 하는 중앙정부의 정책적 의지도 큰 몫을 차지했다. 중앙정부에서는 각 도시가 해당 연도에 개발할 수 있는 도심지 면적의 쿼터를 지역별로 할당함으로써 강력한 조정자 역할을 수행했다. 이를 통해 지나치게 빠르거나 효율적이지 못한 공급자 중심의 개발을 억제하고자 했다. 여기에는 과도한 개발이나 지나친 부동산 버블이 발생할 경우 민생 경제가 파탄 나고 어렵게 이룩한 경제성장이 그 근간부터 흔들릴지도 모른다는 우려가 작용했다. 이에 대해 하버드대학의 피터 로우 교수는 중국의 도시화를 기관차에 비유했다. 만약 수백 대의 기관차가 모두 규정 속도 이상으로 질주했다고 가정하면 분명 상당수는 탈선했을 것이다. 하지만 중국에서 이러한 현상은 벌어지지 않았다. 국토 전반에 걸쳐 거대한 규모로 도시 개발이 이루어졌지만, 폭주 기관차에 해당하는 도시는 손에 꼽을 정도였다. 브라질 리오의 파벨라favela나 미국 시카고의 게토ghettos 같은 불량 주거나 슬럼 커뮤니티가 중국 도시에서 좀처럼 발견되지 않는 이유, 즉 중국 도시가 일정한 궤도로부터 이탈하지 않을 수 있었던 이유가 여기에 있다.

도시 쇠퇴란 무엇인가?

성장과 함께 도시 변화의 또 다른 측면인 쇠퇴에 대해 한 번 생각해 보자. 도시 쇠퇴urban decline는 도시 수축, 쇠락, 정체, 방치 등으로 불리기도 하는 부정적인 도시 변화의 한 종류다. 앞에서 이야기 한 '성장'과 반대되는 의미로 많이 쓰이기 때문에 성장하는 도시와 쇠퇴하는 도시는 정반대의 도시를 묘사하는 것처럼 여겨지기도 한다. 하지만, 사실 쇠퇴와 성장은 하나의 도시 안에서 동시다발적으로 일어날 때도 잦다. 더욱이 한 지역의 성장이 다른 지역에서의 쇠퇴에 근본적인 원인으로 작용하는 경우도 있다. 도시 쇠퇴는 도시의 전체 혹은 부분에서 인구나 일자리의 감소, 빈 집과 방치된 빈 터의 발생, 소득 수준 저하와 가난의 대물림, 빈번한 범죄 발생과 사회적 불안정성 증가, 정부의 재정 적자 누적 등이 집중적으로 벌어지는 현상을 말한다. 도시 쇠퇴가 우리의 관심을 끄는 이유는 이러한 변화가 도시의 전반적인 낙후나 경제 침체를 더욱 가속하는 원인이기도 하지만 잘못 디자인된 도시의 물리적 환경이 사회·경제적 쇠퇴의 원인이 되기도 하는 측면 때문이다. 이와 함께 도시 쇠퇴는 특정 변화가 바람직하지 않다는 가치 판단이 요구되며 이에 기반을 두어 회복 혹은 재생을 위한 처방전이 필요하다는 측면에서 도시설계의 핵심 주제다. 상당 기간에 걸쳐 도시 쇠퇴가 진행되고 있는 지역 사람을 만나 이야기해 보면—심리학자 마틴 셀리그만 교수의 표현을 빌리자면—'학습화된 무력감learned helplessness'이 팽배해 있다. 쇠퇴는 해당 커뮤니티에는 일종의 부정적인, 그리고 지속적인 자극이다. 이러한 자극에 대해 개인 차원에서 아무리 노력해도 그 부정적 영향을 근본적으로 바꾸거나 피하기 어려우며 때로는 외부로부터의 도움이 투입되어도 지속적인 쇠퇴 과정은 크게 바뀌지 않는 경우도 있다.

이에 따른 상실감과 실망은 커뮤니티에 무력감으로 전이된다.

　이러한 무력감에도 불구하고, 우리나라의 도시에서 쇠퇴는 종종 변화에 대한 기대감과 함께 존재하는 경우도 있다. 2013년 서울대학교 환경대학원 '도시재생스튜디오'에서 다룬 인천시 동구 송현동이 그러한 예다. 이 지역은 1920년대 일제강점기 시절에 일본인 사업가에 의해 매립된 곳으로, 이후 각종 생활용품과 식재료를 파는 송현시장과 배다리시장이 들어서게 되었다. 이후 한국전쟁을 거치면서 이 지역의 상권은 피난민과 이농민을 포함한 많은 인파를 불러들였으며 1953년 한국 정부에 의해 도로와 상하수도를 포함한 생활환경 개선이 이루어졌다. 이후 1960~1970년대에 걸쳐 의류 및 신발 도소매가 더욱 활성화되었고, '양키시장'이라고도 불렸던 송현자유시장과 전국구 혼수와 의류 시장으로 자리매김한 중앙시장이 설립되면서 송현동은 바야흐로 전성기를 맞이했다. 하지만 이 지역은 1990년대를 거치며 쇠퇴하기 시작했다. 쇠퇴의 흔적은 현재 송현자유시장과 중앙시장 일대를 걷다 보면 여러 차례 목격하게 된다. 초역세권이라는 입지 프리미엄에도 불구하고 시장 건물의 2, 3층뿐만 아니라 1층에 위치한 점포도 상당수 비어있다. 상점은 평일 대낮에도 문을 닫고 있으며, 2층에 위치한 한 점포의 나무문 위에는 "노숙자님 너무하십니다. 열쇠 그만 좀 따세요. 가져갈 것 없습니다"라는 솔직한, 하지만 슬픈—점포 내부가 텅 비어 있고 관리되지 않고 있음을 알리는— 경고문이 매직으로 쓰여 있다. 2007년 2월 재난위험시설 D급 판정을 받은 극장은 여전히 방치되어 있으며 그 건물 1

층에 남아 있는 얼마 안 되는 상인은 하루빨리 정부 보상금을 받고 이곳을 떠남으로써 지금의 생업을 끝낼 수 있기를 바라고 있다. 그럼에도 지역 상인들은 언젠가는 이곳이 바뀔 것이라는 희망 섞인 믿음을 갖고 있다(그림3).

그림3 　인천시 동구 송현동의 송현자유시장과 중앙시장의 모습

나는 송현동 동인천역 주변의 도시 형태 변화를 좀 더 미시적으로 살펴보기로 했다. 이를 위해 가로세로 약 600m 크기의 도시 블록을 선정했고, 홍익대학교 이제승 교수와 함께 도시 형태 변화를 시간의 흐름에 따라 살펴보았다.[8] 연구 착수 후 약 2년이 지난 2016년에 출판된 이 논문의 주요 발견 중 하나는 대상지가 지난 30여 년 간 지속해서 쇠퇴했음에도 대지면적 중 도로와 주차장으로 쓰인 면적이 계속 늘어났다는 점이다. 이 면적의 비율은 1985년 23%에서 1995년 27%, 다시 2013년 32%로 거의 10% 상승했다(그림4). 32%라는 도로 면적 비율은 인천시 평균 도로율에 비해 매우 높은 수준이다. 도대체 왜 상권 쇠락과 도시 쇠퇴가 진행되는 가운데 송현동에는 도로 면적이 대폭 확장되었을까? 신규 차로는 왜 추가되었고, 주거지 매입을 통해 주차장은 왜 조성되었고, 시장 주변에는 로타리와 광장을 왜 건설해야 했을까? 중앙시장과 송현자유

시장에서는 각종 생활용품과 함께 의류와 주단이 거래된다. 이들 물품은 부피가 매우 큰데, 이를 싣거나 대량 구매할 때 차량의 주차와 통행이 용이해야 했다. 더욱이 불에 타기 쉬운 물품을 보관하기 때문에 늘 화재 위험이 있었다. 특히 1970년대 이 지역에 다수의 화재가 발생하면서 취약한 상점에 소화전을 설치하고 소방차 접근이 쉽도록 가로 환경을 정비하는 것이 시급한 과제였다. 물론 주단 거리가 손님과 도매업자로 가득 차 있는 경우 충분한 도로 면적 확보는 중요하다. 하지만 상권이 지속적으로 쇠퇴하고 있는 시점에 상권 활성화라는 목적으로 이렇게 도로 면적을 계속 확장한 것은 잘못된 처방전이었다. 32%에 육박하는 도로 면적 확장은 상권 활성화에 전혀 도움이 되지 않았을 뿐 아니라 이 지역의 내밀한 성격을 철저히 파괴하고 말았다. 원래 송현동은

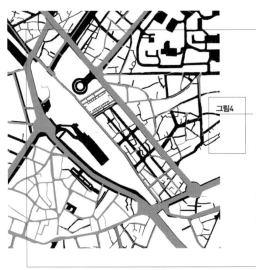

그림4 인천의 송현동에서 가로 패턴과 블록 패턴이 시간에 따라 변화된 모습. 회색으로 칠해진 부분이 1985년도 이전까지 있었던 도로, 검은색으로 칠해진 부분이 2013년까지 개발이 완료된 도로다. 특히 동인천역 북동측으로 길쭉한 도시 격자가 완성되었음을 알 수 있다. (출처: Jaeseung Lee, Sehyung Won and Saehoon Kim, "Describing changes in the built environment of shrinking cities: Case study of Incheon, South Korea", *Journal of Urban Planning and Development* 142(2), 2016.)

도시에서 도시를 찾다

블록을 통과하는 차량이 적었고 상점 안쪽으로 오밀조밀한 골목길을 공유하는 주거지가 펼쳐져 있었다. 이러한 도시 블록은 격자형 도시 조직을 기반으로 한 도로 확장 및 확폭으로 인해 통과 교통량을 유발했고, 편안한 분위기의 주거 환경과 역세권 시장 고유의 풍경—걷기 좋고, 적절한 위요감과 함께 북적거리고, 소란스러우면서도 정겨운 활력—은 오히려 사라지고 말았다. 이는 도시 쇠퇴라는 21세기형 문제에 대해 20세기형 처방전이 잘못 적용된 사례다. 아직도 국내 여러 곳에서 쇠퇴한 상권 활성화라는 목표에 따라 도로 확폭과 대형 주차장 조성, 그리고 지역 특색과 무관한 테마거리 조성이 난무하고 있음은 무척 안타까운 현실이다.

창조적 파괴, 디트로이트

창조와 파괴, 성장과 쇠퇴만큼 도시설계 분야에서 흥미로운 논란을 일으키는 주제도 드물다. 도시 자체가 크고 작은 창조와 발명의 결과다. 19세기 중반 바르셀로나에 도시 격자를 카펫처럼 덮은 일데폰스 세르다Ildefons Cerdà, 그리고 비슷한 시기 보스턴 커먼에서 프랭클린 공원에 이르기까지 7마일에 달하는 에메랄드 네클리스Emerald Necklace를 도시에 선사한 프레데릭 옴스테드Frederick Law Olmsted는 아름다운 흔적을 도시에 남긴 창조자들이다. 이들은 종종 전대미문의 독창적인 계획가이자 용감한 개척자로 대접을 받는다. 그에 비해 파괴는 도시의 일부를 없애거나 중요하지 않게 격하시키는 작업이다. 도시를 파괴한 사람은 때로는 도시문명의 적, 혹은 몰지각한 불도저라는 불명예를 얻게 된다. 이렇게 일견 전혀 반대되는 의미의 두 단어를 결합한 '창조적 파괴creative destruction'가 최근 도시재생 분야에서 자주 논의되고 있다. 1940년대 경제학자 조지프 슘페터Joseph Schumpeter에 의해 널리 쓰이게 된 이 말은 최근 『뉴욕타임스』지에 따르면 시애틀, LA, 디트로이트 등의 도시를 쇠퇴로부터 구원할 수 있는 중요한 전략으로 주목받고 있다.[9] 창조적 파괴는 흔히 기존 환경을 의도적으로 파괴함으로써 바람직한 결과를 얻게 된다는 식으로 지나치게 단순하게 이해되기도 한다. 하지만 이 개념이 자주 인용되는 가장 큰 이유는 아마도 도시 쇠퇴가 성장의 정반대가 아니며 더욱이 가능하면 피해야 할 절대악도 아니라고 보는 신선함 때문일 것이다. 이는 한 시기에 만들어진 도시의 부분이 가까운 미래에 필요한 성능이나 사회적 요구를 충족시키지 못할 경우 점차 교체되어야 하며, 현재 전 세계 도시에서 진행되고 있는 쇠퇴가 바로 이러한 변화를 준비하는 생산적인 시기라는 관점이다. 이러한 생각은 특히 최근 미국 디트로이트에서 잘 나타난다.

다음은 디트로이트의 다소 불명예스러운 통계 중 일부다.[10]

· 미국 역사에서 파산한 도시 중 가장 큰 도시 (2013년 7월 파산 신청)
· 도시 총 부채 약 18조 5천억 원 (인구 1인당 약 3천만 원의 부채)

- 1950년대 180만 인구에서 2015년 67만으로 감소
- 남은 인구의 약 82%가 고등학교 졸업 이하 학력
- 최소 약 4만 채의 집이 즉시 철거 대상으로 지정
- 총 건축물의 30%가 극도로 열악하거나 빈집
- 시 전체 가로등 약 88,000개 중 35,000개만 작동
- 단위 인구당 살인사건 발생률 뉴욕시의 11배

1900년대 초 미국의 실리콘밸리, 디트로이트

디트로이트는 미국 자동차 산업의 빅3, 즉 포드, GM, 크라이슬러가 가져온 자동차 대중화와 상업화의 진원지로 잘 알려졌다. 하지만 디트로이트는 자동차 생산이 이루어지기 전 이미 운하와 철도가 지나가는 물류 거점이자 내륙 워터프런트를 활용한 선박 제조 기지로 자리매김하며 1890년 약 21만 명 규모의 도시로 성장했다.[11] 19세기 말에서 20세기 초의 디트로이트는 모험가 정신을 바탕으로 세계적인 기술 혁신을 이끄는 당대의 실리콘밸리였다. 흔히 '포디즘 자본주의'나 영국 헉슬리의 '멋진 신세계' 혹은 찰리 채플린의 '모던 타임스'에서 직간접적으로 묘사된 미국의 자동차왕 헨리 포드가 이 시기 디트로이트에 등장한다. 1903년 포드 사를 설립한 그는 1906년 'Model N'의 상업적 성공을 토대로 대량생산 시스템을 적용해 가격을 획기적으로 낮춘

'Model T'로 자동차 대중화의 꿈을 이룬다. 그럼에도 이 도시는 몇몇 성공한 기업가들의 독무대는 아니었다. 세계 최고의 두뇌들, 열정적인 소자본 창업가, 그리고 이들의 혁신을 지원하는 수많은 창업 인큐베이터와 경쟁력 있는 컨설턴트들이 당시의 디트로이트를 담금질했다. 1901년 자체적으로 자동차 부품 워크샵을 설립하고 포드사에 자금을 조달한 닷지 브라더스_{Dodge Brothers}를 포함해 1908년 GM, 1925년 크라이슬러 등이 혁신의 도시 디트로이트에 둥지를 틀었다. 지난 1850~1890년 사이에 10배 가까이 증가한 도시 인구는 다시 1890~1950년 사이에 8배 이상 늘어나며 디트로이트는 전성기를 맞이한다.

산업 쇠퇴, 악마의 밤, 그리고 NBA 스타 데이브 빙

그러나 1950년대 전후를 기점으로 이 혁신의 도시는 깊이를 가늠하기 어려운 수렁에 빠지기 시작한다. 국내외 자동차 산업 간의 과도한 경쟁, 1950년대 본격화된 백인 중산층의 대규모 교외 이주, 1960년대 불거진 사회 불안과 폭동, 1973~1974년 석유파동 등의 사건이 잇따라 발생했다. 비슷한 시기 디트로이트 빅3는 시설 투자의 방향을 급선회한다. 1947~1958년 사이 신규 자동차 공장 25개를 전통적 혁신의 중심지 디트로이트 도심부가 아닌 저렴하고 넓은 토지가 위치한 교외 지역에 설립한 것이다.[12] 더욱이 자동차 산업이 쇠퇴하기 시작할 무렵 새로운 산업이나 서비스를 도입해 변신에 성공한 뉴욕이나 보스턴과는 달리 디트로이트의 도심부는 제2, 제3의 신산업 유치에 실패하고 만다. 이곳은 더 가난하고, 더 분노에 찬, 그리고 혁신의 감각을 망각한 흑인 커뮤니티로 가득 차게 된다.[13] 1980년대를 기점으로 젊은이들의 집단적 의식처럼 번진 악마의 밤Devil's night은 매년 수백 가구의 방화와 살인사건으로 이어졌다. 과도하게 자동차라는 단일 산업에 의존하고 저숙련 제조업 노동자 위주의 커뮤니티를 갖게 되면서 이미 취약해진 디트로이트의 경제는 계속된 산업 쇠퇴와 사회 불안, 정부 부채 누적을 견디기 어려웠다. 마침내 2013년 7월 디트로이트는 공식적으로 파산 선고를 하게 된다.

수렁에 빠진 디트로이트를 더는 구제할 방법이 없을 것이라는 체념이 퍼질 무렵, 보기 드문 경력을 가진 한 남자가 주목받기 시작한다. 그 주인공은 디트로이트 피스톤즈부터 보스턴 셀틱스에 이르기까지 12년간 NBA 스타로 활약한 데이브 빙Dave Bing 선수다. 그는 농구선수로서의 경력을 화려하게 마감한 후 소규모 철강 가공 사업에 뛰어든다. 불과 네 명의 직원으로 시작한 그의 회사는 이후 디트로이트에서만 1,000개가 넘는 일자리를 창출하는 더 빙 그룹The Bing Group으로 성장했다. 하지만 66세의 왕년 농구스타 데이브 빙은 여기에 만족하지 않고 디트로이트 시장 선거에 출사표를 던진다. 2009년 당선된 빙 시장은 이미 침몰한 디트로이트의 미래를 위해 매우 힘든 그리고 논란의 중심에 서게 된 정책적 결단을 내린다. 그는 2010년에 약 3천여 채, 그리고 임기 내 약 7천여

그림5   TED 강연에서 '미래 도시 디트로이트'의 주요 내용을 대중에게 설명하는 총괄계획가 토니 그리핀 교수
(출처: https://www.ted.com)

채의 집을 허물고, 수십 개의 학교를 폐쇄하며, 공공서비스의 상당 부분을 감축하겠다고 발표했다.[14] 실제로 빙 시장은 2012년 초 디트로이트 전체 공무원 혹은 시 근무자의 9%에 육박하는 천 명 가량을 해고했고 각종 재정 지출을 과감하게 삭감해 나갔다.[15] 이러한 빙 시장의 '전략적 버리기' 노력은 '미래 도시 디트로이트Detroit Future City(이하 DFC)' 프로젝트를 기획하면서 그 정점을 이룬다. 뉴욕시립대학 도시설계가 토니 그리핀Toni Griffin 교수가 이 프로젝트의 총괄계획가로 임명되고 도시설계 분야에는 헤밀턴 앤더슨 그룹Hamilton Anderson Associates이, 조경 설계 분야에는 스토스Stoss의 크리스 리드Chris Reed가 참여하게 된다(그림5).

미래 도시 디트로이트

DFC는 통상적인 도시 마스터플랜이 아니다. 여기서는 향후 완결되어야 할 도시의 모습을 구체적으로 제시하지 않는다. 그보다는 지금의 도시와 커뮤니티에 가장 직접적이고 부정적인 영향을 주고 있는 요소를 찾아 없애고, 도시의 핵심 자산을 활용해 안정적인 변화를 유도하며, 장기적으로 경제 혁신과 일자리 창출을 유도하기 위한 12개의 필수 계획imperative actions과 24개의 변화 아이디어transformative ideas를 제안한다. 이를 위해 약 30,000회 이상 주민과 대화를 나누었고, 수백 번의 공식 미팅과 70,000명 이상에 대해 설문조사를 했다.[16] 이 과정에 참여한 스토스는 디트로이트의 재활을 위한 새로운 도시 하부 구조로서의 랜드스케이프를 제안한다. 여기에서 랜드스케이프는 몇 가지 옥외 활동만을 선택적으로 수용하기 위해 남겨진 도시의 여백이 아니라, 환경·사회·경제적으로 복합적인 기능을 수행하며 도시 문제를 적극적으로 해결하는 그린인프라다. 물론 1870~1880년대 보스턴에 조성된 에메랄드 네클리스처럼 그린인프라 기능을 수행하는 랜드스케이프 개념 자체가 전혀 새로울 것은 없다. 하지만 스토스는 도시 쇠퇴 해결이라는 목표를 위해 정교하게 주문 제작된, 그리고 도시 조직의 일부이자 그 자체로 도시성을 갖춘 랜드스케이프를 제안한다. 주문 제작은 디트로이트의 열악한 도시 하부 구조에 대한 정확한 진단에서 시작한다. 이를테면 시 가로등 전체의 겨우 40%만 작동하고 있고, 총 도로 중 27%가 매우 열악하거나 파손되어 있다. 수질오염과 대기오염이 심각하게 진행되어 디트로이트에서 자란 아이들은 미국 평균보다 3배 높은 혈중 납 농도를 보이고 천식 발생률도 3배에 이른다. 더욱이 인구 감소로 남아 있는 시민들이 부담해야 할 하부 구조 유지관리와 신설에 요구되는 비용 부담이 매우 크다. 전체 필지의 약 30%가 방치되거나 비어 있는 상황에서 수요가 없는 지역에 과도한 도시 서비스가 제공되고 있고, 반대로 새로운 수요가 있음에도 하부 구조가 손상된 상태로 방치되어 있다. 스토스가 제안한 랜드스케이프 디자인은 이러한 악순환의 고리를 해체하고 꼭 필요한 장소에 현재와 잠재적인 미래 커뮤니티에 직접적인 혜택을 제공한다. 서비스 수요가 낮은 지역에 대한 계획은 과감하게 줄이고, 향후 일자리 창출이 기대되거나 각종 서비스로부터 소외된 커뮤니티 주변에 랜드스케이프를 집중적으로 조성한다. 이러한 선택과 집중은 도시의 적정 규모 찾기 노력과 그 맥락을 같이 한다. 방치된 도심지중 특히 홍수나 대기오염 물질 조절에 대한 요구가 높은 장소에 그린인프라로서의 랜드스케이프를 계획하여 녹지축과 하천을 따라 지가 상승이나 신규 기업 혹은 리테일 활성화를 유도한다. 이러한 원칙 아래 단계별로 어느 장소에, 어떤 기능(물, 에너지, 폐기물, 교통 등)의 랜드스케이프를 조성할 것인가에 대한 기준을 세우고, 이에 따라 기존 도시 구조의 특성을 고려해 도시 하부 구조를 개선할 곳, 갱신할 곳, 줄여나갈 곳, 관리를 통해 현상 유지할 곳, 그리고 교체하거나 완전히 없앨 곳 등으로 구분한다. 그리고 고속도로나 철로 변에는 탄소 흡수용 산림carbon forest

을, 산업시설 주변에는 차폐 식재industrial buffer를, 침수 위험이 있는 곳에는 우수 유출 저감형 가로stormwater boulevard를, 그리고 방치된 저지대에는 투수형 공원infiltration park을 제안한다. 그와 함께 도심지와 그 주변 일곱 개의 고용 창출 허브 지역을 연계해 거주지와 일자리의 거리를 좁히는 거시적인 전략도 랜드스케이프 디자인에 포함된다(그림6).[17]

  아직 DFC의 성과에 대해 객관적 평가를 하긴 이르지만, 몇 가지 추측은 가능하다. 비록 디트로이트는 재도약을 준비하는 기간이 지나치게 길어져 도시 파괴가 심각하게 진행되었지만, 물류 거점으로서의 좋은 입지, 넓은 도심지와 토지 자원, 그리고 이주의 기회가 있었음에도 도시를 묵묵히 지키고 있는 67만 명의 사람들이 핵심 자산으로 남아있다. 이러한 자산이 제공하는 다양한 기회를 활용해 디트로이트를 멍들게 한 산업 쇠퇴, 사회 불안에 대한 트라우마, 그리고 오염된 도시 환경으로 인한 건강 위협에 대해 도시설계가 가져올 결과를 앞으로 주목할 필요가 있다. 더욱이 제2차 세계대전 이후 경제 부흥에 성공한 서유럽에서 볼 수 있는 것처럼 최악의 상태인 디트로이트가 사실은 최고의 투자 대상이라는 희망의 싹이 움트고 있다. 이를테면 디트로이트의 빈집을 새로운 용도로 활용하고 있는 문화적 개척자들, 60개 이상의 건물을 사들이며 부동산 시장의 U턴을 기다리는 댄 길버트Dan Gilbert와 같은 투자자, 혹은 소규모 점포 창업 지원이나 도시농업 육성에 나서기 시작한 비영리 단체들이 그 예이다. 더욱이 2000년대 중반 미국 안팎에서 도시 내 빈집과 방치된 공공장소의 사회적 가치에 주목하는 글들

이 주목받기 시작했다.[18]

그럼에도 디트로이트의 회생은 지속적인 경제 성장과 많은 수의 신규 일자리 창출이 없이는 불가능해 보인다. "디트로이트의 면적이 지나치게 큰 것이 아니다. 단지 현재 일자리의 수가 너무 적을 뿐"이라는 총괄계획가 그리핀 교수의 말처럼, 현재 디트로이트에서는 거주자 네 명당 겨우 하나의 일자리가 제공되고 있다. 이에 대해 DFC에서는 2030년까지 거주자 한 명당 두세 개의 일자리가 창출될 수 있을 것이라는 장밋빛 청사진을 제시한다. 인구나 도시 서비스 측면에서 전략적 버리기를 과감하게 시도하고 있음에도, 경제 분야에서는 그 적정 규모에 대한 현실적 타협점을 찾지 못하고 있다. 더욱이 좋은 랜드스케이프 디자인이 경제 성장의 기폭제가 될 수 있다는 믿음은 불가능하지는 않지만 다소 낭만적이다. 2014년 5월 오바마 정부의 요청으로 작성된 'Detroit Blight Removal Task Force' 보고서에서는 디트로이트에 긴급 재정을 투자해 약 4만 채의 건물을 즉시 허물지 않으면 어떠한 종류의 계획과 투자도 그 효과를 발휘하기 어렵다고 지적한다.[19] 그리고 창조적 파괴에 대해서도 그 파괴의 대상이 정확히 무엇인지 아직 불분명하다. MIT 브렌트 라이언 교수에 의하면 디트로이트의 한 도심부 지역에서 지난 100년 동안 37%에 해당하는 접도 필지가 사라졌다.[20] 파괴의 대상이 비어있는 건물과 도시 하부 구조에만 해당하는지, 혹은 가로에 면한 필지 자체나 그 주변의 사회적 활동도 포함되는 것인지 그 경계가 모호하다. 나아가 전략적 버리기의 대상을 계획가가 얼마만큼 주관적으로 선

도시에서 도시를 찾다

306

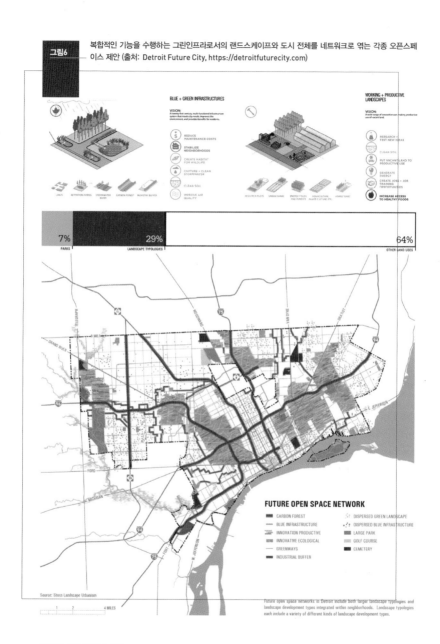

택하는 것이 바람직한지, 혹은 계획가의 오만이나 엘리트주의의 반경을 어디까지 허락해야 할지와 같은 골치 아픈 문제가 남아 있다.

반세기에 걸친 도시 쇠퇴와 악마의 밤 같은 사회적 몬스터에 대해 디자인이 어떤 역할을 할 수 있는가? 그 실험이 지구 반대편 디트로이트에서 진행 중이다. 이것이 우리 도시에 시사하는 바가 무엇인지 더 잘 알기 위해 여러 사람의 지혜가 필요한 시점이다. 창조적 파괴와 전략적 버리기라는 판도라의 상자를 함께 열어볼 때다.[21]

'성장하는 도시, 쇠퇴하는 도시'로 본 좋은 도시

❶ 성장과 쇠퇴의 과정은 도시공간에 여러 가지 흔적을 남긴다. 좋은 도시는 쇠퇴 없이 일방적 성장만 하는 도시가 아닌, 쇠퇴의 부작용을 줄여나가며 성장의 다양한 기회를 추구하는 도시다.

❷ 성장기 도시에서 인구나 기업 수 증가를 항상 신규 주거단지나 산업클러스터 개발을 통해 흡수할 필요는 없다. 기성 시가지나 이미 도시화의 잠재력을 갖추고 있는 도심지 외곽지역에서 필요한 공간(예, 중국의 도시화와 2:2:1의 법칙)을 찾을 수 있다.

❸ 도시 쇠퇴에 대해 규격화된 처방전을 적용하는 것은 매우 위험하다. 마을 벽화 그리기나 크고 작은 공동체 사업은 필요한 경우도 있지만, 커뮤니티의 삶에 전혀 영향을 주지 못하는 경우도 있다.

도시에서 도시를 찾다

1 ＿ Annemarie Schneider and Curtis E. Woodcock, "Compact, dispersed, fragmented, extensive? A comparison of urban growth in twenty-five global cities using remotely sensed data, pattern metrics and census information", *Urban Studies* 45(3), 2008, pp.659~692.

2 ＿ Erik Nelson et al., "Projecting global land-use change and its effect on ecosystem service provision and biodiversity with simple models", *PLoS One* 5(12), 2010, e14327.

3 ＿ 피터 로우 교수의 미국 하버드대학 디자인대학원 2011년 가을 'GSD 4329: Urbanization in the East Asian Region' 강의.

4 ＿ http://www.thetransportpolitic.com/

5 ＿ 미국 도심지의 성장률에 대해서는 다음을 참고했다. William Fulton, Rolf Pendall, Mai Nguyen, and Alicia Harrison, *Who sprawls most?*, Center on Urban&Metropolitan Policy, The Brookings Institution, 2001.

6 ＿ 이 비율에 대해서는 다음의 자료를 참고했다. Kam Wing Chan, "Fundamentals of China's urbanization and policy", *China Review*, 2010, pp.63~93 ; McKinsey Global Institute, *Preparing for China's urban billion*, McKinsey, 2009.

7 ＿ Terry McGee, "Urbanisasi or kotadesasi? Evolving patterns of urbanization in Asia", in: Frank J. Costa et al.(Ed.), *Urbanization in Asia: Spatial Dimensions and Policy Issues*, University of Hawaii Press, 1989, pp.93~108.

8 ＿ Jaeseung Lee, Sehyung Won and Saehoon Kim, "Describing changes in the built environment of shrinking cities: Case study of Incheon, South Korea", *Journal of Urban Planning and Development* 142(2), 2016.

9 ＿ Timothy Williams, "Blighted cities prefer razing to rebuilding", *The New York Times*, 2013. 11. 12.

10 ＿ 자료출처는 다음과 같다. Monica Davey, "Detroit urged to tear down 40,000 buildings", *The New York Times*, 2014. 5. 27. ; "Can Motown be mended?", *The Economist*, 2013. 7. 27. ; Kate Abbey-Lambertz, "Detroit crime dropped in 2013, but city had same number of murders as New York", *The Huffington Post*, 2014. 1. 23. ; Edward Glaeser, *Triumph of the city*, Penguin Books, 2011.

성장하는 도시, 쇠퇴하는 도시

11 _ Edward Glaeser, *Triumph of the city*, Penguin Books, 2011.

12 _ Amy Maria Kenyon, *Dreaming suburbia: Detroit and the production of postwar space and culture*, Wayne State University Press, 2004, pp.9~18.

13 _ Ze'ev Chafets, *Devil's night: and other true tales of Detroit*, Random House, 1990, pp.17~29.

14 _ "Thinking about shrinking", *The Economist*, 2010. 3. 25.

15 _ Anna Clark, "Dave Bing's Detroit", *The American Prospect*, 2013. 10. 2. Available from: http://prospect.org/article/dave-bing%E2%80%99s-detroit

16 _ Detroit Future City: Detroit strategic framework plan, 2012. 12.

17 _ http://www.stoss.net/projects/29/detroit-future-city/

18 _ 대표적인 예로 다음과 같은 글이 있다. Ann O'M Bowman and Michael A. Pagano, *Terra incognita: vacant land & urban strategies*, Georgetown U. Press, 2004, pp.89~124. ; Kyong Park, "Moving cities", in: Philipp Oswalt(Ed.), *Shrinking cities* Vol. 1, Distributed Art Publishers, 2005, pp.184~187.

19 _ http://report.timetoendblight.org/

20 _ Brent D. Ryan, "The restructuring of Detroit: City block form change in a shrinking city, 1900-2000", *Urban Design International* 13, 2008, pp.156~168.

21 _ 이번 장의 내용 중 디트로이트에 해당하는 부분은 월간 『환경과조경』 2014년 10월호(pp. 94~97)에 실린 바 있다.

chapter 9

쾌락의 도시,
절제의 도시

도시에서의 즐거움과 쾌락은 무엇일까?
어떤 공간이 즐거움을 주는 공간일까?
즐거운 공간이 지속가능한 공간일까?

"스톡홀름에 있는 피아노 건반 모양 계단부터 보고타 교통경찰의 어릿광대 마임까지, 전 세계적으로 즐거운 경험을 이용해 사람들을 서로 연결하고 도시 문제를 해결하는 시도가 일어나고 있다. 우리는 이를 '놀 수 있는 도시playable city'라 부른다."
— Making the City Playable Conference, 2014

"지속가능성을 추구하는 도시는 역설적으로 쾌락을 주지 못한다."
— Matthias Sauerbruch, 2009

도시와 쾌락

1980~1990년대 대한민국은 여러 측면에서 돌이키기 어려운 변화를 겪었다. 나라 밖에서는 냉전과 이념 대립의 시대가 서서히 저물었고 안에서는 1980년대 올림픽과 경제 호황기에 잠시 미루었던 각종 사회 문제를 해결해야 했다. 정치 민주화가 어느 정도 이루어지면서 체제의 정당성 확보보다는 폭등하는 집값 안정이, 공동체 재건보다는 개인의 정체성 발견이 더 시급한 과제였다. 이와 함께 새로운 종류의 놀이 문화와 유흥에 대한 갈망이, 때로는 억눌린 욕망의 분출과 퇴폐적인 즐거움에 대한 추구가 도시공간 깊숙이 파고들고 있었다. 1990년대 초 부산에서 시작해 짧은 시간에 전국으로 퍼진 '노래방'이 국민 유흥의 장으로 자리매김했고, 마광수 교수의 『즐거운 사라』로 대표되는 야하거나 관능적인 여자(혹은 남자)와 이들을 향한 시선에 대한 재발견이 압구정 오렌지족의 거침없는 자기표현과 향락적 판타지 위에 묘하게 포개지곤 했다. 그뿐인가. 각종 러브호텔과 변종 카페가 우후죽순처럼 도시 경관을 잠식해 갔고, 재벌 2세와 유명 연예인이 환각 상태에서 벌인 마약 파티가 우리 사회를 충격에 빠뜨린 것도 1990년대 사회현상이었다.[1]

각종 즐거움에 대한 새로운 요구가 생기고 이에 따라 도시가 끊임없이 바뀌는 것 자체가 이상할 까닭은 없다. 인간은 끊임없이 '쾌락의 쳇바퀴hedonic treadmill'를 도는 존재 아니었던가?[2] 우리는 즐거움을 지속해서 추구하고, 과거 갈망했던 즐거움을 얻을 수 있게 되면 또다시 새로운 종류의 즐거움을 찾기 위해 맹렬하게 바퀴를 돌린다. 이와 함께 때로는 사회적 금기로부터의 일탈과 탈주를 은밀하게 혹은 노골적으로 꿈꾸기도 한다. 이러한 일탈 욕구에는 국경이 없다. 16세기 후반으로 그 기원이 거슬러 올라가는 쿠바 하바나의 칼레 오비스포_{Calle Obispo} 거리에서 경험할 수 있는 라틴 음악과 술, 세계 엔터테인먼트의 수도이자 카지노의 본산인 라스베이거스에서의 쇼와 도박, 그리고 필리핀 앙헬레스와 같은 '죄악의 도시_{sin city}'에서 벌어지는 퇴폐적 밤 문화와 이를 향한 어른들의 낯 뜨거운 호기심도 여기에 포함된다. 이렇게 쾌락의 쳇바퀴가 굴러감에 따라 각종 유희는 때로는 합법적으로, 때로는 느슨한 규제를 틈타 도시공간에 침투하게 되며, 익숙함과 일탈이라는 두 경험의 축은 도시 변화를 이끄는 원동력으로 작용하기도 한다.

─방, ─룸, ─탕, ─텔, ─장

적어도 지난 20여 년간 각종 '─방', '─룸', '─탕', '─텔', '─장'은 한국 도시에서 밤 문화를 바꾸는 데 크게 공헌한 단역 배우들이다(그림1). 그 기원은 조금씩 다르지만, 이들 공간에서는 다양한 종류의 술과 음료, 노래와 춤, 휴식과 오락, 때로는 낯선 타인과의 교류나 퇴폐적 만남을 제공한다. 물론 20세기 초 서울에 등장한 유곽이나 일본식 가라오케, 혹은 1960~1970년대 무교동에서 맹위를 떨쳤던 각종 유흥가도 다양한

그림1 각종 '-방', '-룸', '-탕', '-텔', '-장'으로 가득 찬 신촌의 한 이면가로

형태로 진화하며 오늘날의 도시에 남아 있지만, 이들보다 비교적 최근에 번성하게 된 각종 '-방', '-룸', '-탕', '-텔', '-장'은 그 가벼운 몸집과여러 고객의 취향에 맞춤화된 서비스, 그리고 잦은 시설 개보수와 새로운 테마 개발을 무기로 끈질기게 생명력을 이어가고 있다. 이들은 한때심각한 사회적 유해성 논란을 불러일으켰으며 이러한 논란 중 상당 부분은 아직도 현재진행형이다. 예를 들어 일산신도시 주민들의 러브호텔 입점 반대 시위와 이에 따른 재산세 납부 거부 운동은 1990년대 말부터 지금까지도 진행 중이며, 보다 국제적으로는 한국에 있는 '터키

탕'처럼 이름과는 달리 불명예스러운 서비스를 제공하는 곳에 대해 한 국가의 이름을 연계시키지 말아 달라는 외교적 항의가 제기되면서 관련 기사의 제목처럼 '욕탕에 빠진 조국'을 구하기 위한 시도가 이루어 졌다.[3] 그럼에도 적어도 일부 용도에 대해서는 그 규제가 완화되거나 때로는 적법한 시설로 전환되는 데 성공했다. 노래방이 그 좋은 예다. 1990년대 초 부산에서 처음 선보인 것으로 알려진 노래방은 등장과 함께 빠른 속도로 퍼져나갔고 이는 아싸ASSA, 태진미디어(현 TJ미디어), 금영 등 노래방 관련 기업의 성장을 가져올 정도였다.[4] 범국민적 노래방 인기에 다소 놀란 듯 정부는 1992년 '풍속영업의 규제에 관한 법률'을 제정하고 이에 따라 노래방 심야영업과 미성년자 출입을 전면 금지했다.[5] 하지만 1990년대 후반 이 규제는 불필요하게 국민 생활을 구속하는 정책으로 낙인찍혔다. 곧이어 영업시간 규제가 철폐되었고, 청소년 출입은 심야 이전에 한해 전면 허용됨으로써 노래방의 유해성 논란은 채 10년도 지속하지 못했다.

이와 함께 '-방', '-룸', '-탕', '-텔', '-장'에서의 일탈적, 혹은 적어도 비일상적 행태가 사회적으로 어떻게 받아들여지는가도 주목할 만한 부분이다. 이를테면 낯선 이성에게 말을 건넨다거나, 메뉴에 없는 곤란한 서비스를 요구한다거나, 고성방가, 욕질, 야유, 술주정과 같은 행위에 대해 일정 수준까지 용인되는 공간이 있는가 하면, 때로는 이러한 행위 자체가 극도로 불쾌한 언행으로 간주될 수 있다. 어느 수준까지 일탈적 행위를 감추어 고객의 익명성을 보호하는가와 동시에 시설의 어느 부분을 드러내어 홍보 효과를 노리는가도 관찰이 필요한 부분이다. 하나의 예는 한양대학교 서현 교수가 저서 『빨간도시』에서 절묘하게 묘사한 것처럼 "(러브호텔에는) 모순적인 요구 조건이 있었다. 멀리서는 잘 보여도 가까이서는 가려주어라"라는 디자인 원칙이다.[6] 주차장 입구나 계산하는 곳, 혹은 로비에서부터 방에 이르기까지의 동선은 잘 숨기고, 반면 고속도로변의 운전자나 인터넷 커뮤니티에는 최대한 자극적으로 홍보해 호기심을 유발한다. 프랑스의 철학자 미셸 푸코는 개인의 행동이 한 사회의 규범이나 일상적으로 용인되는 범주를 벗어남에도 이들을 수용하거나 혹은 적절한 수준에서 받아들이는 공간에 대해 '일탈의 헤테로토피아heterotopias of deviation'라 이름 붙였다.[7] 푸코는 감옥과 정신병원처럼 일탈 행위를 저지른 사람을 격리하는 공간을 주로 예로 들었지만, 비교적 덜 심각한 일탈이나 혹은 특정 유희를 자발적으로 추구하는 공간까지 포함한다면 우리나라의 '-방', '-룸', '-탕', '-텔', '-장'이야말로 일탈의 헤테로토피아적 공간이다. 이들 공간에서 금지된 행위 규범과 허용된 일탈의 경계는 어디까지고, 이는 지역에 따라 어떤 차이를 보이는가? 흥미로운 연구 주제가 아닐 수 없다.

미국 엔터테인먼트 지구

미국 모건주립대의 다니엘 캄포 교수는 도심지에서 음주, 춤, 오락, 도박, 스트립쇼와 같은 행위가 밤에 집중적으로 이루어지는 '엔터테인민트 지구entertainment zone'에 대한 연구를 수행했다.[8] 우리에게 잘 알려지지는 않았지만 보스턴에 있는 알스턴 지역이나 시카고의 러쉬 스트리트 주변, 혹은 필라델피아 구도심의 한 구석에 자리 잡고 있는 엔터테인먼트 지구는 계획가에 의해 마스터플랜이 세워지기보다는 자생적이고 점진적으로 형성되었다(그림2). 이 지구는 도심부의 높은 임대료를 피해 원래의 기능을 상실한—그리고 종종 물리적으로 낙후된— 도시 블록에 주점, 클럽, 음식점 등이 자리 잡기 시작하면서 형성된 경우가 많다. 블록 내부에 있는 건축물은 가로를 면한 폭이 6~15m 내외로 비교적 작고, 길을 따라 소비 및 상업 용도가 연속적으로 형성되어 있지만, 전체

그림2 미국 밀워키의 워터 스트리트 북측에 위치한 엔터테인먼트 지구의 모습 (출처: Daniel Campo and Brent D. Ryan, "The entertainment zone: Unplanned nightlife and the revitalization of the American downtown", Journal of Urban Design 13(3), 2008, pp.291~315. ; Google Earth Street View)

블록을 단일 용도가 독점하기보다는 여러 용도가 공존하는 것이 특징이다. 캄포 교수는 이와 같은 엔터테인먼트 지구가 비록 라스베이거스의 초대형 카지노나 올랜도의 디즈니월드와 같이 규모의 경제를 통해 상업적 성공을 거두기는 어렵지만, 때로는 진정한 도시성urbanity을 경험할 수 있는 매우 드문 공간이라고 표현한다. "많은 미국 도시에서는 … 실제 거주하거나 일하는 공간이 교외 지역에 위치하는 경우가 많다. (따라서 도심 속 엔터테인먼트 지구는) 조성된 지 얼마 안 된 차분하고 정돈된 분위기의 교외에서 벗어나, 익명의 군중 속에서 혼잡스러움과 소음, 오래됨과 퇴락의 분위기에 몰입하는 드문 기회를 제공한다."[9]

이는 시사하는 바가 크다. 국내 잠실 롯데월드나 여의도 IFC몰과 같이 철저하게 기획된 대형 오락 공간에서도 물론 우리는 즐거움을 느끼지만, 작은 규모의 주거와 산업, 판매와 생산, 유흥과 오락, 바쁨과 빈둥거림의 공간이 섞여 있는 채로 오랜 세월의 흔적을 담고 있는 물리적 환경 속에서 각본이 짜여있지 않은 싱싱한 도시성을 목격하게 된다. 이렇게 보면 최근 주목받고 있는 문래동이나 해방촌 오거리, 성수동 골목길, 청계천 북측 관철동의 이면도로나 부산의 감천마을 등은 각종 놀이·유흥·소비의 공간이 주거·산업·교육 용도와 뒤섞여 있는 한국적 엔터테인먼트 지구다(그림3). 이들 공간은 롯데월드나 여의도 IFC몰과는 달리 하나, 혹은 복수의 잘 짜인 이야기narrative나 테마theme에 따라 구성되어 있지 않다. 오히려 다양한 즐거움과 예측하기 어려운 요소가 함께 뒤섞여 있고, 이 뒤섞임은 소유자나 이용자의 의지에 따라 어느 정도까

그림3 날씨가 좋은 가을 주말, 부산 감천마을에는 도시의 소소한 풍경과 마을 경험의 즐거움을 만끽하고자 많은 사람들이 몰려든다.

도시에서 도시를 찾다

지는 변할 여지가 있다. 마치 만화책의 여러 이미지를 오려 격자형으로 재배치함으로써 다양한 만화 속 이미지를 재해석할 여지가 남아있는 예술가 레이 요시다Ray Yoshida의 작품이 떠오른다. 잘 기획된 즐거움이 나쁘다는 의미는 아니지만, 계획가에 의해 인위적으로 만들어지기 어려운 즐거움의 요소를 현대 도시에서 어떻게 수용할 것인가에 대한 생각이 필요하다.

'원함'과 '좋아함'

대부분의 사람들은 스스로 즐거움에 대해 잘 안다고 생각한다. 즐거움은 나, 혹은 내가 포함된 집단이 느끼는 주관적인 감정이고, 이를 확인해서 실체화하면 우리 도시를 더 즐거운 공간으로 만들 수 있다고 믿는다. 그렇지만 늘 그런 것만은 아니다. 사실 우리는 스스로의 즐거움에 대해서도 상당히 무지하다. 2000년 노벨 생리학상을 받은 미국 컬럼비아대학의 신경과학자 에릭 캔델Eric R. Kandel 교수와 미시간대학의 심리학자 켄트 베리지Kent C. Berridge 교수 등은 이러한 무지함을 부분적으로나마 극복하는 데 큰 도움을 준 즐거움의 개척자들이다.[10] 이들에 따르면 즐거움은 분명하고 명쾌하게 정의되는 하나의 감정 상태가 아니다. 그보다는 사람이 특정한 경험을 좋아하고 이를 실행에 옮길 때 두 가지 동기 부여의 차원이 개입하는 꽤 복잡한 감정이다. 이 두 가지 중 하나는 '원함wanting'이고, 다른 하나는 '좋아함liking'이다. 좋아함이란 특정 자극을 경험하는 순간 즉시 느끼게 되는 감각적 쾌락이다. (만약 술을 즐긴다면) 술을 마실 때, 좋아하는 누군가와 접촉할 때, 혹은 색다른 오락에 빠져들 때 금방 느껴지는 기분 좋은 감정을 떠올리면 된다. 이에 반해 원함이란 좀 더 복잡하다. 특정한 자극을 추구하기 전에 과거의 기억이나 경험을 바탕으로 해당 자극에 따른 잠재적 보상을 예측하고, 새로운 경험이라는 노력을 투입하여 이를 경험할지, 혹은 포기할지 판단하는 과정이다.

예를 들어 보자. 한밤중에 집에 있다가 문득 술 한잔 마시고 싶은 생각이 난다. 집을 나서서 도심 한구석에 있는 술집으로 이동한다. 술집 문을 열고 들어가니 낯선 사람들이 앉아 있다. 테이블이 없어 이들과 합석을 하기로 했다. 새로운 이들과 술잔을 나누며 시끌벅적 어울리는 이 상황을 떠올려보자. 이러한 행동에 대해 '원함'과 '좋아함'이라는 두 가지 조건이 모두 충족된다면 당신은 집을 박차고 나가 어둠을 뚫고 술집으로 향할 것이다. 하지만 원함과 좋아함 사이의 간극이 크다면 사정이 다르다. 예를 들어 약간의 취기와 함께 사람들과 어울리는 순간 자체는 매우 좋아하지만, 이러한 좋아함에 비해 늦은 시간에 옷을 차려입고 택시를 타고 이동하는 수고를 하면서까지 낯선 이들로 붐비는 술집에서 얻게 될 심리적 보상이 크지 않다고 판단하면 '낮은 수준의 원함'이 '높은 수준의 좋아함'을 억누르게 된다. 반대로 특정 경험을 진정으로 좋아하지는 않지만, 두뇌에서 과도하게 원함의 신호를 보내는 경우도 있다. 이를테면 술, 오락, 약품 등의 자극에 중독된 경우가 여기에 해당한다. 하나의 자극에 빈번하게 노출됨에 따라 중독자는 그 자극을 경험하면서 실제 갖게 되는 즐거움의 감각이 무뎌지거나 심지어는 아예 사라진다. 특히 정신적 중독성이 매우 높은 술이나 약물을 자주 접하다 보면 해당 경험 자체가 익숙해져 자극이 그리 좋다는 느낌이 들지는 않지만, 과거에 해당 자극이 가져다주었던 엄청난 심리적 보상이나 쾌락, 놀라움의 기억이 생생하다. 이에 따라 해당 자극을 다시 경험하기 위해 수단과 방법을 가리지 않는 상태가 여기에 해당한다. '높은 수준의 원함'이 '낮은 수준의 좋아함'을 지배하는 경우다.

좋아함과 원함의 도시공간

비록 앞서 이야기한 '중독'은 부정적인 심리 상태와 연관되어 있지만, 실은 훨씬 더 건강한 중독도 있다. 이를테면 야외에서의 신체 활동이나 자전거 타기, 혹은 좋은 경관을 찾아 나서는 일도 일종의 건강한 중독으로 볼 수 있다. 개인에 따라 물론 차이는 있겠지만 높은 수준의 원함과 좋아함이 시너지를 이루며 신체적으로, 그리고 정신적으로 건강한 활동을 하게끔 유도하는 상태다—물론 과도한 운동이나 여행을 추구하는 사람도 있다. 나는 좋아함과 원함이라는 두 가지 동기 부여와 관련하여 잘 디자인된 도시공간이 즐거움에 대해 강력한 방아쇠 역할을

쾌락의 도시, 절제의 도시

할 수 있다고 믿는다. 우선 좋아함의 관점에서 이 시대의 다양한 사람들—예를 들면 갓 은퇴한 노인, 어린 쌍둥이를 돌보는 엄마, 초등학생 또래 집단 등—이 정말로 좋아하며 잘 이용하고 있는 공간을 주변에서 찾아보자. 이와 함께 좋아함의 감각이 결핍된 상태에서 필요에 따라 이용해야만 하는 목적공간도 함께 찾아보자. 여기서 '좋아함'의 여부는 선호도 조사나 이용빈도 확인만을 통해서 판단하기 어렵다. 대부분의 사람은 자신이 정말 무엇을 좋아하는지 잘 모를 뿐만 아니라, 이용빈도 자체는 즐거움(특히 좋아함)과 비례하지 않기 때문이다. 그보다는 오히려 직접적인 행태 분석이나 공간에서의 표정 관찰—물론 이것도 불완전하긴 하지만—이 더 효과적이다. 이를 통해 다양한 사람이 좋아함을 느끼는 정도가 강렬한 공간을 발견하고, 그 물리적 특징이나 좋아함의 맥락을 주목할 필요가 있다.

하지만 좋아함을 파악하는 데 그쳐서는 안 된다. 감각적 좋아함, 혹은 놀라움이라는 자극만을 목표로 만들어진 공간일수록 다음번 경험에서는 더 높은 강도의 자극을 주지 않으면 실패할 확률이 높기 때문이다. 지속해서 많은 사람에게 사랑받는 공간은 앞서 발견한 '좋아함'과 함께 지속적인 '원함'의 신호를 보낼 수 있는 공간이다. 안타깝게도 현대인들에게 어떠한 공간이 원함, 즉 충분한 심리적 보상감과 만족감을 주는가에 대해서는 아직 잘 알려지지 않았다. 여기서는 몇 가지 가설만 소개하고자 한다. 예를 들면 공간 전체가 한두 명의 사람에 의해 기획되고 연출된 공간보다는 여러 사람의 집합적인 가치와 관점이 오

랜 시간에 걸쳐 스며들어 있는 공간, 변화와 적응의 여지가 없는 경직된 공간보다는 크고 작은 변화와 개발에 대해 열려 있는 공간, 100% 인공적인 환경보다는 자연 일부가 느껴지거나 인공과 자연의 경계가 모호한 공간, 모든 경험의 요소가 예측 가능한 공간보다는 새로운 발견의 여지가 내포되어 있는 공간, 그리고 불쾌하지 않은 수준에서 나와는 다른 사람이나 문화를 경험하게 하는 공간이 원함의 대상이 될 수 있다(그림4).

이렇게 도시공간의 즐거움에 대해 이야기하다 보면 현대 도시계획안에서 널리 논의되는 '…하기 좋은 도시'나 '…친화적 도시'가 얼마만큼 현대인의 본질적인 즐거움을 실현하고 있는지 의구심이 든다. 예를 들어 걷기 좋은 도시walkable city나 자전거 타기 좋은 도시bike-friendly city, 혹은 노인을 포함한 모든 나잇대의 사람을 위한 연령 통합 혹은 고령친화도시age-friendly city 만들기가 그 예다. 물론 여러 의미 있는 시도가 이루어지고 있지만 대체로 이들 도시에서는 편리함과 유용성의 관점에서 보행, 자전거, 노약자의 행태에 접근했다. 하지만 원함과 즐거움의 본질적인 의미를 다시 뒤적여 볼 필요가 있다. 최근 서울대학교 보건대학원의 유승현 교수 등과 함께 서울연구원에서 주관한 '작은 연구, 좋은 서울' 연구 모임에 참여했을 때의 이야기다. 지금의 서울을 얼마만큼 자전거 타기 좋은 도시로 바꾸어 나갈 수 있을까에 대해 논의하다가, 이화여자대학교 권보연 교수는 'Bikeability'라는 용어가 'Bike(자전거)' + 'Usability(유용성)'의 합성어임을 지적했다. 우리는 자전거 타기 좋은 도시를 만들고자 할 때도 지나치게 유용성, 즉 효율성과 실용적 만족성이라는 시각에 사로잡혀 있다. 최근 여러 지자체에서 시행 중인 자전거도로 건설, 보관소 설치, 자전거보험 가입 확대 등은 자전거 타기를 더욱 안전하고 편리하게 하는 데 물론 유용한 시도이지만, 이러한 유용성을 뛰어넘어 자전거 타기를 진짜 재미있고 이용자가 몰입하게끔 유도하는 '놀이성playability' 혹은 '게임성gamification'에 대해서는 간과하고 있다. 권 교수가 제안하듯 어떻게 우리 도시에서 놀이성을 증폭시킬 것인가—이를테면 자전거를 타면서 성취도나 성장의 감각은 어떻게 느끼고, 이러한 성과는 남들과 어떻게 공유하고, 난이도를 높여 가며 어떻게 더 비일상적인 미션을 수행하고, 팀플레이를 통해 새로운 장소를 탐험하고 경관을 발견하게 하는가—가 물리적으로 자전거도로를 확장하는 일보다 더욱 활발하게 논의되어야 한다. 권 교수의 말처럼 점차 선택받기 위해 주변 사물이, 그리고 도시공간이 게임의 옷을 입는 시대가 올 것이다.

보고타의 실험

콜롬비아 보고타Bogotá 시는 놀이와 유희적 행동을 도시 정책에 접목하여 의미 있는 성공을 거둔 사례다. 보고타는 극도의 도로 혼잡으로 인해 교통사고 사망률이 매우 높았다. 도로 위의 무법자와 범법자를 단속해야 할 교통경찰은 도덕적으로 부패해 있었다. 매일 약 7만 명의 보고타 시민이 버스를 무임승차 하고 있는 것으로 조사되었고, 응답한 여성 중 절반가량이 거리에서의 성희롱 피해를 호소했다.[11] 1995~1997년, 그리고 2001~2003년 두 차례에 걸쳐 시장을 역임한 안타나스 모쿠스 Antanas Mockus 시장은 이러한 공공질서를 바로잡기 위해서는 지금보다 더 엄격한 단속이나 무기운 벌금 부과가 좀처럼 작동하지 않으리라 판단했다. 모쿠스 시장의 발상 전환은 바로 놀이에서 시작되었다. "사람들은 정치인의 유머와 장난에 잘 반응합니다. 그리고 이는 보고타의 변화를 위한 가장 강력한 도구입니다."[12] 전직 철학과 교수였던 모쿠스 시장은 고민 끝에 일정 구역에 대해 교통경찰의 자리에 광대 분장을 한 무언극(마임) 배우를 배치했다(그림5). 처음 고용된 20명의 무언극 배우는 지역을 돌아다니며 무단횡단을 하거나 무임승차를 하는 사람을 우스꽝스럽게 따라 하고, 예의가 바른 운전자에게 손뼉을 쳐주고, 만원 버스를 힘들게 타는 게 얼마나 힘든지 혹은 소매치기가 얼마나 무서운지 몸으로 과장하며 표현했다. 이러한 사회적 실험은 많은 시민의 호응과 공감을 얻었다. 이에 힘을 얻어 모쿠스 시장은 400명의 배우를 추가로 고용해 거리로 내보냈다. 그 결과, 시장 임기 기간 동안 거리에서의 살인사건 발생률은 70%, 교통사고 사망자 수는 50%나 감소했다.[13] 더욱 엄격한 훈계와 벌칙으로 사람들의 행동을 바꾼 것이 아니라, 예술적 창의

그림5   콜롬비아 보고타의 비공식적 교통경찰인 무언극 배우
(출처: https://solutions.thischangeseverything.org)

성과 재미있는 행동으로 자발적인 변화를 유도했다. 그리고 공공질서 유지라는 정책은 무언극이라는 공연과 모방 행동에 내재된 게임성을 적극 받아들였다.

즐거운 공간이 지속가능하다

교통법규 위반 단속이나 치안 유지를 넘어서, 즐거움에 대한 논의를 좀 더 확장해 볼 수 있다. 지금까지 도시의 지속가능성sustainability에 대한 논의는 아직 협소한 분야에 한정되어 진행되었다. 이를테면 에너지와 물 절약이나 이산화탄소 배출 감소 등 환경 부문 중에서도 기술적인 부분에 그 초점이 맞춰지고 있다. 하지만 나는 도시에서의 각종 즐거움—특히 놀이, 체험, 몰입과 관련된 좋아함과 원함—에 대해 훨씬 더 많은 논의가 필요하다고 믿는다. 물론 에너지를 덜 소비하고, 빗물을 더 저장하고, 자동차를 덜 이용하는 것은 지속가능한 도시의 여러 모습 중 하나지만, 근본적으로 사람들의 '좋아함'과 '원함'이라는 두 가지 감각을 충족시키고 몰입과 배움의 경험을 줄 수 있는 도시가 더 지속가능하다. 다른 말로 하면 사람들의 편리함과 쾌락, 즐거움을 심각하게 제한하면서 친환경성을 높이고자 하는 도시는 역설적으로 지속가능하기 어렵다. 독일의 건축가 마티아스 사우어브루흐Matthias Sauerbruch는 이에 대해 "지속가능성을 일방적으로 강요하는 도시는 재미가 없다"고 표현한다.[14] 이렇게 보면 즐거운 공간이 더 지속가능하다. 즐거움의 요소가 사라진 도시는 사람들로부터 선택받지 못할 것이고 앞으로 철저하게 도태될 것이다. 현대 도시를 더 좋게 만들고자 하는 전문가들은 도시공간 속에서의 즐거움과 쾌락의 실체에 대해 더 잘 이해해야 한다. 여기에서 즐거움은 시끌벅적한 축제 분위기나 말초적인 감각에 호소하는 쾌락만을 의미하지 않는다. 높은 수준의 편안한 놀이성, 평등하게 접근 가능한 대중적 즐거움, 시간의 변화를 수용하는 유연성, 적절한 수준의 익명성과 집단적 활동의 공존 등 우리의 도시공간에서 경험할 수 있는 즐거움의 스펙트럼은 다양하다.

'쾌락의 도시, 절제의 도시'로 본 좋은 도시

❶ 지속가능성을 강요하는 도시는 역설적으로 지속가능하기 어렵다.

1 _ 1990년대 한국 현대사에 대해서는 다음을 참고. 강준만, 『한국 현대사 산책』, 인물과사상사, 2006.

2 _ '쾌락의 쳇바퀴(hedonic treadmill)'는 다음의 책에서 처음 소개되었다고 알려져 있다. Philip Brickman and Donald Campbell, "Hedonic relativism and planning the good society", in: Mortimer Herbert Appley(Ed.), *Adaptation level theory: A symposium*, Academic Press, 1971, pp.287~302.

3 _ 유신모, "터키탕을 증기탕으로 바꾼 터키 대사대리 데리아 딩길테페, 욕탕에 빠진 조국을 건지다", 『경향신문』, 1996. 9. 4.

4 _ 박진영, "노래방 20년, 폭발적 성장 이후 침체기…사업 다각화", 『한경Business』 826, 2011. 10.

5 _ 이수안 외, 『한국사회의 문화풍경』, 도서출판 그린, 2013.

6 _ 서현, 『빨간도시』, 효형출판, 2014, p.62.

7 _ Michel Foucault, "Of other spaces", *Architecture Mouvement Continuite* 5, 1984, pp.46~49.

8 _ Daniel Campo and Brent D. Ryan, "The entertainment zone: Unplanned nightlife and the revitalization of the American downtown", *Journal of Urban Design* 13(3), 2008, pp.291~315.

9 _ Daniel Campo and Brent D. Ryan, 앞의 논문, 2008.

10 _ 이들의 연구에 대해서는 다음의 논문이나 기사를 참고할 것. Kent C. Berridge, Terry E. Robinson and J. Wayne Aldridge, "Dissecting components of reward: 'liking', 'wanting', and learning", *Current Opinion in Pharmacology* 9(1), 2009, pp.65~73. ; Amy Fleming, "The science of craving", *The Economist*, 2015. 5/6.

11 _ "Dramatic solutions", *The Economist*, 2015. 7. 11.

12 _ Antanas Mockus, "The art of changing a city", *The New York Times*, 2015. 7. 16.

13 _ Sarah Marsh, "Antanas Mockus: Colombians fear ridicule more than being fined", *The Guardian*, 2013. 10. 28.

14 _ Matthias Sauerbruch, "Sustainability or the redefinition of the pleasure principle", *Harvard Design Magazine* 30, Harvard University, 2009. Spring/Summer, pp.60~67.

좋은 도시에 대한 화두로 시작한 이 책을 어느덧 마무리할 때가 되었다. 원고를 집필하던 지난 시간을 돌이켜보면 도시설계 관련 주제를 친한 친구나 동료에게 이야기하듯 소개할 수 있다는 설렘으로 충만한 시간을 보냈다. 하지만 역시 처음 제기한 질문은 쉽게 답변할 수 있는 질문은 아니었다. 그래서, 과연 좋은 도시란 무엇이란 말인가? 도시공간에 대한 요구가 문화마다 다르고 지역적 특수성의 차이도 큰데, 좋은 도시의 공통분모라 부를만한 것이 과연 존재하기나 할까? 끝은 또 다른 시작이라 했던가. 진작 처리했어야 할 과제를 마지막까지 미루고 있다가 황망하게 생각을 정리하고 있다. 기왕 이렇게 된 바에야 초조해하지 말고, 도시의 가장 본질적인 문제로 돌아가 보자.

도시에서 주목해야 할 특질 중 하나는 변화에 저항하는 힘과 변화를 촉발하는 힘이 공존한다는 것이다. 이 두 방향의 힘은 도시 환경과 지속해서 영향을 주고받는다. 이 책에서는 건축, 도로, 도시 블록 등 물리적 환경을 주로 다루었지만 도시 환경은 실은 사람과 사회 조직 모두를 포괄하는 커다란 개념이다. 이 중 스스로 변화를 일으키는 주체이자 원하지 않는 변화에 강하게 저항하는 구성 요소가 바로 사람이다. 그리고 이들 사회 구성원이 공유하는 변화에 대한 의지와 정치·경제적 역량에 따라 도시는 바뀐다. 이렇게 보면 사람들이 새롭게 찾는 공간, 이벤트를 위해 요구되는 새로운 용도, 기술 발달에 따른 편리한 이동에 대한 요구, 국경을 초월한 사회·경제적 수요에 이르기까지 도시는 사람과 관련된 각종 '자극'으로 가득 차 있다. 이에 대응하여 소규모 재건축이나 초대형 산업 클러스터 개발에 이르기까지 제한된 도시 면적 안에서 크고 작은 변화가 나타난다. 그럼에도 도시 변화가 늘 쉽게 진행되는 것은 아니다. 변화에 저항하는 여러 요소가 있기 때문이다. 도시를 구성하는 물리적 환경—가시적인 지역 환경과 녹지 분포, 도시 블록과 가로 패턴, 건축물의 유형과 필지의 종류, 도로와 오픈스페이스, 옥상정원과 공용 주차장 등—이 여기에 포함된다. 때로는 우리의 사회 조직과 제도, 혹은 한 커뮤니티의 문화적 관성이나 습관도 변화를 어렵게 만든다. 이에 따라 어떤 도시 변화는 비교적 빠르고 분명하게 진행되며, 어떤 변화는 지연되거나 아예 실현되지 못한다.

이렇게 오랜 시간에 걸쳐 도시 환경이 각종 촉발 요소와 저항 요소에 대해 반응하는 과정은 공간에 차곡차곡 기록되기도 하고, 어떤 경우에는 불완전한 파편과 흔적으로 남게 된다. 그리고 이에 따라 변형된 도시공간은 다시 사람들의 삶과 행태, 그리고 도시 문화에 영향을 주게 된다. 이러한 과정에서 도시 내 비교적 일관된 특성을 공유하는 지역이 형성된다. 하버드대학의 피터 로우 교수는 이를 '영역territory'이라 부른다. 이를테면 19세기 후반부터 제2차 세계대전 전후에 걸쳐 보스턴 도심부 남측에 금융 관련 초고층 업무시설이 집적하며 하나의 영역으로 형성된 '파이낸셜 지구'가 한 예다. 이에 반해 차이와 특이성이 더 두드러지는 도시공간도 있다. 특정 건축 유형에 대한 자발적 고급화와 타율적 잉여가 반복되면서 넓게 확산된 도시 조직 중 일부가 미시적인 분화를 겪거나, 공통성을 기반으로 한 영역이 해체되거나 때로는 하나의 지역성이 새로운 지역성으로 대체되는 경우도 있다. 이 과정에서 이미 만들어진 도시의 특수성으로 인해 어떤 종류의 변화는 억제되기도 하며, 때로는 이미 고착화된 도시 형태나 건축이 사회적 변화에 저항하기도 한다. 이러한 저항은 이후 새로운 교통체계가 도시 내 주요 거점을 연결하면서 접근성이 개선되거나 개발 잠재력이 높아져 대규모 재개발이 진행되면서 사라지는 경우도 있다. 로우 교수는 이렇게 특이성이 발현되는 곳을 '지리적 장소geography'라 부르며 더 일반적으로는 차이의 장소라 부를 수 있다.

공통성의 영역과 차이의 장소가 선택적으로 발현되는 과정이 도시 변화의 속성이라면, 결국 좋은 도시란 사회적으로 바람직한 변화가 촉진되고 이로 인해 생겨난 혜택과 가치를 해당 지역의 다양한 구성원이 향유할 수 있도록 가치 순환이 일어나는 도시다. 그리고 부정적인 변화에 대해서는 억제하거나 적어도 그 부작용이 최소화되며 해당 지역의 사회·경제적 약자에게 불평등한 결과로 이어지지 않는 도시가 좋은 도시다. 이렇게 보면 현대 도시설계가에게 요구되는 핵심 역량은 비교적 명료하다. 무엇이 사회적으로 더 바람직한 변화이고 이를 효과적으로 촉발하는 도시공간은 어떠해야 하는지 섬세한 감수성으로 이해하고 이를 구현해야 한다.

현대 도시에서 이러한 가치 순환을 어렵게 만드는 요소에 대해서도 짚고 넘어가 보자. 이 중 하나는 도시의 물리적 환경 변화와 도시공간에 대한 사회적 요구의 시차로 인해 발생하는 낙후obsolescence 현상이다. 앞서 밝혔듯, 도시는 여러 자극에 노출되어 있다. 하지만 도시를 구성하는 물리적 요소인 도시 블록, 가로, 건축물, 하천변 구조물 등은 높은 내구성과 많은 초기 건설비용, 그리고 복잡한 이해관계자의 입장으로 인해 한 번 만들어지면 비교적 오랜 시간 지속하는 속성이 있다. 그에 비해 도시공간에 대한 사회적 요구와 이용 행태는 비교적 짧은 주기로 변하며, 종종 한 시점의 요구가 다른 시점의 요구와 일관되지 않는 경우도 많다. 무엇보다 현대 사회는 공간에 대한 개인의 취향과 커뮤니티 기호가 과거 어느 시기와 비교해도 다변화되었다. 이로 인해 공간의 관리와 활용에 대한 이해관계를 두고 첨예한 갈등이 빈번하게 나타난다. 물론 정부기관이나 일부 기업은 비교적 긴 호흡을 하며 개발계획을 수립해 나갈 수 있지만, 개인 대 개인, 기관 대 기관, 혹은 도시 대 도시의 생존 경쟁이 갈수록 치열해지면서 정부나 대학, 공공기관조차도 첨예한 이해관계 변화로부터 벗어날 수 없다. 이에 따라 개인에서부터 정부에 이르기까지 단기 부동산 시장의 변동이나 사회 구성원의 선호 변화에 따른 공간 이용과 관리에 대한 노선 수정을 피하기 어렵다.

이에 따라 비교적 변화 주기가 긴 도시공간과 변화 주기가 짧은 사회적 요구의 격차는 앞으로 더욱 커질 것으로 예측된다. 이러한 격차가 일정 수준 이상 벌어지면서 어떤 공간은 상당 기간 유휴공간으로 남게 되거나 버려지고, 나아가 도시의 부분이나 전체가 쇠퇴하는 현상을 자주 목격하게 될 것이다. 이런 낙후 현상은 종종 해당 부동산 가치의 하락이나 지역 쇠퇴를 동반하지만 늘 쇠퇴로 이어지는 것은 아니다. 예를 들어 최고급 주상복합 타워가 밀집한 지역이나 초고가 명품 매장이 모여 있는 대형 쇼핑몰, 국제 행사를 유치하는 최신 컨벤션 시설조차도 잠재적 이용자의 수요를 충족시키지 못하면 낙후를 겪을 수 있다. 더욱이 부동산에 대한 독점적 권한을 가진 소수의 사람이 해당 지역에 이미 형성된 상권이나 문화를 바꾸고자 할 때도 해당 공간은 일종의 '유사-낙후화'를 겪을 수 있다.

이와 함께 현대 도시에 내재한 불확실성에 대해 개발 주체나 수요자가 과민하게 대응하는 경향도 낙후를 가속한다. 개발을 앞둔 대상지에 대한 작위적인 명소화나 무분별한 테마화가 빈번해지고 이에 따라 진행된 크고 작은 개발 사업이나 전국에 경쟁적으로 들어선 각종 클러스터의 조성은 도시의 자생적인 적응성을 파괴하는 결과로 이를 수 있다. 미래에 대한 전망이 불확실할수록 도시개발 주체는 과거 다른 지역에서 성공했던 템플릿에 의존하는 경향이 있다. 물론 이미 다른 곳에서 검증된 사례를 참고하는 태도 자체가 문제는 아니다. 하지만 정해진 템플릿에 기반한 명소화와 테마화 전략은 종종 불특정 다수의 이용자들이 향유하는 도시공간을 지나치게 협소한 용도나 비일상적 이벤트 공간으로 전락시킬 수 있으며, 이는 대상지와 그 주변의 커뮤니티에 의해 자생적으로 형성될 수 있는 도시성을 원천적으로 지워나갈 위험이 있다. 이는 도시 간 다양성 증진에 부정적이며, 더욱이 이렇게 설정된 테마는 본질적으로 배타적이다. 해당 테마에서 벗어나는 파격적인 공간 이용이나 예상하지 못한 커뮤니티 활동은 종종 설정된 테마와 부합하지 않는다는 이유로 무분별하게 재단되어 버린다.

이와 같은 관점에서 보면, 몇 가지 선택된 물리적 특성이나 좁은 의미에서의 미학에 치우친 기준을 도시에 적용하는 태도는 위험하다. 이를테면 초대형 블록보다는 미시적인 블록 패턴이, 고층 타워형 개발보다는 수평적 개발이, 새로운 건축물로 가득 찬 지구보다는 오래되고 낡은 도시가 더 좋은 도시라는 주장—비록 꽤 널리 받아들여지고 있음에도—은 성급한 일반화의 소지가 있다. 심지어 케빈 린치Kevin Lynch가 제시한 도시 규범, 이를테면 높은 '가독성legibility'이나 명료한 '지각성imageability'에 내재된 가치도 우리나라의 도시 현실에 비추어 다시 생각해봐야 한다. 과연 도시의 모든 부분이 명료하게 지각되고 도시 형태와 사회적 가치가 잘 연결된 도시가 좋은 도시인가? 이를테면 각종 엔터테인먼트 지구에서 겪을 수 있는 유쾌한 혼잡성과 혼돈의 감각, 그리고 거주자에 의해 공간의 구조가 다채롭게 변형되어 처음 방문한 사람이 길을 잃게 되는 낮은 가독성의 도시도 여전히 의미가 있다. 나아가 크리스토퍼 알렉산더Christopher Alexander가 주장한 '전체성wholeness'에 대한 추구도 비판적으로 바라볼 필요가 있다. 물론 도시를 구성하는 여러 요소가 지나치게 파편화되는 상황을 비판적으로 보고 부분과 전체의 조화를 추구한 알렉산더의 통찰은 의미심장하다. 그러나 이미 유기적인 전체성을 상실한 많은 현대 도시공간에서 개별 필지나 도시 블록을 설계할 때 그 지역을 관통하는 전체성을 찾자는 구호는 큰 의미가 없다. 오히려 대상지 자체에 독자적인 도시성을 부여하고 이 성격이 생활권 내의 다른 조직과 패치워크patchwork처럼 연계되면서 지역 내 다양성과 지역 간 다양성을 동시에 추구해야 한다.

지금까지 도시를 위협하는 여러 요소를 이야기했지만, 적어도 앞으로 상당 기간에 걸쳐 과거 어느 때보다도 많은 사람과 그 자식 세대가 도시에서의 삶을 선택할 것이다. 에드워드 글레이저Edward Glaeser 교수가 표현한 것처럼 도시는 인류의 가장 위대한 발명품 중 하나이며 앞으로도 이런 위상은 견고하다. 국제적으로 빈곤, 재난, 세대 갈등, 사고와 같은 도시 문제가 분명 심각하지만, 아직 완벽하지 않은 도시임에도 여전히 취약하거나 여러 갈등에 힘겨워하는 사람들까지도 도시에서의 삶을 추구하고 있는 측면을 간과해서는 안 된다. 물론 최근 귀농과 귀촌과 같은 탈도시 현상이 주목받고 있지만, 이는 도시에 대한 전면 부정이라기보다는 도시로부터 잠시 거리를 두는 삶에 대한 동경에 가깝다. 이렇게 보면 도시 환경의 큰 틀을 유지하면서 더 살기 좋고 일하기 즐거운 장소를 섬세하게 만들고 관리하는 수요는 어느 때보다도 높다.

이러한 일이 쉽지만은 않다. 매번 특수한 도시공간과 문제가 출현할 것이고 이를 어떻게 이해할지에 대해 도전과 창의성이 요구된다. 돌이 켜보면 지난 20년간 나에게 익숙하고 해결하기 쉬운 일이나 프로젝트가 주어진 적은 거의 없다. 아마도 나에게 익숙한 일은 다른 사람에게도 익숙할 가능성이 높고, 결국 나보다 더 잘할 수 있거나 빨리 할 수 있는 잠재적 후보가 이 일을 맡기 때문일 것이다. 이런 관점에서 보면 도시를 다루는 사람은 정해진 공식에 따라 문제를 기계적으로 푸는 사람이 아니다. 그보다는 문제를 어떻게 바라봐야 하는지 말해줄 수 있는 사람, 그리고 이에 대한 다양한 접근법과 때로는 현실적인, 때로는 이상적인 해결 방안을 제시할 수 있는 사람이다. 물론 모든 사람이 도시설계나 계획 전문가가 될 필요는 없다. 그럼에도 도시공간에 대한 사회적 안목과 우리가 일상을 보내는 공간에 대한 긍지가 지금의 도시를 개선할 수 있는 힘의 원천이다.

도시 전문가가 아니라면 도시에 사는 사람들에게 도시란 그저 매일 반복되는 주어진 공간일 뿐이다. 그러나 도시에 대해 조금이라도 비판적인 시각을 가진 이들은, 매일 접하는 도시가 어떤 점이 좋다거나 또는 불만이라는 생각을 갖게 된다. 여행을 자주 하는 사람들이라면 자신이 생활하는 도시를 지방 도시나 해외 도시와 견주어 그 차이를 비교해 보기도 한다. 왜 우리 도시는 런던이나 파리와 같이 우아하지 못한가? 왜 우리 도시는 뉴욕이나 상하이처럼 거창하지 못한가? 그러다가도 동남아 도시들을 가보면, 그래도 우리 도시들이 질서 있고, 깨끗하다는 생각을 한다. 그렇다면 어떤 도시가 살기 좋은 도시인가? 이러한 판단은 물론 시대에 따라, 사람에 따라 달라지므로 대답은 간단치 않다. 그래서 도시를 보는 눈이 필요하다.

저자는 이것을 아홉 개의 렌즈를 통해 설명하고 있다. 왜 하필 아홉 개의 렌즈인가에 대해서는 이론의 여지가 있지만, 그런 것은 큰 문제가 되지 않는다. 저자는 많은 이슈 중에서 중요하다고 생각되는 것들을 모아 아홉 개로 분류해 놓았을 뿐이다.

저자가 첫 번째로 다룬 주제는 도시의 크기다. 아홉 개의 주제 중에서 가장 어려운 주제이기도 하다. 그동안 많은 학자들이 도시의 적정 규모에 관한 논의를 해 왔지만 여기에는 확실한 정답이 없다. 그렇기에 저자는 우선적으로 이 가장 어려운 문제부터 정리하고자 했을 것이다. 그러면서도 조심스럽게 적정 규모에 대한 본인의 소신을 피력하고 있다. 다시 말해서 도시 전체의 크기에 대한 논의보다는 어떻게 생활권 단위를 나누어 보행 중심의 단위 공간을 만들 것인가에 초점을 맞추고 있다.

두 번째 주제는 구시가지와 신시가지에 대한 논의다. 우리는 수십 년간 빠르게 성장해 온 도시에서 살아온 탓에 구시가지와 신시가지에 대한 경험이 많을 수밖에 없다. 도시 밖에서는 신도시와 신시가지가 만들어지는가 하면, 도시 안에서는 재개발, 재건축을 통해 새로운 시가지가 들어서고 있다. 의문은 대부분의 사람들이 생각하는 것처럼 과연 새로운 시가지가 구시가지보다 더 나은 것일까 하는 점이다. 빠른 성장 속에서 새로운 것만이 선이라는 생각에 길들여지고, 부동산 투기 심리가 전 국민의 의식 속에 뿌리를 내린 상황에서 낡고, 좁고, 낮은 것보다는 새롭고, 넓고, 높은 것에 대한 동경과 선호는 어쩌면 자연스러운 것이라 할 수 있다. 그러나 우리가 선진국 도시들에서 보듯이 오래된 것이 반드시 나쁜 것은 아니며, 우리 신도시들에서 보듯이 새로운 것이 꼭 좋은 것은 아니라는 점은 명확하다. 따라서 옛것과 새것이 중첩되면서 연속성을 갖도록 잘 조화시키는 것이 중요하다는 점을 강조하고 있다.

세 번째 주제는 케빈 린치의 "이 장소의 시간은 언제입니까?"로 시작한다. 저자는 앤 무돈 교수의 말을 빌려 "물리적 공간과 그 공간에서 벌어지는 '사회적 활동' 사이에 변화의 주기가 다르므로 생길 수밖에 없는 괴리를 물리적 공간이 적응해 나갈 수 있도록 설계해야만 된다고 주장한다. 이런 점에서는 어떤 특정 시대나 시기를 지나치게 동경하는 것은 바람직한 일이 아니다. 오히려 도시가 미래 점진적 변화 수요를 수용할 수 있도록 적응력을 높여야 한다.

네 번째 주제는 땅과 도시, 즉 어반 랜드스케이프에 관한 이야기다. 저자는 일반인들뿐 아니라 전문가에게도 다소 생소한 랜드스케이프 어바니즘에 관한 소개와 더불어 다양한 형태의 이론과 방법론을 소개하고 있다. 그러나 저자가 궁극적으로 하고자 하는 주장은 땅이 갖고 있는 자연성—즉 고유성, 수평성, 다양성, 야생성, 개방성 등—이 도시의 인공성—이를테면 수직성, 복잡성, 가변성— 속에서 조화되고, 발현되는 것을 좋은 도시라 설명하고 있다.

다섯 번째 주제는 도로에 관한 것이다. 여섯 번째 주제인 다양성 문제와 더불어 이 책의 중심에 위치하고 있으며, 양적 측면만 보더라도 가장 강조해서 다루고 있음을 알 수 있다. 우리가 도로에서 할 수 있는 일은 크게 두 가지다. 하나는 도로를 목적지까지 이동하는 통로로 사용하는 것이고, 다른 하나는 도로라는 공간에 의미를 두어 그 안에서 다양한 활동을 하는 것이다. 이 중에서 후자에 더 비중을 둘 때 우리는 도로를 가로street라고 부른다. 문제는 이러한 도로의 다양한 용도로 말미암아 이용자 간에 경합성이 심화되어 발생한다. 차량이 우선이냐, 보행자가 우선이냐 하는 문제는 근자에 보행자 편으로 기우는 듯하다. 그러나 저자는 여기에서 다소 중립적인 입장을 취하고 있다. 보행권은 확보되어야 하지만 차량의 주행권을 크게 제약할 것이 아니라 지역과 커뮤니티의 특성을 고려해 정해야 함을 강조하고 있다.

여섯 번째 주제는 도시의 다양성을 다루고 있다. 물리적, 사회적 다양성이 높은 도시가 좋은 도시라는 전제하에 저자는 이러한 다양성의 의미를 심도 있게, 그리고 폭넓게 다루고 있다. 저자는 다양성의 필요성을 강조하지만 인위적인 가짜 다양성, 다른 지역을 모방하는 다양성을 배격한다. 그리고 다양성의 목표를 정의로운 도시 구현에서 찾으려고 한다. 수잔 파인스타인 교수의 '정의로운 도시'에 대한 정의에 동감하면서, 도시개발에 있어서 최소한의 민주적 참여, 사회경제적 다양성 추구, 개발 혜택에 대한 공정한 분배가 이루어져야 한다고 이야기한다.

일곱 번째 주제는 최근 기후변화와 관련한 도시의 안전 문제를 다룬다. 미래에 닥쳐올지도 모르는 재해에 대하여 사회경제적인 이유로 인해 완전한 예방이 불가능함을 이해하고, 재해에 적응하며 살 수 있도록 도시를 계획해야 함을 주장한다.

여덟 번째 주제는 도시의 성장과 쇠퇴의 문제다. 저자는 도시의 성장에 관한 몇몇 재미있는 이론들을 소개하고 있다. 그러면서 중국의 성장 속도에 대해서 우리들이 이해하는 것과는 다소 다른 주장을 펼치고 있다. 인프라의 선적인 팽창은 빠르게 진행되었지만 면적인 개발은 점진적이고 신중하게 이루어졌다는 것이다. 저자는 도시의 쇠퇴에 관해서 그 원인의 다양성을 설명하면서도 이에 대한 대책을 도시 디자인과 연관 지으려고 한다. 한 예로서 인천 송현동과 같은 경우 잘못된 처방이 오히려 문제라는 것을 지적하고 있다. 반면 쇠퇴에 대한 해결책의 하나로 '창조적 파괴'를 들고 있다. 쇠퇴는 도시 발전에 있어서 지극히 당연한 현상이며, 이는 오히려 변화를 준비하는 생산적인 시기라는 의미를 담고 있다. 그래서 디트로이트의 변화 시도를 창조적 파괴의 대표적 사례로 소개한다. 우리처럼 인구 성장이 멈추고, 이미 도시 성장이 대부분 한계에 접어든 나라의 경우, 관심을 갖고 지켜보아야 할 일이다.

마지막으로 아홉 번째 주제는 도시의 즐거움과 절제에 관한 내용이다. 세계 어느 도시에 가도 쾌락을 추구하는 사람들은 있게 마련이고, 도시는 어느 정도까지는 사람들의 일탈을 허용해야 한다. 그러나 이러한 공간은 도시 정책 결정자나 계획가가 인위적으로 만든다고 꼭 성공하는 것은 아니다. 오히려 이러한 도시공간들은 자생적으로 생겨난다. 저자는 이러한 현상을 설명하기 위해서 '원함'과 '좋아함'이라는 다소 생소한 이론들을 제시하고 있다. 좋은 도시란 사람들의 좋아함과 원함이라는 두 가지 감각을 충족시켜야 한다는 것이다. 에너지 절감이라든가, 보행친화라든가 하는 지속가능성만 고집해서는 좋은 도시가 될 수 없음을 간접적으로 시사하고 있다.

저자는 아홉 개의 렌즈를 통해서 도시와 관련해서 논의되고 있는 많은 이슈들을 객관적으로 정리했다. 그러면서 '나오는 글'에서 다시 처음 도시에 대해 가졌던 의문—좋은 도시란 무엇인가—에 대한 답을 생각해 본다. 결국 좋은 도시란 사회적으로 바람직한 변화가 촉진되고 이로 인해 생겨난 혜택과 가치를 해당 지역의 다양한 구성원이 향유할 수 있도록 가치 순환이 일어나는 도시라고 결론 맺는다. 이런 관점에서는 케빈 린치나 크리스토퍼 알렉산더가 추구하던 좋은 도시에 대한 규범 조차도 답이 될 수 없다.

이 책은 이론서라고 할 수는 없다. 일관된 이론을 전개해 나간 것도 아니고, 그럴 의사도 없었던 것 같다. 그럼에도 이 책에는 많은 학자와 전문가의 수많은 이론과 주장들이 담겨 있다. 그들의 주장이 옳고 그름은 독자들이 판단할 일이지만, 저자는 나름대로 좋은 길잡이가 되려고 했다. 어떤 부분에서는 확신을 갖고 옳고 그름을 재단하기도 하지만, 아직 확실하지 않은 부분은 판단을 독자에게 맡기고 열린 결말open-ended로 남겨 놓는다.

안건혁

한아도시연구소 대표,

서울대학교 건설환경공학부 명예교수

| 참고문헌 |

단행본(영어)

• Alex Krieger and William S. Saunders(Ed.), *Urban design*, University of Minnesota Press, 2009.

• Andres Duany, Elizabeth Plater-Zyberk and Jeff Speck, *Suburban nation: The rise of sprawl and the decline of the American dream*, North Point Press, 2001.

• Ann O'M Bowman and Michael A. Pagano, *Terra incognita: Vacant land & urban strategies*, Georgetown University Press, 2004.

• Anne V. Moudon, *Built for change: neighborhood architecture in San Francisco*, The MIT Press, 1986.

• Bettina Bauerfeind and Josefine Fokdal(Ed.), *Bridging urbanities: Reflections on urban design in Shanghai and Berlin*, LIT Verlag, 2011.

• Brent D. Ryan, *Design after decline: How America rebuilds shrinking cities*, University of Pennsylvania Press, 2012.

• Carnes Lord(Trans.), *Aristotle's politics*, The University of Chicago Press, 2013.

• Charles Waldheim(Ed.), *The landscape urbanism reader*, Princeton Architectural Press, 2006.

• Congress for the New Urbanism, *Charter of the New Urbanism*, Congress for the New Urbanism, 2000.

• Donald Appleyard, *Livable streets*, University of California Press, 1981.

• Edward Glaeser, *Triumph of the city*, Penguin Books, 2011.

• Evelyn D. Gonzalez, *The Bronx*, Columbia University Press, 2004.

• Frank J. Costa et al.(Ed.), *Urbanization in Asia: Spatial dimensions and policy issues*, University of Hawaii Press, 1989.

• Hal Foster(Ed.), *Postmodern culture*, Pluto Press, 1985.

• Harry den Hartog(Ed.), *Shanghai new towns: Searching for community and identity in a sprawling metropolis*, 010 Publishers, 2010.

• Henry G. Cisneros and Lora Engdahl(Ed.), *From despair to hope: HOPE VI and the new promise of public housing in America's cities*, Brookings Institution, 2009.

• James Corner(Ed.), *Recovering landscape: Essays in contemporary landscape theory*, Princeton Architectural Press, 1999.

• Jane Jacobs, *The death and life of great American cities*, Random House, 1961.

• Jill Grant, *Planning the good community: New urbanism in theory and practice*, Routledge, 2006.

• Joan Busquets and Felipe Correa, *Cities X lines: A new lens for the urbanisitic project*, Harvard University Graduate School of Design, 2006.

• Joesron Syahbana, Wiwandari Handayani, Mackjoong Choi and Saehoon Kim(Ed.), *Vulnerability, resilience, and planning intervention: A semester of international joint workshop*, Hanbando, 2014.

• John J. Fruin, *Pedestrian planning and design*, Metropolitan Association of Urban Designers and Environmental Planners, 1971.

• Keith Smith, *Environmental hazards:*

Assessing risk and reducing disaster, Routledge, 1996.

• Kenneth Frampton(Ed.), *Megaform as urban landscape: Raoul Wallenberg Lecture*, The University of Michigan, 1999.

• Kenneth T. Jackson, *Crabgrass frontier: The suburbanization of the United States*, Oxford University Press, 1985.

• Kevin Lynch, *What time is this place?*, The MIT Press, 1972.

• Kevin Lynch, *Good city form*, The MIT Press, 1984.

• Laurence J. C. Ma and Edward W. Hanten(Ed.), *Urban development in modern China*, Westview Press, 1981.

• Lewis Mumford, *The city in history*, Secker & Warbur, 1961.

• Masahisa Fujita, *Urban economic theory: Land use and city size*, Cambridge University Press, 1989.

• McKinsey Global Institute, *Preparing for China's urban billion*, McKinsey, 2009.

• Mortimer H. Appley(Ed.), *Adaptation level theory: A symposium*, Academic Press, 1971.

• Peter Bosselmann, *Representation of places: Reality and realism in city design*, University of California Press, 1988.

• Peter D. Norton, *Fighting traffic: The dawn of the motor age in the American city*, The MIT Press, 2008.

• Peter G. Rowe, *Emergent architectural territories in East Asian cities*, Birkhäuser, 2011.

• Peter G. Rowe, *Urban intensities: Contemporary housing types and territories*, Birkhäuser, 2014.

• Peter G. Rowe, Saehoon Kim and Sanghoon Jung, *A city and its stream: The Cheonggyecheon*

Restoration Project, Seoul Development Institute, 2011.

• Philipp Oswalt(Ed.), *Shrinking cities Vol.1: International*, Hatje Cantz, 2005.

• Richard Florida, *The rise of the creative class*, Basic Books, 2002.

• Richard Florida, *Who's your city?*, Basic Books, 2008.

• Richard T. T. Forman, *Urban regions: Ecology and planning beyond the city*, Cambridge University Press, 2008.

• Stan Allen and Marc McQuade(Ed.), *Landform building: Architecture's new terrain*, Lars Müller Publishers, 2011.

• Stephen Ramos and Neyran Turan(Ed.), *New Geographies, 1: After Zero*, Harvard University Graduate School of Design, 2009.

• Susan S. Fainstein, *The just city*, Cornell University Press, 2010.

• Tridib Banerjee and Michael Southworth(Ed.), *City sense and city design: Writings and projects of Kevin Lynch*, The MIT Press, 1990.

• Tyler Cowen, *Creative destruction: How globalization is changing the world's cultures*, Princeton University Press, 2009.

• William Fulton et al., *Who sprawls most?*, The Brookings Institution, 2001.

• Ze'ev Chafets, *Devil's night: and other true tales of Detroit*, Random House, 1990.

단행본(한글)

• 강준만, 『한국 현대사 산책』, 인물과사상사, 2006.

• 김영민, 『스튜디오 201, 다르게 디자인하기』, 한

숲, 2016.

• 마이클 샌델, 이창신 역, 『정의란 무엇인가』, 김영사, 2010.

• 박소현·최이명·서한림, 『동네 걷기, 동네 계획』, 공간서가, 2015.

• 박철수, 『아파트』, 마티, 2013.

• 배정한, 『현대 조경설계의 이론과 쟁점』, 도서출판 조경, 2004

• 서현, 『빨간 도시』, 효형출판, 2014.

• 송인호 외, 『청량리: 일탈과 일상』, 서울역사박물관, 2012.

• 오성훈·남궁지희, 『보행도시』, 건축도시공간연구소, 2011.

• 오성훈·임동근, 『지도로 보는 수도권 신도시계획 50년 1961-2010』, 건축도시공간연구소, 2014.

• 이도원, 『관경하다』, 지오북, 2016.

• 이수안 외, 『한국사회의 문화풍경』, 도서출판그린, 2013.

• 이희연·한수경, 『길 잃은 축소도시 어디로 가야 하나』, 국토연구원, 2014.

• 전봉희·권용찬, 『한옥과 한국 주택의 역사』, 동녘, 2012.

• 정석, 『나는 튀는 도시보다 참한 도시가 좋다』, 효형출판, 2013.

• 정인하, 『김수근 건축론: 한국건축의 새로운 이념형』, 시공문화사, 2000.

• 정인하 외, 『건축·도시·조경의 지식 지형』, 나무도시, 2011.

• 조영태, 『정해진 미래』, 북스톤, 2016.

• 香山壽夫, 김광현 역, 『건축의장강의』, 도서출판 국제, 1998.

• 프란치스코 교황, 주원준 역, 『우리 곁의 교황 파파 프란치스코』, 궁리출판, 2014.

논문(영어)

• A. G. Makhrova, T. G. Nefedova and A. I. Treivish, "Moscow agglomeration and "New Moscow": The capital city-region case of Russia's urbanization", *Regional Research of Russia* 3(2), 2013, pp131~141.

• Alan T. Purcell et al., "Preference or preferences for landscape?", *Journal of Environmental Psychology* 14(3), 1994, pp.195~209.

• Alton J. DeLong, "Phenomenological space-time: toward an experiential relativity", *Science* 213(4508), 1981, pp.681~683.

• Anita Bakshi, "Urban form and memory discourses: Spatial practices in contested cities", *Journal of Urban Design* 19(2), 2014, pp.189~210.

• Anne Vernez Moudon, "A catholic approach to organizing what urban designers should know", *Journal of Planning Literature* 6(4), 1992, pp.331~349.

• Annemarie Schneider and Curtis E. Woodcock, "Compact, dispersed, fragmented, extensive? A comparison of urban growth in twenty-five global cities using remotely sensed data, pattern metrics and census information", *Urban Studies* 45(3), 2008, pp.659~692.

• Antoine Picon, "Anxious landscapes: From the ruin to rust", *Grey Room* 1, 2000, pp.64~83.

• Augustin Berque, "Beyond the modern landscape", *AA files* 25, 1993, pp.33~37.

• Brent D. Ryan and Rachel Weber, "Valuing new development in distressed urban neighborhoods: does design matter?", *Journal of the American Planning Association* 73(1), 2007, pp.100~111.

• Brent D. Ryan, "The restructuring of Detroit: City block form change in a shrinking city, 1900-2000", *Urban Design International* 13, 2008, pp.156~168.

• Brent D. Ryan, "Whatever happened to "urbanism"? A comparison of premodern, modernist, and HOPE VI morphology in three American cities", Journal of Urban Design 18(2), 2013, pp.201~219.

• Charlie Q. L. Xue and Minghao Zhou, "Importation and adaptation: Building 'one city and nine towns' in Shanghai: a case study of Vittorio Gregotti's plan of Pujiang Town", *Urban Design International* 12, 2007, pp.21~40.

• Cliff Ellis, "The new urbanism: Critiques and rebuttals", *Journal of Urban Design* 7(3), 2002, pp.261~291.

• Daniel Campo and Brent D. Ryan, "The entertainment zone: Unplanned nightlife and the revitalization of the American downtown", *Journal of Urban Design* 13(3), 2008, pp.291~315.

• David Adams et al., "Smart parcelization and place diversity: Reconciling real estate and urban design priorities", *Journal of Urban Design* 18(4), pp.459~477, 2013.

• Emily Talen, "Connecting new urbanism and American planning: an historical interpretation", *Urban Design International* 11(2), 2006, pp.83~98.

• Emily Talen, "Design that enables diversity: The complications of a planning ideal", Journal of Planning Literature 20(3), 2006, pp.233~249.

• Eran Ben-Joseph, "Changing the residential street scene: Adapting the shared street (Woonerf) concept to the suburban environment", *Journal of the American Planning Association* 61(4), 1995, pp.504~515.

• Erik Nelson et al., "Projecting global land-use change and its effect on ecosystem service provision and biodiversity with simple models", *PLOS ONE* 5(12), 2010, e14327.

• Harry W. Richardson, "Optimality in city size, systems of cities and urban policy: A sceptic's view", *Urban Studies* 9(1), 1972, pp.29~48.

• Jaeseung Lee, Sehyung Won and Saehoon Kim, "Describing changes in the built environment of shrinking cities: Case study of Incheon, South Korea", *Journal of Urban Planning and Development* 142(2), 2016, 05015010.

• Kent C. Berridge, Terry E. Robinson and J. Wayne Aldridge, "Dissecting components of reward: 'liking', 'wanting', and learning", *Current Opinion in Pharmacology* 9(1), 2009, pp.65~73.

• Kristen Day, "New urbanism and the challenges of designing for diversity", *Journal of Planning Education and Research* 23(1), 2003, pp.83~95.

• Lawrence J. Vale, "Mediated monuments and national identity", *The Journal of Architecture* 4(4), 1999, pp.391~408.

• Luís M. A. Bettencourt et al., "Growth, innovation, scaling, and the pace of life in cities", *Proceedings of the National Academy of Sciences* 104(17), 2007, pp.7301~7306.

• Luís M. A. Bettencourt, "The origins of scaling in cities", *Science* 340(6139), 2013, pp.1438~1441.

• Luís M. A. Bettencourt, José Lobo, Deborah Strumsky and Geoffrey B. West, "Urban scaling and its deviations: Revealing the structure of wealth, innovation and crime across cities", *PlOS ONE* 5(11), 2010, e13541.

• Malcolm Miles, "Remembering the unrememberable: the Harburg Monument against fascism", *Meno Istorija jr kritika* 6, 2010, pp.63~71.

• Marc H. Bornstein and Helen G. Bornstein, "The pace of life", *Nature* 259, 1976, pp.557~559.

• Marc H. Bornstein, "The pace of life: Revisited", *International Journal of Psychology* 14, 1979, pp.83~90.

• Mark Jefferson, "The law of the primate city", *Geographical Review* 29, 1939, p.227.

• Mark Joseph et al., "The theoretical basis for addressing poverty through mixed-income development", *Urban Affairs Review* 42(3), 2007, pp.369~409.

• Matthew Carmona, "Contemporary public space: critique and classification, Part one: Critique", Journal of Urban Design 15(1), 2010, 123~148.

• Matthew Carmona, "Contemporary public space, Part two: Classification", *Journal of Urban Design* 15(2), 2010, pp.157~173.

• Michael Mehaffy et al., "Urban nuclei and the geometry of streets: The 'emergent neighborhoods' model", *Urban Design International* 15(1), 2010, pp.22~46.

• Michael Southworth and Peter M. Owens, "The evolving metropolis: Studies of community, neighborhood, and street form at the urban edge", Journal of the American Planning Association 59(3), 1993, pp.271~287.

• Michel Foucault, "Of other spaces", *Architecture Mouvement Continuité* 5, 1984, pp.46~49.

• Paul Schell, "Building a city of choices: from anti-discrimination to pro-diversity", *Stanford Law & Policy Review* 10(2), 1999, pp.239~245.

• Peter D. Norton, "Street rivals: Jaywalking and the invention of the motor age street", *Technology and Culture* 48(2), 2007, pp.331~359.

• Peter Wirtz and Gregor Ries, "The pace of life-reanalysed: Why does walking speed of pedestrians correlate with city size?", *Behaviour* 123(1/2), 1992, pp.77~83.

• R. Yin-Wang Kwok, "Recent urban policy and development in China: A reversal of anti-urbanism", *The Town Planning Review* 58(4), 1987, pp.383~399.

• R. Yin-Wang Kwok, "The role of small cities in Chinese urban development", International Journal of Urban and Regional Research 6(4), 1982, pp.549~565.

• Raymond Isaacs, "The subjective duration of time in the experience of urban places", *Journal of Urban Design* 6(2), 2001, pp.109~127.

• Reid Ewing and Robert Cervero, "Travel and the built environment: A synthesis", *Transportation Research Record* 1780, 2001, pp.87~114.

• Reid Ewing and Robert Cervero, "Travel and the built environment: A meta-analysis", *Journal of the American Planning Association* 76(3), 2010, pp.265~294.

• Richard Florida, "Cities and the creative class", *City & Community* 2(1), 2003, pp.3~19.

• Robert A. Lewis and Richard H. Rowland, "Urbanization in Russia and the USSR: 1897–1966", *Annals of the Association of American Geographers* 59(4), 1969, pp.776~796.

• Robert Argenbright, "Moscow on the rise: From primate city to megaregion", *Geographical Review* 103(1), 2013, pp.20~36.

• Robert Cervero and Kara Kockelman, "Travel demand and the 3Ds: Density, diversity, and design", *Transportation Research Part D: Transport and Environment* 2(3), 1997, pp.199~219.

• Roberta Capello and Roberto Camagni, "Beyond optimal city size: an evaluation of alternative urban growth patterns", *Urban Studies* 37(9), pp.1479~1496, 2000.

• Saehoon Kim and Peter G. Rowe, "Does large-sized cities' urbanisation predominantly degrade environmental resources in China? Relationships between urbanisation and resources in the Changjiang Delta Region", *International Journal of Sustainable Development & World Ecology* 19(4), 2012, pp.321~329.

• Saehoon Kim and Youngryel Ryu, "Describing the spatial patterns of heat vulnerability from urban design perspectives", *International Journal of Sustainable Development & World Ecology* 22(3), 2015, pp.189~200.

• Saehoon Kim, Sungjin Park and Jaeseung Lee, "Meso- or micro-scale? Environmental factors in uencing pedestrian satisfaction", *Transportation Research Part D* 30, 2014, pp.10~20.

• Scott Campbell, "Green cities, growing cities, just cities? Urban planning and the contradictions of sustainable development", *Journal of the American Planning Association* 62(3), 1996, pp.296~312.

• Sehyung Won, Sea-eun Cho and Saehoon Kim, "The neighborhood effects of new road infrastructure: Transformation of urban settlements and resident's socioeconomic characteristics in Danang, Vietnam", *Habitat International* 50, 2015, pp.169~179.

• Sergio Porta et al., 2014. "Alterations in scale: Patterns of change in main street networks across time and space", *Urban Studies* 51(16), 2014, pp.3383~3400.

• Susan Fainstein, "Cities and diversity: Should we want it? Can we plan for it?", *Urban Affairs Review* 41(1), 2005, pp.3~19.

• Susan Handy et al., "Self-selection in the relationship between the built environment and walking: Empirical evidence from Northern California", *Journal of the American Planning Association* 72(1), 2006, pp.55~74.

• Vittorio Gregotti, "Pujiang village, Shanghai, China", Lotus 117, 2003, pp.44~51.

• Yongchan Kwon, Saehoon Kim and Bonghee Jeon, "Unraveling the factors determining the redevelopment of Seoul's historic hanoks", *Habitat International* 41, 2014, pp.280~289.

논문(한글)

• 강병기, "걷고 싶은 도시를 갈망함", 『Urban Review』 9, 2005, p.2.

• 권영상, "우리나라 신도시 계획에서 생활권 공간구조의 변화", 『국토계획』 46(2), 2011, pp.193~210.

• 김광중, "한국 도시쇠퇴의 원인과 특성", 『한국도시지리학회지』 13(2), 2010, pp.43~58.

• 김기호·백운수, "한국도시설계의 유형과 발전방향", 『환경논총』 29, 1991, pp.107~122.

• 김영민·정욱주, "랜드스케이프 어바니즘의 실천적 전개 양상", 『한국조경학회지』 42(1), 2014, pp.1~17.

• 신수경, "이륜차 통행을 통해서 본 창신동의 공간적 특성 연구", 서울대학교 환경대학원 석사논문, 2015.

• 안건혁, "수도권 신도시 건설을 찬성한다", 『국토계획』 32(2), pp.213~217, 1997.
• 안건혁, "자족적 신도시의 적정규모에 관한 연구", 『국토계획』 32(4), 1997, pp.41~55.
• 유영수·김세훈, "저층 주거지 내 도시형 생활주택의 개발 특성과 도시설계적 시사점", 『한국도시설계학회지』 16(5), 2015, pp.59~76.
• 전영미·김세훈, "구시가지 빈집 발생의 원인 및 특성에 관한 연구", 『한국도시설계학회지』, 17(1), 2016, pp.83~100.
• 최경인·김세훈, "홍대 상권 인접 저층 주거지의 용도혼합 특성연구", 『한국도시설계학회지』 17(3), 2016, pp.41~56.
• 한지형, "크리스티앙 드 포잠팍의 "제3세대 도시" 이론과 "열린 블록"의 체계화" 『대한건축학회논문집』 20(8), 2004, pp.59~68.
• 한지형, "파리 마세나 구역의 도시개발 체계와 디자인 지침에 관한 연구", 『한국도시설계학회지』 9(3), 2008, pp.121~138.

• 서울특별시, 『서울도시계획연혁』, 서울특별시, 2002.
• 임유경·임현성, 『근린 재생을 위한 도시 내 유휴공간 활용 정책방안 연구』, 건축도시공간연구소, 2012.
• 정석, 『서울시 한옥주거지 실태조사 및 보전방안 연구』, 서울연구원, 2006.

보고서

• Boston Landmarks Commission, *South Boston: Exploring Boston's Neighborhoods*, City of Boston, 1995.
• Department of Transport, Tourism and Sport, Ireland, *Design manual for urban roads and streets*, 2013.
• Shanghai Urban Planning Bureau, *Shanghai Urban Planning*, Shanghai Urban Planning Bureau, 2006.
• 김기호·임희지 외, 『역사도심 기본계획』, 서울특별시, 2015.
• 김승남, 『보행정책 성과 평가체계 개발 연구』, 건축도시공간연구소, 2016.